Excel VBA 实战应用一本通

视频教学版

裴鹏飞 邹县芳 等编著

机械工业出版社
China Machine Press

图书在版编目（CIP）数据

Excel VBA实战应用一本通：视频教学版 / 裴鹏飞等编著. — 北京：机械工业出版社，2022.8
ISBN 978-7-111-71608-2

Ⅰ. ①E… Ⅱ. ①裴… Ⅲ. ①表处理软件–教材 Ⅳ. ①TP391.13

中国版本图书馆CIP数据核字（2022）第171643号

本书以图解的形式详细介绍 Excel VBA 的基础知识，提供大量案例来强化 Excel VBA 的具体操作，内容循序渐进、由浅入深，方便读者动手实操、提高学习效率。

本书共分为 14 章，主要内容包括：第 1~4 章详细介绍使用 Excel VBA 编程必须要掌握的基础知识，包括 Excel VBA 的基本界面操作、程序开发基础知识、窗体与控件、函数与图表的使用等；第 5~12 章通过丰富的实例介绍如何设计与创建各种常用的企业管理系统，比如员工信息管理系统、销售分析管理系统、抽奖活动管理系统、资产管理系统、文档管理系统、问卷调查管理系统、图书管理系统、年度考核管理数据库；第 13 和 14 章介绍 Excel VBA 的数据统计与分析应用及与其他程序的交互使用，是对 Excel VBA 应用的强化提高。

本书适合想要学习 Excel VBA 但无从下手、想尽快掌握 Excel VBA 或者已经具备一定 Excel VBA 应用基础的人员阅读，也适合作为大专院校或培训学校的实训教材。

Excel VBA 实战应用一本通（视频教学版）

出版发行：机械工业出版社（北京市西城区百万庄大街 22 号 邮政编码：100037）
责任编辑：迟振春 责任校对：薄萌钰 张 薇
印 刷：北京建宏印刷有限公司 版 次：2023 年 1 月第 1 版第 1 次印刷
开 本：188mm×260mm 1/16 印 张：18
书 号：ISBN 978-7-111-71608-2 定 价：79.00 元

客服电话：（010）88361066 68326294

前　　言

Excel 2021 是 Microsoft Office 2021 的组件之一，主要用来对表格数据进行管理、运算、分析、统计等，是办公人员必学必备的办公软件之一。在 Excel 中有一个特殊且功能强大的工具，那就是 Excel VBA。

Excel VBA 是一门强化及改造 Excel 的程序语言，使用 Excel VBA 可以简化批量处理工作表、工作簿、文件、图表，以及表格数据的运算、分析与统计等操作。Excel VBA 可以为我们开发工作中简易的自动化管理系统，如员工信息管理、销售数据管理、重要文档归档管理、年度考核管理、抽奖活动管理、资产管理、问卷调查管理系统等，让批量、烦琐的工作变得简单快捷。

本书特色

本书在策划阶段就一直站在读者的角度来思考：在快节奏的工作、生活中，到底什么样的内容结构、什么样的表现形式，能让读者易学易会、举一反三、拿来就用呢？基于这一思考，我们编写了本书。本书具有以下特色：

由浅入深更易学：本书第 1~4 章详细介绍使用 Excel VBA 编程必须要掌握的基础知识，包括 Excel VBA 的基本界面操作、程序开发基础知识、窗体与控件、函数与图表的使用等，通过简单易懂的形式向读者清晰地展示如何在数据表格中进行代码实现；第 5~12 章应用在前四章中介绍的基础知识，设计并创建出各种实用的管理系统来强化 Excel VBA 的具体操作，让读者能够循序渐进地学会、用好 Excel VBA；第 13 和 14 章则介绍 Excel VBA 的数据统计与分析应用及与其他程序的交互使用，是对 Excel VBA 应用的强化提高。

图解操作更直观：本书以图解模式逐一介绍每个实例的代码设计，给出运行代码的结果，清晰直观、简洁明了、好学好用。

实操案例更丰富：本书将理论与实际应用相结合，介绍了如何设计与创建各种常用的企业管理系统，比如员工信息管理系统、销售分析管理系统、抽奖活动管理系统、资产管理系统、文档管理系统、问卷调查管理系统、图书管理系统、年度考核管理数据库，读者通过学习书中介绍的 Excel VBA 技巧可以增强动手实践能力，提高编程能力。在工作与学习中遇到问题时，可以通过查阅本书的相关代码来解决问题，也可以模仿本书案例代码设计符合自己工作与学习需求的管理系统。

在线解答更便利：“三人行，必有我师”，本书提供 QQ 交流群（650326150），读者可以在群里相互交流，共同进步。

本书适用人群

初学者：Excel VBA 的初学者，通过阅读本书能够学到正确的学习方法，快速掌握 VBA 编程的基础知识。

提升者：已经具备一定 Excel VBA 应用基础的读者，可以借鉴本书中的实用案例，学习本书中的解决方案和思路，进一步提高 VBA 应用水平。

本书由吴祖珍策划，具体由裴鹏飞老师（宣城市信息工程学校）和邹县芳老师（阜阳师范大学）合作完成，第 1～8 章由裴鹏飞老师编写，第 9～14 章由邹县芳老师编写。尽管编者对书中的内容精雕细琢，但疏漏之处仍然在所难免，还望各位读者批评指正。

编　者

2022 年 5 月

目　录

第1章　Excel VBA概述

在进行代码编辑之前，初学者需要详细了解一下Excel VBA程序的界面和各种窗口，以及各种按钮的意义和操作用法，为后面理解代码打好基础、做好铺垫。

通过本章的学习，读者可以掌握Excel VBA的操作界面。

1.1 快速了解Excel VBA

VBA的英文全称是Visual Basic for Applications，它是一门标准的宏语言。VBA语言不能单独运行，只能被Office软件（如Word、Excel等）调用。VBA是基于Visual Basic（简称VB）发展而来的，它不但继承了VB的开发机制，而且与VB所包含的对象和语言结构相似，即VB所支持的对象的大多数属性和方法VBA也支持，只是在事件或属性的特定名称方面稍有差异。另外，两者的集成开发环境（Integrated Development Environment，IDE）也几乎相同。经过优化，VBA专门用于Office软件中的各应用程序。

VBA是一种面向对象的解释性语言，通常被用来实现Excel中没有提供的功能，编写自定义函数，实现自动化功能等。Excel VBA是指以Excel环境为母体、以Visual Basic为父体的类VB开发环境，即在VBA的开发环境中集成了大量的Excel对象与方法，而在程序设计、算法方式、过程实现方面与VB基本相同。通过VBA可以直接调用Excel中的对象和方法来提供特定功能的开发与定制，利用定制的功能与界面能极大地提高日常工作效率。

如图1-1所示是在Excel中运行VBA后的界面。本章会具体介绍该界面中的各项菜单命令及其属性，以帮助读者更好地学习VBA编程。

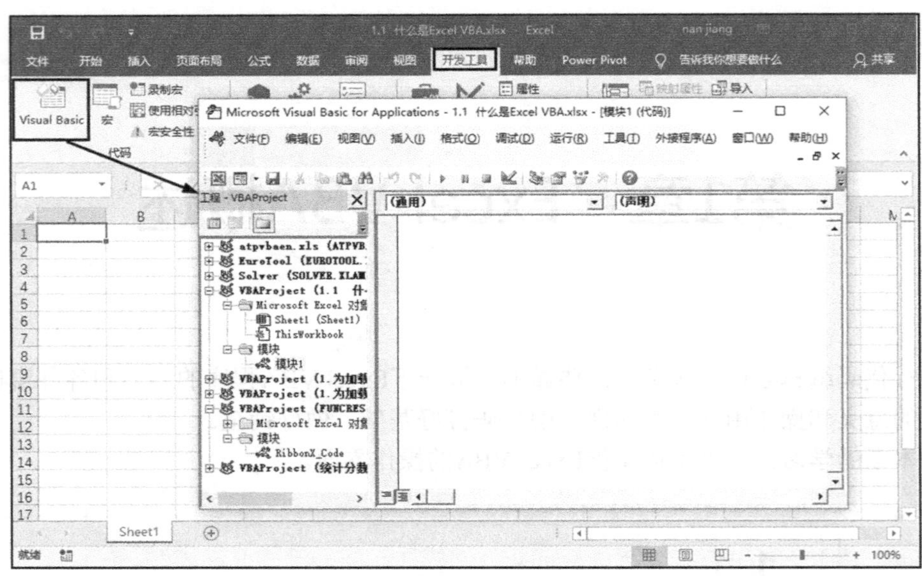

图1-1

1.1.1 功能与作用

VBA是一种完全面向对象的编程语言，由于其在开发方面的易用性和强大的功能，被嵌入到许多应用程序中作为开发工具。VBA的主要功能和作用如下：

- 在VBA中，可以整合其宿主应用程序的功能，自动地通过键盘、鼠标或者菜单进行操作，尤其是大量重复的操作，这样就大大提高了工作效率。
- 可以定制或扩展其宿主应用程序的功能，并且可以增强或开发该应用程序的某项功能，从而实现用户在操作中需要的特定功能。
- 提供了建立类模块的功能，从而可以使用自定义的对象。
- VBA可以操作注册表，并且能与Windows API结合使用，从而创建功能强大的应用程序。
- 具有完善的数据访问与管理能力，可通过DAO（Data Access Object，数据访问对象）对Access数据库或其他外部数据库进行访问和管理。
- 能够使用SQL语句检索数据，与RDO（Remote Data Object，远程数据对象）结合起来建立C/S（客户机/服务器）级的数据通信。
- 能够使用Win32 API提供的功能，建立应用程序与操作系统间的通信。

1.1.2 代码编辑窗口

使用VBA进行操作需要用到代码编辑窗口，用户录制的宏都会保存在其模块中，然后直接进入VBA模块中输入VBA代码。

代码编辑窗口和工作簿窗口类似，可以进行最大化、最小化等操作。在进行实质性操作之前，首先要保证VBA模块中有一些VBA代码，这些代码可以直接输入，也可以复制、粘贴，或者使用Excel宏录制器录制一系列操作，再将其转换为VBA代码。

下面介绍如何打开代码编辑窗口，并向模块中放置VBA代码。

1. 激活“开发工具”选项卡

在Excel 2021默认环境下没有VBA的启动按钮，因此启动VBA之前需要经过一些设置，具体操作步骤如下：

01 在Excel工作簿中单击“文件”选项卡，再单击“选项”标签，如图1-2所示，打开“Excel选项”对话框。

02 单击左侧的“自定义功能区”标签，然后在右侧的“主选项卡”列表框中选中“开发工具”复选框，如图1-3所示。

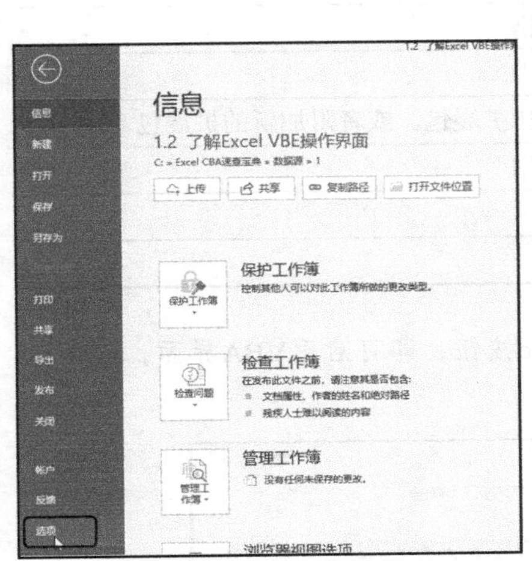

图1-2

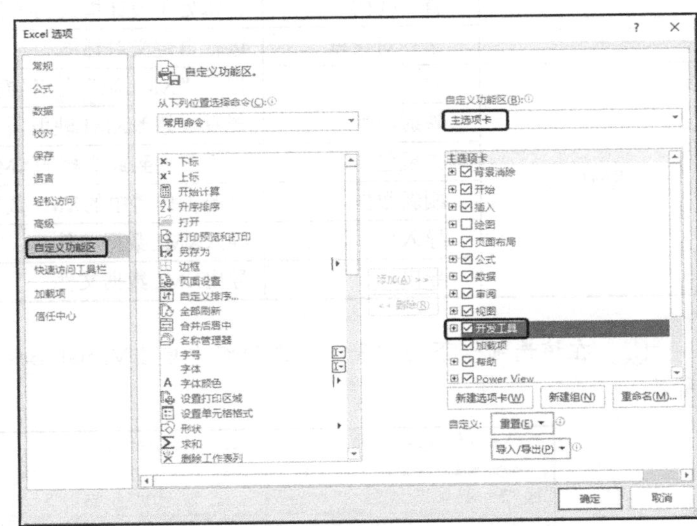

图1-3

03 单击“确定”按钮，即可在Excel选项卡的后面自动添加“开发工具”选项卡，如图1-4所示。

图1-4

“开发工具”选项卡分成了4个选项组，分别是“代码”“加载项”“控件”和“XML”，具体描述如表1-1所示。

表1-1　“开发工具”选项卡中各选项组的功能描述

组名	按钮	功能描述
代码	Visual Basic	打开Visual Basic编辑器
	宏	查看宏列表，可在该列表中运行、创建或者删除宏
	录制宏	录制新的宏代码
	使用相对引用	录制宏时切换单元格引用方式
	宏安全性	自定义宏安全性设置

（续）

组名	按钮	功能描述
加载项	加载项	管理可用于此文件的Office应用商店加载项
	Excel加载项	管理可用于此文件的Excel加载项
	COM加载项	管理可用的COM加载项
控件	插入	在工作表中插入表单控件或ActiveX控件
	设计模式	启用或退出设计模式
	属性	查看和修改所选控件属性
	查看代码	编辑处于设计模式的控件或活动工作表对象的Visual Basic代码
	运行对话框	运行自定义对话框
XML	源	打开“XML源”任务窗格
	映射属性	查看或修改XML映射属性
	扩展包	管理附加到此文档的XML扩展包，或者附加新的扩展包
	刷新数据	刷新工作簿中的XML数据
	导入	导入XML数据文件
	导出	导出XML数据文件

04 在该选项卡下的“代码”选项组中单击Visual Basic按钮，即可启用VBA界面，如图1-5所示。

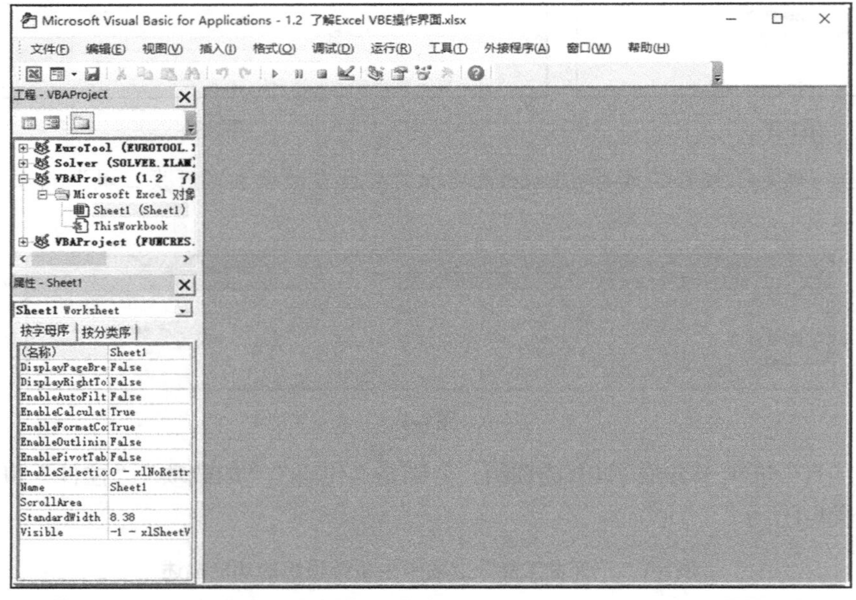

图1-5

2. 打开代码编辑窗口并创建模块

打开代码编辑窗口并创建模块的操作步骤如下：

新建Excel工作簿，然后按Alt+F11组合键打开VBA编辑器。单击“插入→模块”菜单命令（见图1-6），即可插入VBA模块。

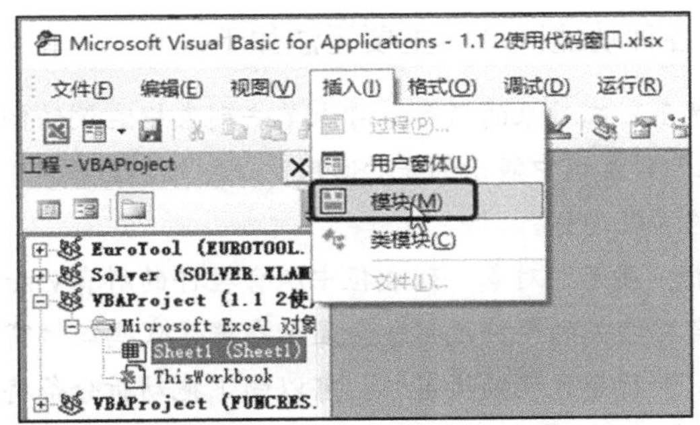

图1-6

3. 代码编辑窗口中的功能区域介绍

代码编辑窗口主要包括工作表代码编辑窗口、模块代码编辑窗口、窗体代码编辑窗口等，是用于编写、显示以及编辑Visual Basic代码的窗口，如图1-7所示。

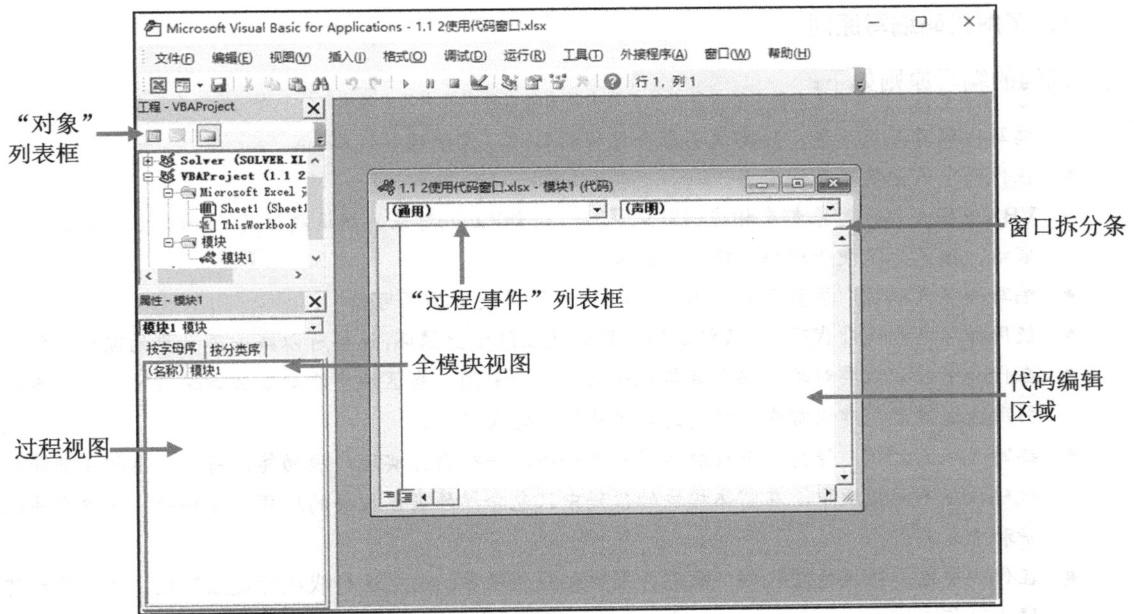

图1-7

知识拓展

查看某个窗体或模块等对象的代码，主要有4种方法：

- 在工程资源管理器中选中要查看的窗体或模块，然后选择“视图→代码编辑窗口”菜单命令。
- 在工程资源管理器中直接双击控件或窗体。
- 选中要查看的窗体或模块，右击，在弹出的快捷菜单中选择“查看代码”命令。
- 直接按F7键。

打开各类代码编辑窗口后，可以查看不同窗体或模块中的代码，并且可以在彼此之间进行复制、粘贴等操作。在默认VBA操作界面中，代码编辑窗口显示在右上方区域。

在代码编辑窗口中，各种功能区域的主要用法如下：

- “对象”列表框：显示所选对象的名称。可以单击列表框右侧的倒三角箭头来显示此窗体中的对象。如果在“对象”列表框中显示的是“通用”，则“过程/事件”列表框中会列出所有声明，以及为此窗体创建的常规过程。
- “过程/事件”列表框：显示“对象”列表框中所含控件的所有Visual Basic事件。若选择了一个事件，则与该事件名称相关的事件过程就会显示在窗体代码编辑窗口中。
- 窗口拆分条：主要用于拆分代码编辑窗口，可以向下拖动拆分条将代码编辑窗口分隔成两个水平窗格，且两者都具有滚动条。将拆分条拖动至代码编辑窗口的顶部或底端，或者双击拆分条，均可以恢复成默认的单个代码编辑窗口。
- 代码编辑区域：主要进行事件代码编辑、修改等操作。
- 过程视图：显示所选的程序，并且同一时间在代码编辑窗口中只能显示一个程序。
- 全模块视图：显示模块中全部的程序代码。

4. 了解代码编写原则

代码的编写原则如下：

- 编写代码时善用注释，简要说明每个过程的目的，便于理解代码。
- 在代码中尽量使用灵活变量。
- VBA中的大部分对象都有相应的默认属性，比如Range对象的默认属性是Value，虽然该属性可省略，但是为了便于理解，建议写出来。
- 编写循环代码时，尽量不要使用GoTo语句，除非是非用不可。
- 使用循环结构设计代码时，只要达到了目的就应该退出循环，这样可以减少不必要的循环功能。
- 在代码中经常需要对单元格或者单元格区域进行引用，当区域中添加或者删除行时，容易造成引用区域错误，建议首先对指定的单元格区域定义名称。
- 编写代码的时候，保持一个模块实现一项任务，一个窗体实现一项功能，将实现不相关功能的代码放在不同模块中，在窗体模块的代码中只包含操作窗体控件的过程，这样的代码更容易维护和重复利用。
- 在代码中添加错误处理代码，跟踪并采取相应的操作，避免运行代码时发生错误，从而导致其停止运行。

5. 快速编写代码的技巧

了解代码的输入方法后，接下来介绍快速地输入代码和编写高效代码的技巧。尤其是在编写较长代码的时候，可以利用VBA的相关设置和工具，有效提高输入代码的速度。操作步骤如下：

01 在已录制了宏的工作簿中，按Alt+F11组合键打开VBA编辑器进入VBA界面，然后单击“工具→选项”菜单命令，弹出如图1-8所示的“选项”对话框，可以看到各个选项卡下默认的选项情况。

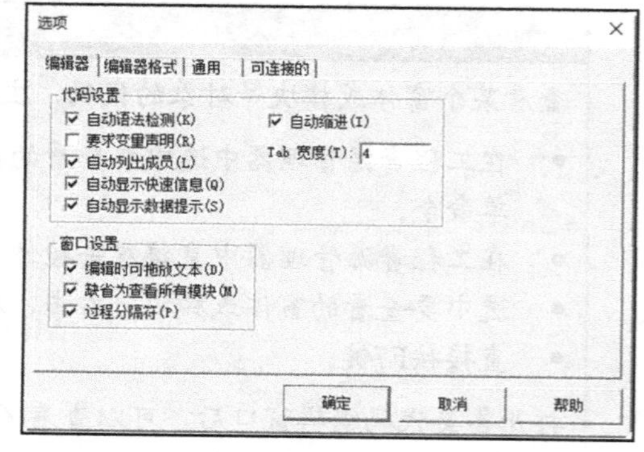

图1-8

02 取消对其中的“自动语法检测”复选框的勾选，这样可以避免代码模块的语句在出现编译错误时弹出如图1-9所示的错误消息提示框。

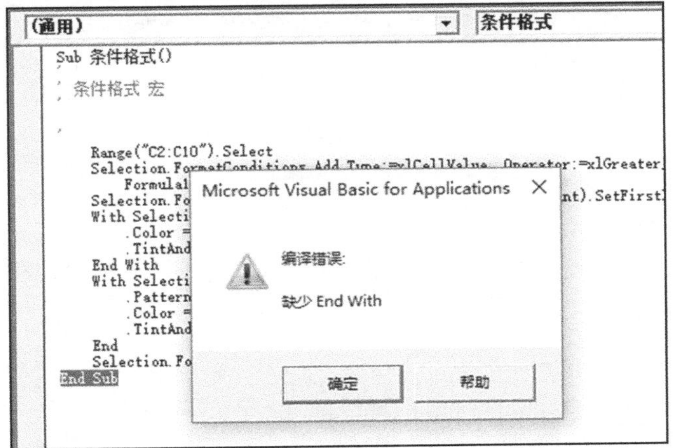

图1-9

知识拓展

默认情况下，“选项”对话框中会自动勾选“自动列出成员”“自动显示快速消息”以及“自动显示数据提示”复选框，这都是为了在输入代码的时候可以提供辅助输入提示或者必要的参考信息。

1.1.3 对象和集合

1．对象

Excel VBA中的应用程序是由多个对象构成的，包括工作簿、工作表、工作表上的单元格区域以及图形、图表等。

首先我们要知道，Office对象是VBA程序操控的核心，而90%以上的VBA代码都是在操作对象的，并利用对象的方法来读取或写入对象的属性值。所以我们在学习VBA编程之前，必须要对Office对象有一个全面的认识。在对Excel的对象、属性和方法进行学习之后，才能更好地帮助我们编写一些或简单或复杂的VBA代码，有效地提高学习和工作效率。

图1-10展示了Excel程序中的相关对象的名称，当然这只是Excel中的一部分对象。通过使用本书进行深入的学习，读者自然会了解更多的对象、属性以及集合，从而掌握代码的编写。

对象代表了应用程序中的元素，是我们要用代码操作和控制的实体，包括工作簿、工作表、工作表上的单元格区域、图表、控件、窗体等。为了方便理解，我们举一个例子。比方说一个台灯是对象，那么台灯的颜色就是其属性，而购买台灯这个动作则是一个方法，颜色属性和购买行为都是建立在台灯这个主体对象之上的，没有了主体对象，就无所谓属性和方法了。

对象可以相互包含，就像一个文件里可以包含多个文件夹，而这个文件夹又可以被其他的文件夹包含一样，一个工作簿对象可以包含多个工作表对象，一个工作表对象又可以包含多个单元格（或图表、图形等），这种对象的排列模式称为Excel的对象模型。

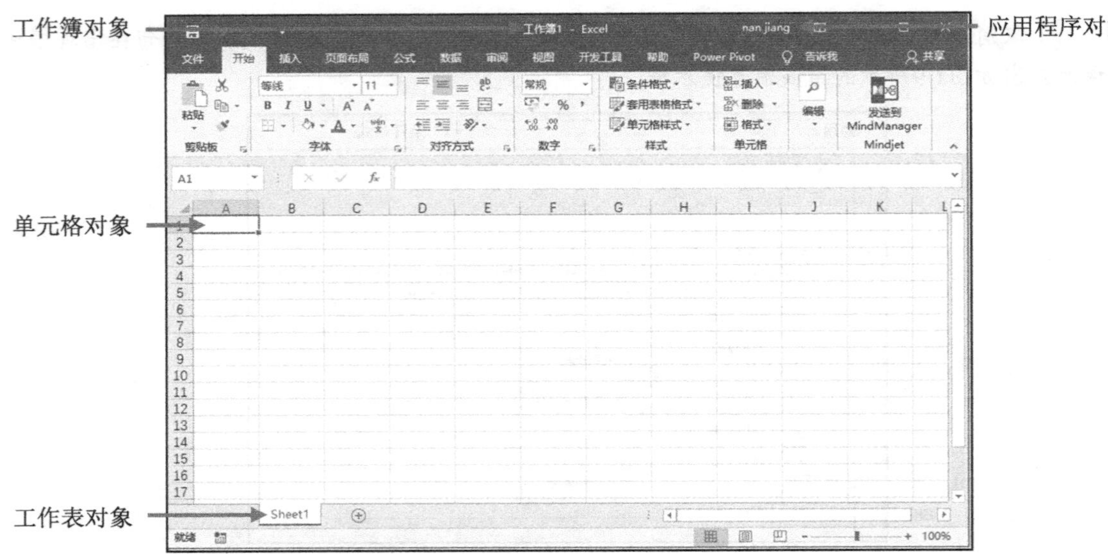

图1-10

所谓对象，就是帮助构成应用程序的元素，每个对象模型都包含两种类型的对象：集合对象和独立对象。在Excel VBA中，每个元素都可以被称为独立对象，例如工作表、单元格等。集合对象是由一组独立对象构成的，如“Workbooks”集合即表示所有Excel工作簿。

VBA中的每个对象都包含特性，特性控制着其外观、行为、名称等信息，这种特性即被称为对象的属性。用户可以利用代码或属性窗口对对象的属性进行定义或赋值。

对象属性的语法表示为：

```
<对象>.<属性>=值
```

在语法表示中，特别要注意对象与属性之间应由“.”间隔。

例如，通过定义Application对象的Caption属性值，将应用程序的标题行改为“work”，则代码为：

```
Application.Caption="work"
```

2. 集合

集合是一个包含几个其他对象的对象，是相同类型对象的统称，例如工作簿、汽车等。比如在Excel程序中，Workbooks集合包含在Application对象里，当我们引用某个工作簿的时候，要遵循从大到小的规则依次引用，比如C:\Excel VBA速查宝典\第1章 Excel VAB概述.doc。

很多Excel对象都属于集合，例如在每个Workbook对象中都会有Worksheet集合。Worksheet集合是一个可通过VBA调用的对象。Workbook对象中的每个Worksheet对象都位于Worksheet集合中。

要引用Worksheet集合中的一个Worksheet对象，可以通过它在集合中的位置来引用，比如在包含了一个名为MySheet工作表的工作簿中运行以下两段代码，可以发现运行结果是一样的。

```
Worksheet(1).Select
Worksheets("MySheet").Select
```

1.1.4 属性和方法

1. 属性

Excel VBA程序要获取对象的特征信息或者要改变对象的特征都需要通过操作具体的属性来实现。要改变Excel中的对象表名属性，用户可以通过改变工作表的Name属性来改变工作表的名称。比如要对Sheet1执行重命名操作，可以编写如下代码：

```
Sheets("Sheet1").Name = "Sheet2"
```

2. 方法

方法指的是对象能执行的操作，比如“Add”是属于工作表集合的一个方法，使用该方法能在指定的位置插入一个或多个工作表。方法实际上类似于一个VB过程，但这种过程是由系统根据可能的需求事先定义且封装好的，其内部代码不可见。也就是说方法是系统事先为对象定义的特定功能，它能有效简化用户的编程，但对象方法只能被调用，不能被修改，如图1-11所示。

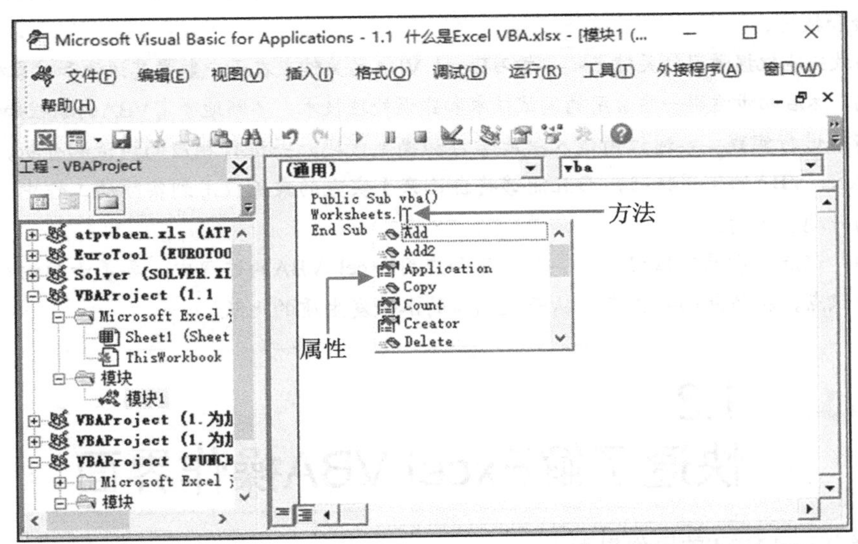

图1-11

方法与属性除了内容不同外，在代码书写上也是有区别的，方法的后面不需要等号。“对象.方法”是指对对象执行某个操作，因此不需要等号，“对象.方法”已经是完整的代码。“对象.属性=值”是指对对象的某个属性赋值，单独的“对象.属性”不是完整的代码，必须有等号才行。如果通过代码读取对象的某个属性值，那么对象与对象的属性后面必须有等号或者函数。如果是修改对象的属性值，那么在属性后面必须有等号，用于赋值。如果只有对象及属性，那么代码是不完整的，无法执行。

1.2 如何正确学习Excel VBA

因为Excel VBA具有强大的功能，可以解决工作中的很多问题，并且可以节省大量的时间和劳动力，大大地提高工作效率，所以，越来越多的读者对其产生了学习的兴趣，希望深入了解并运用VBA。可是，在学习的过程中总会遇到这样或者那样的问题，甚至学习了很长一段时间还是没有收获。究其原因，不是对VBA不够熟悉和了解，就是学习的方法和思路不对。

这里将介绍Excel VBA的一些学习方法和技巧，帮助读者快速地步入这一知识的殿堂，具体如下：

- 保持良好的学习心态和学习热情——在学习和应用Excel VBA的过程中，应该保持良好的心态、积极的态度、清晰的思路，切忌急于求成、内心浮躁。
- 充分利用学习资源——读者不仅可以通过Excel自身的录制宏功能和帮助系统来了解相应的对象属性和方法，还可以通过相关的图书及论坛、博客、网站等渠道来学习参考其他读者分享的经验和技巧。
- 有的放矢地把握学习的关键点——学习Excel VBA的关键点在于先熟悉其语法和对象模型，编写出代码，然后初步运用一些常用的调试技术和错误处理技术，不断地丰富VBA的编程知识和经验。
- 不断地进行实践——通过由浅入深地学习和编制代码，并进行相应的调试和分析，不仅能学习到Excel VBA的使用技巧，而且能够将自己亲手实现的案例应用到实际的工作中，从而激发学习的兴趣和热情。
- 归纳知识点，积累实践经验——在学习和应用Excel VBA的过程中，要善于归纳和总结学习过的知识点，扩展新的知识点，从而使编程的水平发生质的飞跃。

1.3 快速了解Excel VBA操作界面

本节介绍Excel VBA的操作界面。

1.3.1 Excel VBA 界面介绍

VBA是Office与VB两种环境的集合体，因此其界面继承了Office与VB两者的优点。如图1-12所示，是Excel VBA界面的各个主要构成部分。

1. 菜单栏

VBA的菜单栏中包含了VBA的大部分功能。菜单栏主要包含“文件”“编辑”“视图”“插入”“格式”“调试”“运行”“工具”“外接程序”“窗口”以及“帮助”这11个菜单项。以下为各菜单项的具体说明：

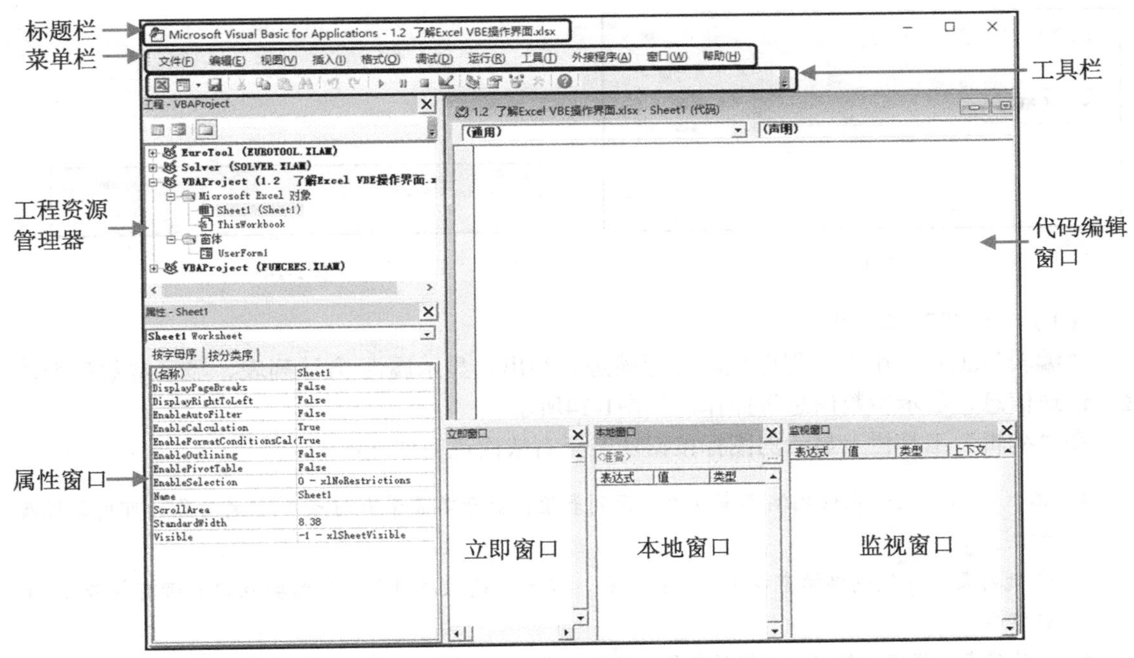

图1-12

- 文件：主要是对文件进行保存、导入、导出和退出操作。
- 编辑：主要是对应用程序代码进行撤销、复制、清除、查找、替换、缩进等基本编辑操作，以及显示属性/方法列表、常数列表、参数信息等。
- 视图：主要是对VBA窗口进行隐藏/显示管理，如代码编辑窗口、对象窗口、对象浏览器、立即窗口、本地窗口、监视窗口等。
- 插入：主要是对过程、用户窗体和模块等进行插入操作。
- 格式：主要是对用户窗体中添加的控件的位置、大小和间距等进行调整操作。
- 调试：主要是对代码进行编译、调试、监视等操作。
- 运行：主要是对代码进行运行、中断、重新设置和设计模式操作。
- 工具：主要是对VBA选项和宏进行管理。
- 外接程序：主要是对外接程序进行管理。
- 窗口：主要是对各窗口的显示方式进行管理。
- 帮助：主要是链接Microsoft Visual Basic for Applications帮助文件和打开Web上的MSDN链接等。

2. 工具栏

工具栏中包含的功能在菜单栏中都有，不过工具栏中的按钮在操作上比菜单栏更加方便、直观。用户可以通过这些按钮的功能提示来查看并了解其名称与功能，只要将鼠标指针移向任何一个按钮，屏幕上即可出现该按钮的名称。

VBA提供了4种工具栏，分别是“标准”工具栏、“调试”工具栏、“编辑”工具栏以及“用户窗体”工具栏。默认情况下，只显示“标准”工具栏。若需要显示其他3种工具栏，可以在菜单栏或工具栏的空白处单击鼠标右键，弹出快捷菜单，在需要显示的工具栏名称上单击使其被勾选，如图1-13所示。

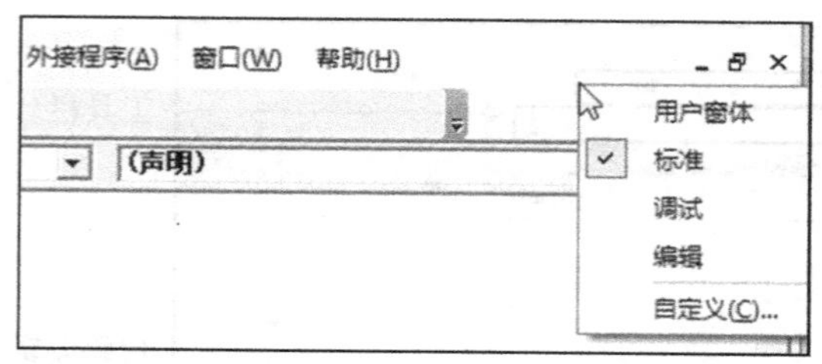

图1-13

图1-14

（1）“编辑”工具栏

“编辑”工具栏用于对程序代码进行缩进、凸出、显示属性/方法列表、显示常数列表、显示快速信息、显示参数信息等操作，如图1-14所示。

在“编辑”工具栏上显示的图标按钮从左至右依次说明如下：

- 属性/方法列表：在代码编辑窗口中打开列表框，显示前面带有句点（.）的对象的可用属性及方法。
- 常数列表：在代码编辑窗口中打开列表框，显示所输入属性的可选常数及前面带有等号（=）的常数。
- 快速信息：根据鼠标指针所指的变量、函数、方法或过程的名称，提供变量、函数、方法或过程的语法。
- 参数信息：在代码编辑窗口中显示快捷菜单，其中包含鼠标指针所指函数的参数的有关信息。
- 自动完成关键字：接受 Visual Basic在所输入字符之后自动添加字符补全关键字。
- 缩进：将所有选择的程序行移到下一个定位点。
- 凸出：将所有选择的程序行移到前一个定位点。
- 切换断点：主要是对VBA选项和宏进行管理。在当前的程序行上设置或删除断点。
- 设置注释块：在所选文本区块的每一行开头处添加一个注释字符。
- 解除注释块：在所选文本区块的每一行开头处删除注释字符。
- 切换书签：在程序窗口中设置代码添加或删除书签。
- 下一书签：将焦点移到书签堆栈中的下一个书签。
- 上一书签：将焦点移到书签堆栈中的上一个书签。
- 清除所有书签：删除所有书签。

（2）“标准”工具栏

“标准”工具栏主要显示常用的功能按钮，包括视图（Microsoft Excel）、插入、保存、剪切、复制、粘贴、查找、撤销、重复、运行子过程/用户窗体、中断、重新设置、设计模式、工程资源管理器、属性窗口、对象浏览器等，如图1-15所示。

图1-15

在“标准”工具栏上显示的图标按钮从左至右依次说明如下：

- 视图：在主应用程序与活动的Visual Basic文档之间做切换。

- 插入：打开菜单以便添加对象到活动的工程中，图标会变成最后一个添加的对象（默认值是用户窗体）。
- 保存：将包含工程及其所有文件、窗体和模块的主文档存盘。
- 剪切：将选择的控件或文本删除并放置于剪贴板中。
- 复制：将选择的控件或文本复制到剪贴板中。
- 粘贴：将剪贴板的内容插入当前的位置。
- 查找：打开“查找”对话框并搜索“查找内容”框内指定的文本。
- 撤销：撤销最后一个编辑操作。
- 重复：如果在最后一次撤销之后没有发生其他的动作，则恢复最后一个文本编辑的撤销操作。
- 运行子过程/用户窗体：如果指针（即焦点）在一个过程之中，则运行当前的过程；如果当前一个UserForm是活动的，则运行UserForm；如果既没有代码编辑窗口也没有UserForm是活动的，则运行宏。
- 中断：当程序正在运行时停止其执行，并切换至中断模式。
- 重新设置：清除执行堆栈及模块级变量并重置工程。
- 设计模式：打开及关闭设计模式。
- 工程资源管理器：显示“工程资源管理器”窗口，并显示出当前打开的工程及其内容的分层式列表。
- 属性窗口：打开属性窗口，以便查看所选择控件的属性。
- 对象浏览器：显示对象浏览器，列出在代码中会用到的对象库、类型库、类、方法、属性、事件、常数以及为工程定义的模块与过程。
- 工具箱：显示或隐藏工具箱。
- Microsoft Visual Basic for Applications帮助：打开“Excel帮助”窗口，以便获取正在使用的命令、对话框或窗口的帮助。

（3）“调试”工具栏

“调试”工具栏用于对代码进行编译、调试、监视、切换断点、逐语句、逐过程等操作，如图1-16所示。

图1-16

在“调试”工具栏上显示的图标按钮从左至右依次说明如下：

- 设计模式：打开及关闭设计模式。
- 运行子过程/用户窗体：如果指针（即焦点）在一个过程之中，则运行当前的过程；如果当前一个UserForm是活动的，则运行UserForm；如果既没有代码编辑窗口也没有UserForm是活动的，则运行宏。
- 中断：当程序正在运行时停止其执行，并切换至中断模式。
- 重新设置：清除执行堆栈及模块级变量并重置工程。
- 切换断点：设置或删除当前行上的一个断点。
- 逐语句：在代码编辑窗口中一次一条语句地执行代码。

- 逐过程：在代码编辑窗口中一次一个过程地执行代码。
- 跳出：跳过当前执行点所在位置，执行其余的程序行。
- 本地窗口：显示“本地窗口”。
- 立即窗口：显示“立即窗口”。
- 监视窗口：显示“监视窗口”。
- 快速监视：显示所选表达式当前值的“快速监视”对话框。
- 调用堆栈：显示“调用堆栈”对话框，列出当前活动的过程调用（应用中已开始但未完成的过程）。

（4）“用户窗体”工具栏

“用户窗体”工具栏主要对开发的具体窗体控件进行操作，如移至顶层、移至底层、组、取消组、左对齐等，如图1-17所示。

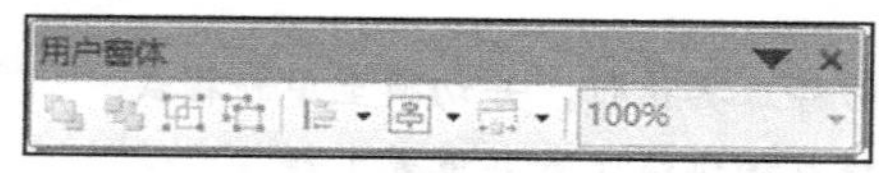

图1-17

在“用户窗体”工具栏上显示的图标按钮从左至右依次说明如下：

- 移至顶层：将对象一次性提升到最前端。
- 移至底层：将对象一次性降低到最后端。
- 组：将多个对象组合成为一个操作对象。
- 取消组：对组合后的对象取消组合。
- 对齐：将选中的多个对象按左对齐、居中对齐、右对齐等方式进行排列。
- 水平/垂直居中：将选中的多个对象按水平居中或垂直居中方式进行排列。
- 宽度/高度相同：将选中的多个对象的宽度/高度设置为相同。
- 缩放：调整整个界面的视图显示比例。

1.3.2 工程资源管理器

工程资源管理器用于显示所有工程的分层结构列表，以及工程中所包含并被工程引用的工程项（当前打开多少个工作簿就有多少个工程），如图1-18所示。

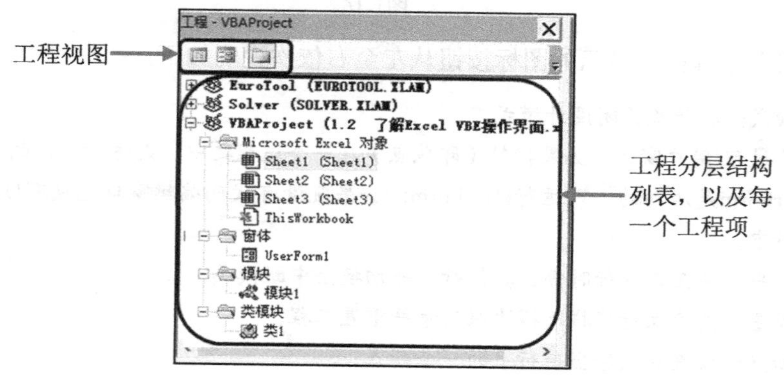

图1-18

在工程资源管理器中，提供了3种工程视图显示方式。这3种方式的具体功能和用途如下：

- 查看代码（ ）：显示代码编辑窗口，以编写或编辑所选工程目标代码。
- 查看对象（ ）：主要显示选取的工程，可以是文档或UserForm的对象窗口。
- 切换文件夹（ ）：主要是隐藏或显示模块文件夹及打开模块文件夹之间的切换。

在工程分层结构列表中，显示了已装入的工程以及工程中的工程项。每一种工程都对应一个图标，这些图标及其功能描述如表1-2所示。

表1-2 工程图标及其功能描述

名称	图标	功能描述
工程		工程及其包含的工程项
Document		与工程相关的文档，例如，在Microsoft Excel中是Excel文档
UserForm窗体		所有与此工程有关的.form文件
模块		工程中所有的.bas模块
类别模块		工程中所有的.cols文件

1.3.3 属性窗口

属性窗口用于查看或设置窗体及窗体组件的属性，如图1-19所示。在设置用户窗体时，会频繁地使用属性窗口。当选取了多个控件时，属性窗口会列出所有控件都具有的属性。

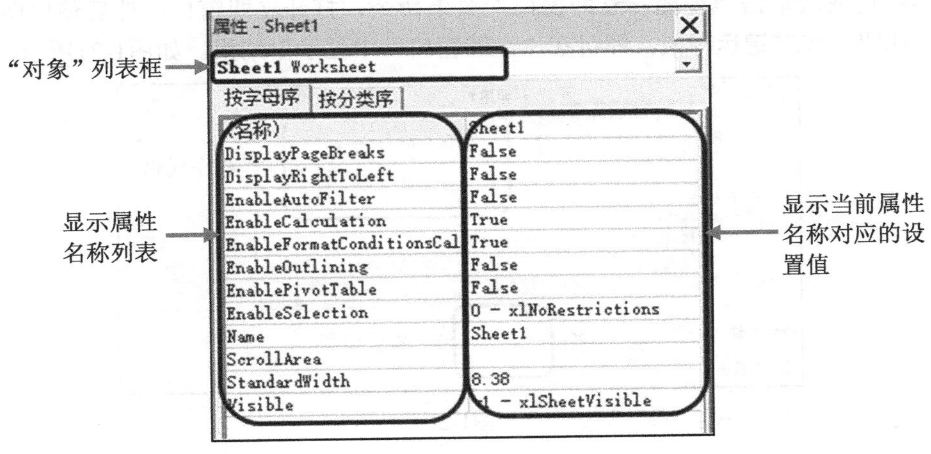

图1-19

在属性窗口中，"对象"列表框、"按字母序"标签和"按分类序"标签的主要作用如下：

- "对象"列表框：列出当前所选的对象，但只能列出当前窗体中的对象。如果选取了多个对象，则"对象"列表框将列出第一个对象，在属性名称列表框中列出多个对象均具有的属性。
- "按字母序"标签：按字母顺序列出所选对象的所有属性，这些对象可在设计时改变。若要改变属性的设定，可以选择属性名称然后输入，或直接选取新的设定。
- "按分类序"标签：根据性质列出所选对象的所有属性。例如BackColor、Caption以及ForeColor都是属于外观的属性。可以折叠属性名称列表，这样将只看到分类；也可以扩充一个分类，这样将看到分类下所有的属性。当扩充或折叠列表时，可在分类名称的左边看到一个加号田 或减号曰 图标，如图1-20所示。

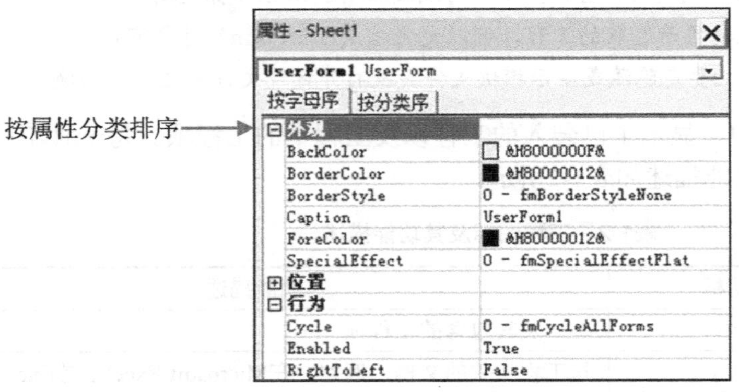

图1-20

1.3.4 立即窗口

“立即窗口”用于检查某个属性或者变量的值、执行单个过程或者对表达式求值等。在VBA界面中可以通过选择“视图→立即窗口”菜单命令或按Ctrl+G组合键打开“立即窗口”。

要查询一个程序过程中指定变量的值，可以通过以下方式：

按Alt+F11组合键打开VBA界面，依次单击“插入→模块”菜单命令，打开“模块2”，输入代码；再依次单击“视图→立即窗口”菜单命令，打开立即窗口；然后使用Debug.Print语句输入代码，按F5键运行宏，即可在“立即窗口”中显示出结果。如图1-21所示。

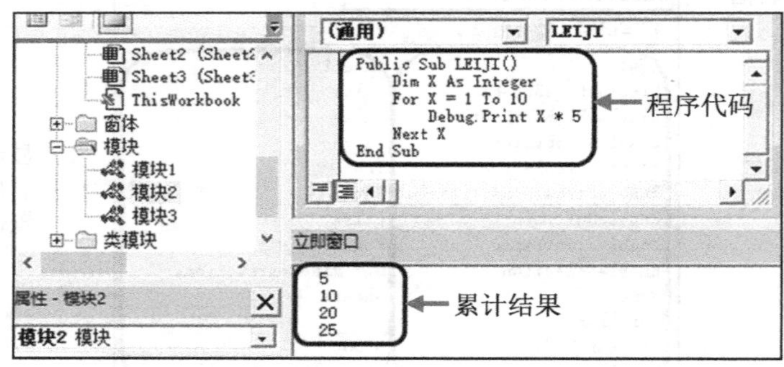

图1-21

1.3.5 本地窗口

“本地窗口”可以自动显示出所有在当前过程中的变量声明及变量值。在VBA界面中可以通过选择“视图→本地窗口”菜单命令来打开“本地窗口”。

“本地窗口”只有在中断模式下才可以显示相应的内容，并且只显示当前过程中变量或对象的值。当程序从一个过程转至另一个过程时，其内容也会相应地发生变化。操作步骤如下：

01 图1-22和图1-23分别是Sheet1工作表代码编辑窗口和模块代码编辑窗口中输入的代码，两段代码中均设置了Stop中断语句。

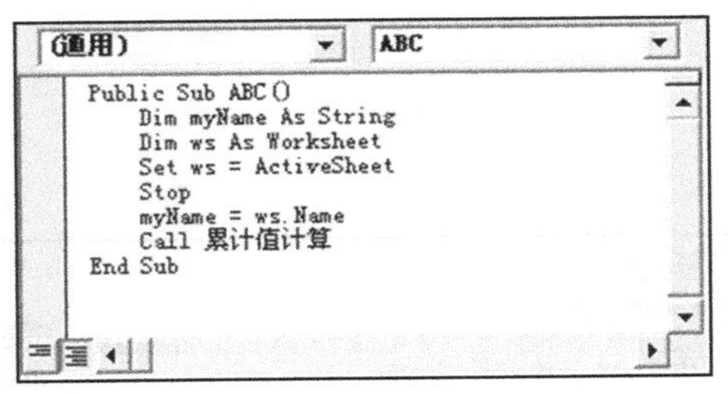

图1-22

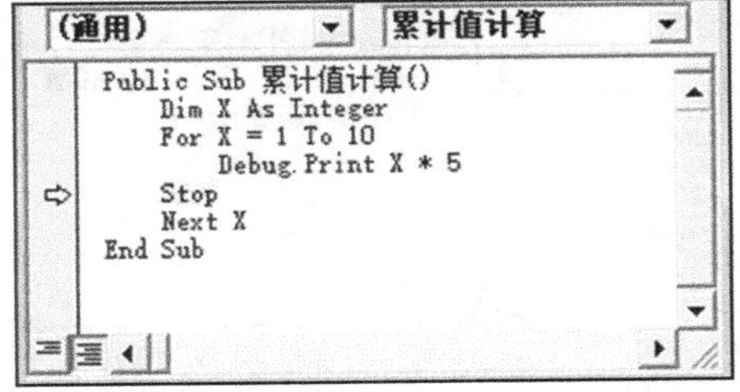

图1-23

02 打开“本地窗口”，然后按F5键运行Sheet1中的代码，即可在“本地窗口”中显示出其中变量或对象的值，如图1-24所示。

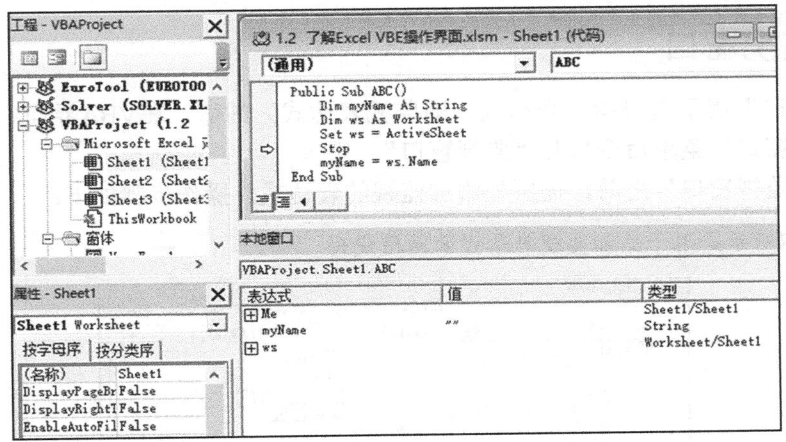

图1-24

03 单击对象名称前的加号，或者双击对象名称，均可以展开该对象的属性和值，如图1-25所示。

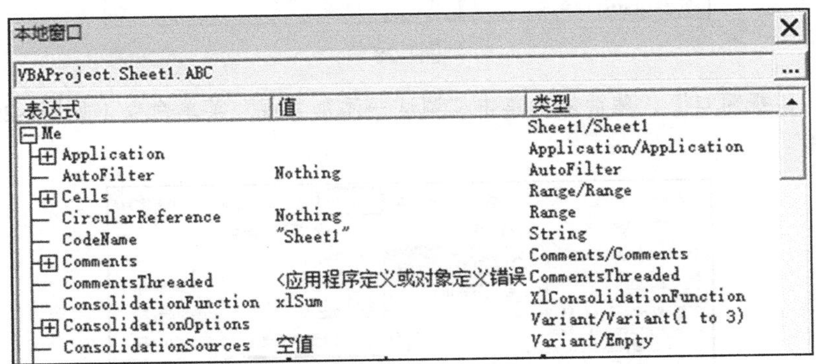

图1-25

04 继续运行代码，即可进入下一个中断模式下的代码过程，同时也可以在“本地窗口”中显示出相应的变量或对象的值，如图1-26所示。

05 单击“本地窗口”中右上角的省略号按钮，可以打开如图1-27所示的“调用堆栈”对话框，在其中可以快速切换过程。

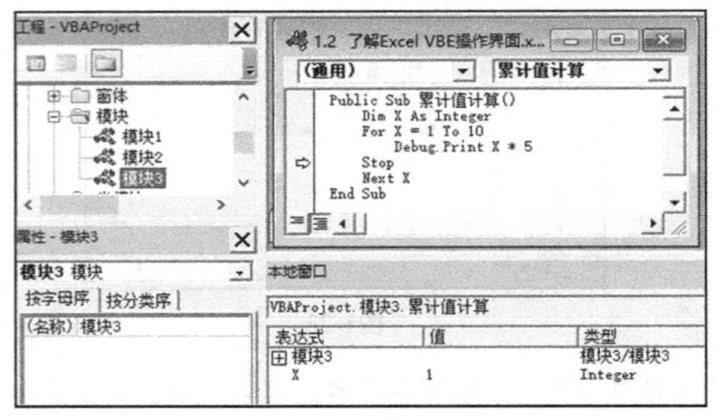

图1-26

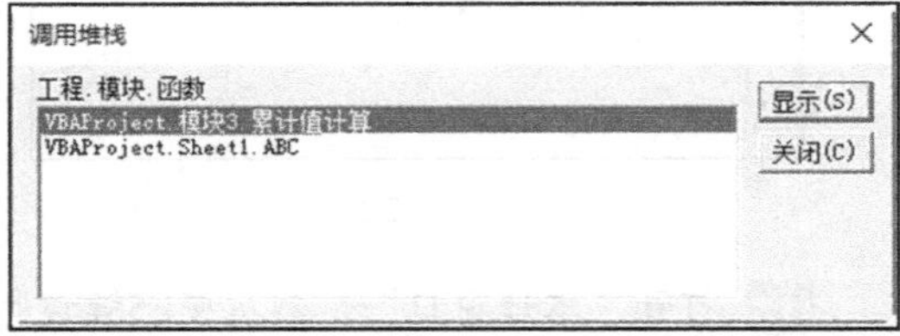

图1-27

1.3.6 监视窗口

“监视窗口”用于查看指定表达式（即监视表达式）的值。在VBA界面中可以通过选择“视图→监视窗口”菜单命令打开“监视窗口”。

在使用“监视窗口”之前，需要先添加监视的表达式，操作步骤如下：

01 图1-28所示是用于添加监视表达式的两段代码。

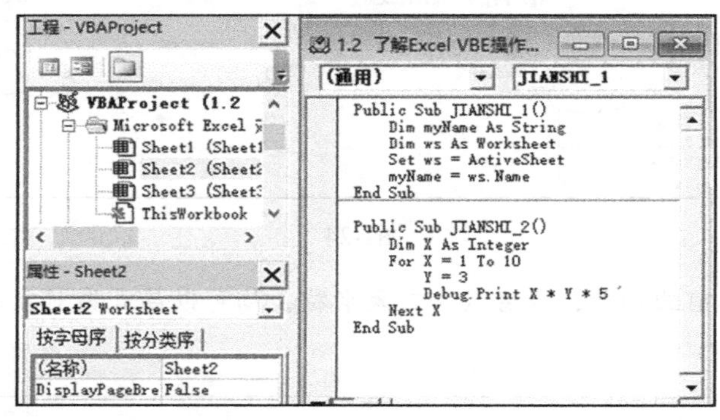

图1-28

02 打开“监视窗口”，然后依次单击“调试→添加监视”菜单命令（见图1-29），打开“添加监视”对话框。

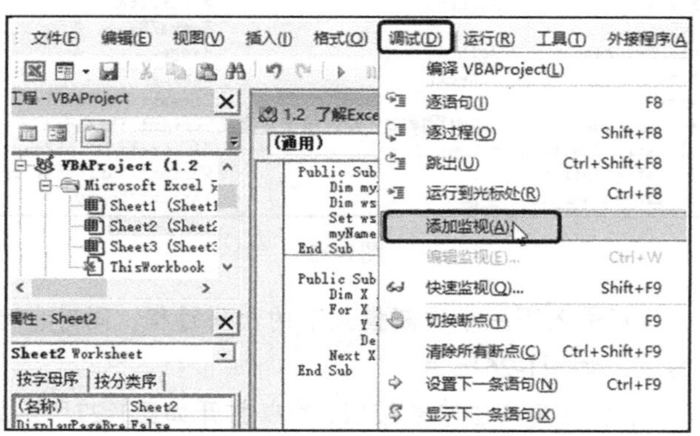

图1-29

03 在“表达式”文本框中输入要监视的表达式“ActiveSheet”，选择监视表达式所在的过程和模块，然后选中“监视表达式”类型，如图1-30所示。

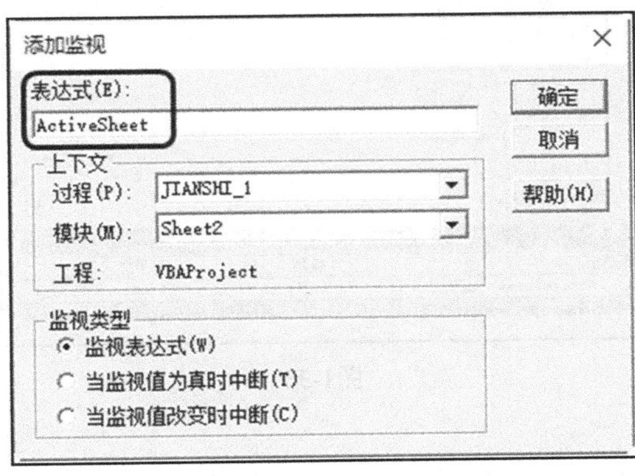

图1-30

“添加监视”对话框中各个选项的具体内容如下：

- 表达式：表示在过程中选择的变量名称。用户可以在文本框中手动输入，也可以事先在代码中选中。
- 上下文：表示需要监视的变量所在的过程及其所在的模块。
- 监视类型：表示变量的监视方式，包括“监视表达式”“当监视值为真时中断”和“当监视值改变时中断”3种类型。若选择“监视表达式”类型，则在“监视窗口”中显示表达式的值。若选择“当监视值为真时中断”类型，则在程序运行中，当表达式的值为真（不为0）时程序就进入中断模式。若选择“当监视值改变时中断”类型，则在程序运行中，一旦表达式的值改变，程序就进入中断模式。

04 单击“确定”按钮，即可为程序添加一个监视表达式。此时可以在“监视窗口”中监视“ActiveSheet”对象的返回值变化，如图1-31所示。

图1-31

05 继续添加监视表达式，在“添加监视”对话框的“表达式”文本框中输入要监视的表达式“X”，选择监视表达式所在的过程和模块，然后选中“监视表达式”类型。设置完成后，单击“确定”按钮，即可监视该变量的变化，如图1-32所示。

监视窗口

表达式	值	类型	上下文
ActiveSheet	<溢出上下文>	Empty	Sheet2.JIANSHI_1
X	<溢出上下文>	Empty	Sheet2.JIANSHI_2

图1-32

06 将光标置于第二段代码中，依次单击“调试→逐语句”菜单命令或者按F8键，进入逐语句调试。图1-33所示是当循环计数器X=5时“监视窗口”的返回值。

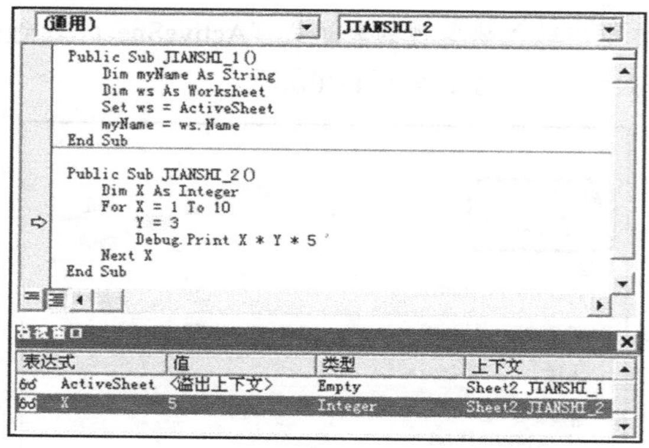

图1-33

1.3.7 工具箱

“工具箱”主要包含设计用户窗体时所需要的控件，如选定对象、标签、文字框、复合框、选项按钮、命令按钮、滚动条等工具控件，如图1-34所示。在VBA中进行用户窗体设计时才会出现该窗口。

图1-34

“工具箱”中各按钮的功能如表1-3所示。

表1-3 “工具箱”中的各按钮及其功能描述

名称	图标	功能描述
选定对象		用于选择窗体中的各个控件
标签	A	用于在窗体中输入说明性文本
文字框	ab|	用于在窗体中输入文字
复合框		用于在窗体中输入或显示多行文本
列表框		用于在几个数据中进行列表式选择
复选框		用于在若干个选择对象中进行多选
选项按钮		用于在若干个选择对象中进行单选
切换按钮		按钮的一种特殊形式，通过按钮形状的变化反映当前的状态
框架		用于根据需要或数据特点对窗体的各控件进行分组划分
命令按钮		用户通过选择该按钮完成一个命令
TabStrip		用于创建多组选项卡界面
多页		用于创建多页选项卡界面
滚动条		用于界面延伸
旋转按钮		用于对数据的细微调整
图像		用于用户界面中的图片控制

1.3.8 对象浏览器

对象浏览器用于显示对象库和工程设计过程中的可用类、属性、方法、事件及常数变量，如图1-35所示。

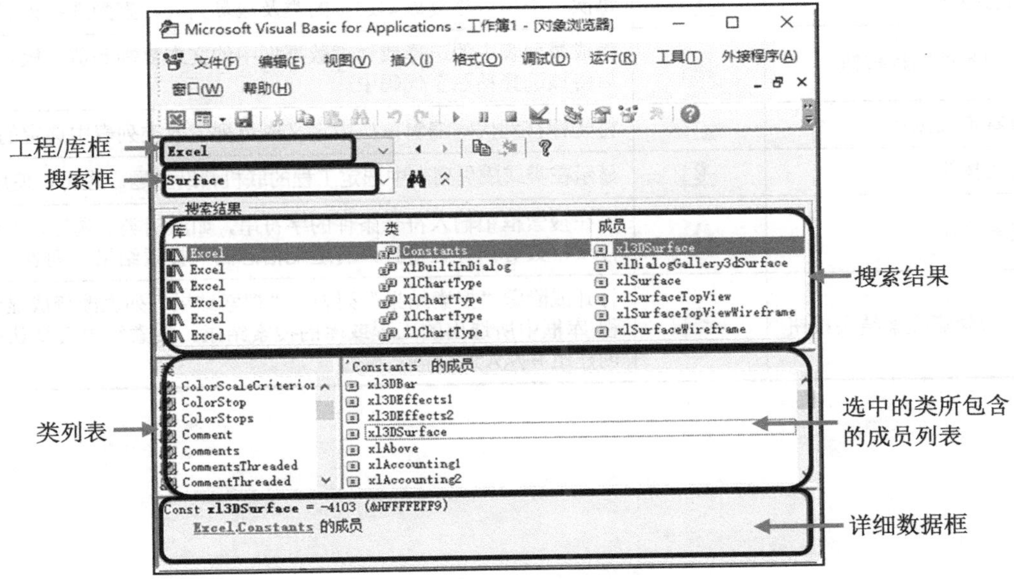

图1-35

在对象浏览器中，各组成部分的主要作用如下：

- 工程/库框：显示活动工程当前所引用的库（其中的“<所有库>”选项可以一次显示出所有的库）。用户还可以通过选择“工具→引用”菜单命令，在打开的“引用”对话框中添加其他库。
- 搜索框：用于输入需要搜索的字符串。该框中包含最后四次输入的搜索字符串，直到关闭此工程为止。在键入字符串时，可以使用标准的Visual Basic通配符。
- 如果要查找完全相符的字符串，可以利用工程/库框和搜索框右侧的相关按钮来匹配查找，具体按钮功能如表1-4所示。
- 搜索结果：显示搜索字符串所包含工程的对应库、类及成员。
- 类列表：显示在工程/库框中选定的库或工程中所有可用的类。如果有代码编写的类，则这个类会以粗体方式显示。这个列表的开头都是<globals>，是可全局访问的成员列表。如果选择了类但没有选择特定的成员，会得到默认成员。默认成员以“*”符号或此成员特定的默认图标作为标识。
- 成员列表：按组显示出在类列表中所选类的元素，在每个组中再按字母排列。用代码编写的方法、属性、事件或常数会以粗体显示。
- 详细数据框：显示成员定义。详细数据框包含一个跳转，可以跳到该元素所属的类或库。某些成员可跳到其上层类。例如，如果详细数据框中的文本提到Command1声明为命令按钮类型，单击命令按钮则可以到“命令按钮”类。可以将详细数据框中的文本“[;Win;>或拖动<]”复制到代码编辑窗口中。

表1-4 对象浏览器的快捷菜单中各按钮及其功能描述

名称	图标	功能描述
向后按钮		可以向后回到前一个类及成员列表。每单击一次便回到前一个选项，直到最前面
向前按钮		每次单击可以重复原本选择的类及成员列表，直到选择列表用完
复制到剪贴板按钮		将成员列表中的选择或详细数据框中的文本复制到剪贴板。可在之后将该选择粘贴至代码中
查看定义按钮		将光标移到代码编辑窗口中定义成员列表或类列表中选定的位置
帮助按钮		显示在类或成员列表中选定工程的联机帮助主题。也可以使用F1键
搜索按钮		可在搜索框中输入符合条件的字符串，如激活类、属性、方法、事件或常数等，并且可打开有适配信息的"搜索结果"列表
显示/隐藏搜索结果按钮		打开或隐藏"搜索结果"列表。"搜索结果"列表改变成显示从工程/库框中所选出的工程或库的搜索结果。搜索结果会默认按类型创建组并从A到Z排列

第2章　Excel VBA程序开发基础

Excel VBA程序开发最基础的操作就是代码编辑，而掌握程序开发的基础知识与方法是实现代码编辑的初始步骤。

初学者第一次接触VBA时，面对各种复杂的代码必然会感到茫然、不知所措。本章将从程序开发的基础讲起，由浅入深、由易至难，全面介绍各种数据类型、常量、变量与数组、各类控制语句及运算符等内容。通过本章的学习，读者可以掌握程序开发的基础知识。

2.1 基本数据类型

数据不仅是程序中的必要组成部分，同时也是程序处理的对象。在高级程序设计语言中，广泛使用“数据类型”这一词汇，数据类型可以体现数据结构的特点及数据用途。需要注意的是，不同的数据类型所表示的数据范围不同，因此数据类型定义错误有时会导致整个程序错误。

VBA数据类型继承自传统的Basic语言，如Microsoft Quick Basic。在VBA应用程序中，也需要对变量的数据类型进行声明。

2.1.1 数值型数据

1. 整型

整型（Integer，整数类型的简称）数据通常指日常所说的整数，通过以2字节（16位）的二进制表示和参加运算。该数据类型表示的数值范围为-32768～+32767。

例如：

```
Dim I as Integer
I=100          '表示正确
I=65536        '表示错误，赋值数据超出了该类型的数值范围
```

2. 长整型

长整型（Long）数据是定义大型数据时采用的数据类型，该类型可以表达-2147483648～+2147483647范围内的数据。

例如：定义Rs存放工作表的最大行值，或在程序中用于存放身份证号码。

```
Dim Rs  as Long
Rs=1048576
```

3．单精度型

单精度型（Single）数据主要用于表示单精度浮点值，变量存储为IEEE 32位（4字节）浮点数值的形式。

4．双精度型

双精度型（Double）数据主要用于表示双精度浮点值，变量存储为 IEEE 64位（8字节）浮点数值的形式。

5．字节型

字节型（Byte）数据主要用于存放较少的整数值，该类型表示0～255的数值。

例如：定义PersonAge存放年龄值。

```
Dim PersonAge as Byte
PersonAge=26
```

2.1.2 字符串型数据

字符串型数据是在VBA中使用最多的数据类型，这主要是由VBA本身的特性所决定的。字符串型数据通常用于处理以下两种形式的字符串。

1．固定长度的字符串

固定长度的字符串（String*Length）可以存储1～64000个字符。在此状态下，对于不满足固定长度设定的字符采取差补长截的方法。例如，定义固定长度为3的字符串，输入一个字符"a"，则结果为"a "（后补两个空格），但若输入"String"，则得到"Str"。

2．可变长度的字符串

可变长度的字符串（String）能够存储长度可变的字符串，最多可存储2亿个字符。

2.1.3 其他数据类型

1．日期型

日期型（Date）数据主要用于存储日期。需要注意的是，在使用日期型数据时，必须使用“#”号把日期括起来。例如：

```
MyBorn=#6/26/10#
```

也可以采用该方法将文本格式的日期括起来，例如：

```
MyBorn=#May5, 2010#
```

2. 布尔型

布尔型（Boolean）数据通常用于存储返回的布尔值，该值主要有两种形式：真（True）与假（False）。如表达正确或错误的状态时，可采用Boolean类型。

```
Dim bl As Boolean
```

3. 变体型

变体型（Variant）数据是一种可变的数据类型，可以表示任何值，包括数据、字符串、日期、布尔型等。由于变体型数据占据大量内存，因此建议在使用该类型时进行显式声明。例如：

```
Dim mVariant as Variant
```

但需要注意的是，变体数据类型不能包含固定的字符串值。

4. 货币型

货币型（Currency）主要适用于货币计算或固定小数位数的计算。

高手点拨

各种数据类型的表示符号：
%表示整型；&表示长整型；！表示单精度型；#表示双精度型；$表示字符型；@表示货币型。
当定义了某个类型（如整型）的数据，在通过计算后，如果超出该类型的数据范围，有时会导致程序出现错误，所以在使用过程中需要特别注意类型的定义。

2.2 常量、变量与数组

在程序设计与执行过程中，不同类型的数据可以以常量的形式出现，也可以以变量的形式出现。常量主要代表着内存中的存储单元，在程序执行期间值是不发生改变的，而变量则是可变的。

2.2.1 常量

常量是指在程序运行的过程中其值不能被改变的量。在VBA环境中常量通常分为两类：内置常量与用户自定义常量。

1. 内置常量

任何应用程序都会包含内置常量，而且这些常量均会被赋予值。为了方便记忆与使用内置常量名字，通常采用两个字符开头指明应用程序名的方式定义，例如：Word对象的常量都以wd开头；在VBA中的常量，开头两个字母通常为vb。用户可以通过VBA的对象浏览器来显示对象库提供的常量列表。

2. 用户自定义常量

应用程序内置的常量始终不能完全满足用户需要，因此在进行代码功能定制时，用户通常自己也会定义一些常量。要声明常量，必须使用Const关键字。

Const语法形式：

```
[Public|Private] Const Constaname  [As type]=Value
```

参数说明：

- Public|Private：指定了该常量的有效范围，即作用域。该项参数是可选项。
- Const：指定了常量名字。
- Type：表示为前面所提到各类数据类型中的一种。对任何常量的定义都需要指定数据类型。
- Value：表示常量的值。

例如：指定mconst 并初始化其值为100。

```
Const mconst as Integer =100
```

在同一行中还可以定义多个常量,但每个常量都需要定义其数据类型,且以逗号进行分隔。例如：

```
Const Rol as integer , stuName as string =David
```

2.2.2 变量

变量实际上是一个符号地址，代表了命名的存储位置，包含程序执行阶段修改的数据。每个变量都有变量名，在其作用域范围内可唯一识别。

常量必须在声明时进行初始化，而对于变量，使用前可以指定数据类型（即采用显式声明），也可以不指定（即采用隐式声明）。

在VBA中变量通过Dim语句进行声明，每个变量都包含名称与数据类型两部分，通过名称可以引用一个变量，而数据类型则决定了该变量的内在分配空间。

1. 显式声明变量

显式声明是指在过程开始之前进行变量声明，然后由VBA为该变量分配内存空间。显式声明使用较为广泛，原因在于该声明具有以下优点：

- 显式声明更便于代码阅读。
- 出现拼写错误时，VBA不会自动创建新变量。
- 代码运行更快。

显式声明的主要缺点：必须在过程开始之前花费时间声明变量。

2. 隐式声明变量

隐式声明变量是指不在过程开始之前显式声明的变量，在第一次使用时自动进行声明。对于VBA而言，在程序执行过程中遇到此类变量时，都会检查是否已经存在同名的变量，如果没有找到这样的变量，则直接创建该变量，并指定为Variant数据类型。

这种方式的最大优点是，只在程序使用时才进行声明，比较容易阅读。但也有不足之处，其一是在编码时可能会有很多输入错误，假设已经声明了N_Total变量，并赋值为100，当在代码中使用该变量时，如果输入的变量名为“N Total”（下划线变为空格），则VBA会识别到这个错误，然后创建一个新的变量N_Total，并初始化值为0。

另一不足之处就是数据类型的问题，Variant类型数据比其他任何类型的数据占用内存空间都要多，因此当隐式声明变量过多时，程序会占据大量的内存空间，从而导致整体运行时间过长。

3．变量命名规则

任何变量都需要一个名称，在VBA中变量的命名具有一定的规则。

- 名称只能由字母、数字、下划线组成。
- 名称的第一个字符必须是字母。
- 名称的有效字符长度为255个。
- 不能使用保留字作为变量名，但可以将保留字作为嵌套放入名称中。如不可以定义Print作为变量名，但可以定义Print_Name作为变量名。

变量名的定义形式：

```
Declare　变量名 as　数据类型
```

Declare可以是Dim、Static、ReDim、Public、Private。

例如，定义Print_Name作为字符串变量。

```
Dim Print_Name as String
```

Dim与Static之间的区别：Dim为动态变量，即每次引用变量时，变量会自动重新设置为0，字符串设置为空；Static为静态变量，即每次引用变量时，其值会继续保留使用。

下面用一个示例演示Dim与Static的区别，操作步骤如下：

01 在Excel中，单击“开发工具”选项卡，在“代码”选项组中单击Visual Basic按钮，切换到VBE环境。

02 选择“插入→用户窗体”菜单命令，创建窗体。

03 右击创建的空白窗体，在弹出的快捷菜单中选择“查看代码”命令，如图2-1所示。

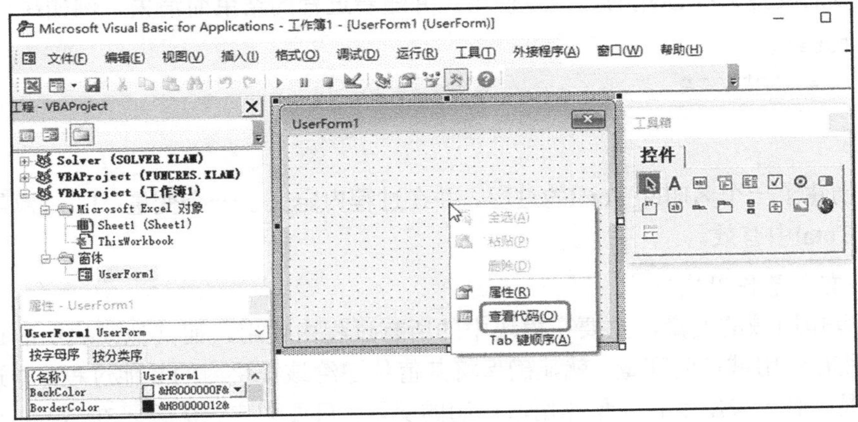

图2-1

04 打开代码编辑窗口，输入图2-2所示代码。

05 输入完成后，按F5键运行代码，即可打开创建的窗体，如图2-3所示。

06 单击窗体，可查看程序运行的结果，如图2-4所示。

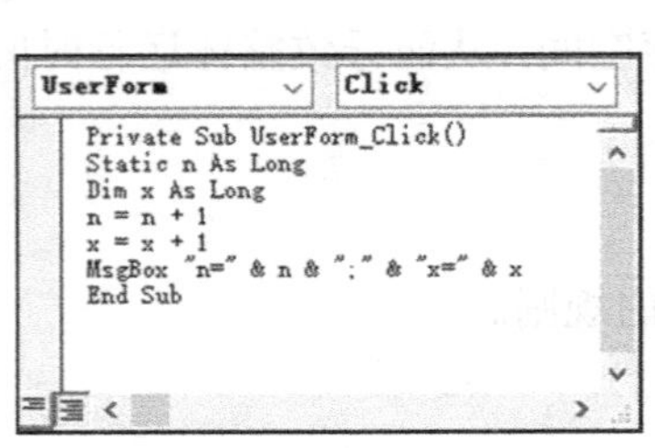

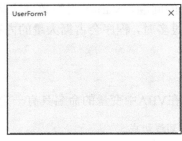

图2-2

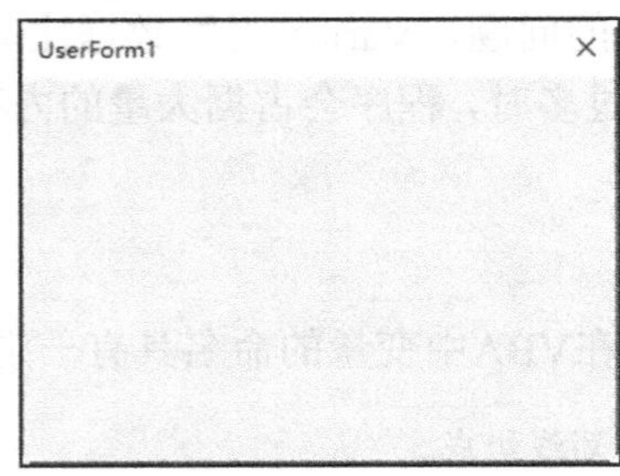

图2-3

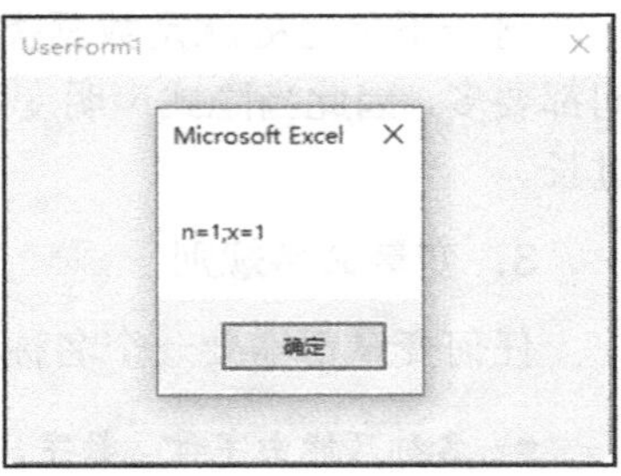

图2-4

07 不断单击“确定”按钮和窗体，会发现“n”的值在不断增加，而“x”的值始终为1，如图2-5、图2-6所示。

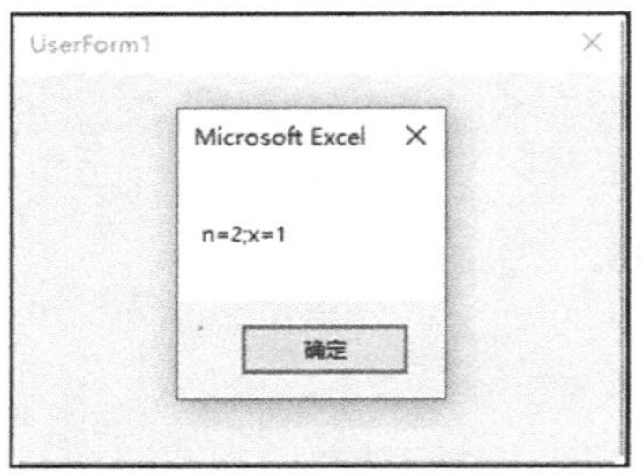

图2-5

图2-6

4. 变量作用域

能否在一个过程中使用变量取决于变量的作用域，即变量声明的位置。变量的作用域是指变量的可访问性。如果希望变量能够被模块中的所有过程使用，则需要将变量声明在通用声明中，此时该变量的作用域则成为全体（Public）。

（1）过程变量作用域

该作用域的变量只在创建的过程内使用，并随着过程的结束而消失。例如：

```
Sub N_Total()
Dim  I  as  integer
...
End Sub
```

该例中创建了一个名叫N_Total的过程，并在过程内定义了一个变量“I”，换句话说“I”只在过程N_Total中有效。

（2）私有变量作用域

对于私有作用域的变量，主要在模块中的所有过程内使用，而其他模块中的过程则无法使用。采用私有作用域声明变量，就能确保将其值传递给该模块内的其他过程。与过程变量作用域不同的是，对于采用私有变量作用域声明的变量，只要创建它的项目在运行，该变量就一直存在。

要采用私有变量作用域，必须使用Private或Dim。若使用Dim语句定义私有作用域变量，则该定义语句一定要写在过程的前面。例如：

```
Private  i_ok  as  Boolean
Dim cs as integer
Sub Test()
...
End sub
```

（3）公共变量作用域

具有公共作用域的变量可以让所有模块中的所有过程都使用。该变量的声明是利用Public表示的，例如：

```
Public Pcount as integer
```

5．变量的生命周期

变量的生命周期与作用域是两个不同的概念，生命周期是指变量从首次出现（执行变量声明，为其分配存储空间）到使用它的代码不再使用它而该变量消失之间的时间。

过程变量的生命周期是过程或函数被开始调用到运行结束的时间（静态变量除外，静态变量的声明使用“Static变量名As数据类型”。该变量在Access程序执行期间一直存在，其作用范围是声明其子程序或函数。静态变量可以用来计算事件发生的次数或者函数与过程被调用的次数）。

公共变量的生命周期是从声明到整个Access应用程序结束。

私有变量的生命周期则贯穿整个代码执行过程直到结束。

2.2.3 数组

使用变量有一定的局限性，即每个变量一次只能存储一个值。若需要变量存储20个值，则必须声明20个变量，可对一个变量进行20次赋值，这样的方法会花费较多的时间，因此这类应用可采用数组的方法来进行声明。

数组是由一组具有相同数据类型的变量（称为数组元素）构成的有序序列。

数组变量由变量名和数组下标组成。

1．声明数组

与变量相同，数组也是通过Dim语句来进行声明的。声明时在数组名后加一对括号，括号中可以指定数组大小，也可为空。括号内有值的数组被称为固定数组，而括号内为空的数组则被称为动态数组。

动态数组在以后使用时再用ReDim来指定数组大小，这被称为数组重定义。在对数组重定义时，可以使用ReDim后加保留字Preserve来保留以前的值，否则使用ReDim后数组元素的值会被重新初始化为默认值。

例如，下面的语句分别定义了一个名为MyArray且包含有20个项的长整型固定数组，以及一个名为MyName的整型动态数组：

```
Dim MyArray(20) As Long
Dim MyName() as Integer
```

知识拓展

如何调整固定数组大小？

对于固定数组，可通过ReDim的方式来重新定义数组大小，如重置前面的MyArray，改大小为30，表示为ReDim MyArray(30)。

2. 使用数组中的值

存储或调用数组中的数据，都需要引用数组元素。因此数组中的每个元素都具有一个与之关联的下标号，数组的第一个数据下标号为0，其他依次排列，如表示数组中的第3个数据，表示为MyArray(2)。

例如，对MyArray数组进行赋值，数据定义如下：

```
MyArray(0)=1
MyArray(1)=2
MyArray(2)=3
...
```

2.3 过程

在VBA中，过程是以功能为基础进行分类的，使用过程可以把复杂的程序分解成小的模块，并且可将若干条语句集成在一起。使用过程可以使程序更易于维护和调试。根据程序的不同需要，过程主要分为3种类型：Sub、Function、Property。

2.3.1 Sub 过程

Sub过程是一系列由Sub和End Sub语句所包含起来的 Visual Basic语句，该过程主要基于事件的可执行代码单元，有时也被称为命令宏。当Sub过程执行时，会执行操作却不能返回任何值。

语法形式为：

```
[Public|Private][Static] Sub <过程名>
    过程语句
End sub
```

Sub过程可由参数（如常数、变量或者表达式等）来调用。如果一个Sub过程没有参数，则其Sub语句必须包含一个空的圆括号。示例如下：

01 按Alt+F11组合键打开VBA编辑器，选择“插入→模块”菜单命令，然后在代码编辑窗口中输入图2-7所示代码。

02 输入完成后，按F5键运行代码，即可弹出如图2-8所示的消息提示框。

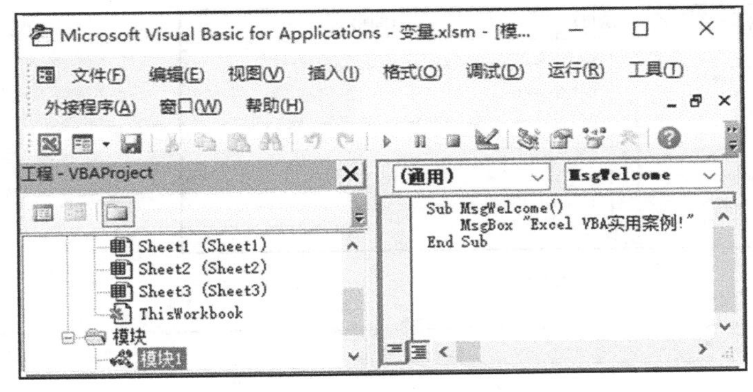

图2-7

图2-8

2.3.2 Function 过程

Function过程可以执行一系列由Function和End Function语句所包含起来的Visual Basic语句并返回过程值，并且可以接受和处理参数的值。通常利用Function创建自定义的计算公式。

语法形式为：

```
[Public|Private][Static] Function <过程名> [ As  <数据类型>]
    过程语句
End Function
```

例如，返回数值的绝对值：

```
Function MAbs (m_abs as Integer)
    MAbs=Abs(m_abs)
End Function
```

2.3.3 Property 过程

使用Property过程可以访问对象的属性，也可以对对象的属性进行赋值。

语法形式为：

```
[Public|Private][Static] Property {Get|Let|Set} <过程名>
    过程语句
End Property
```

示例如下：

01 按Alt+F11组合键打开VBA编辑器，选择“插入→过程”菜单命令。

02 在打开的“添加过程”对话框中设置名称为“ABC”，类型为“属性”，范围为“公共的”，如图2-9所示。

03 设置完成后单击“确定”按钮，即可得到相应的效果，如图2-10所示。

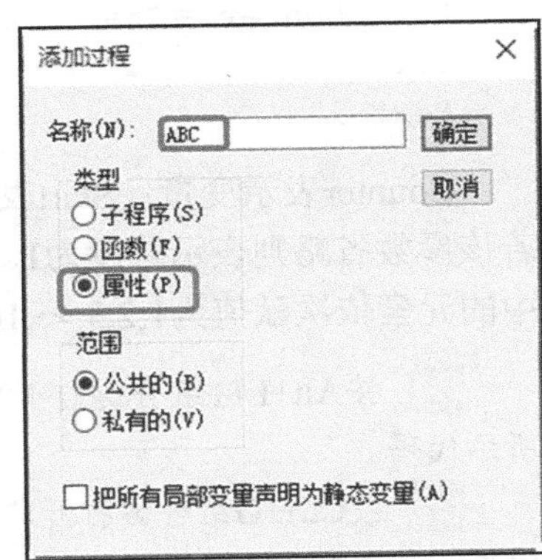

图2-9

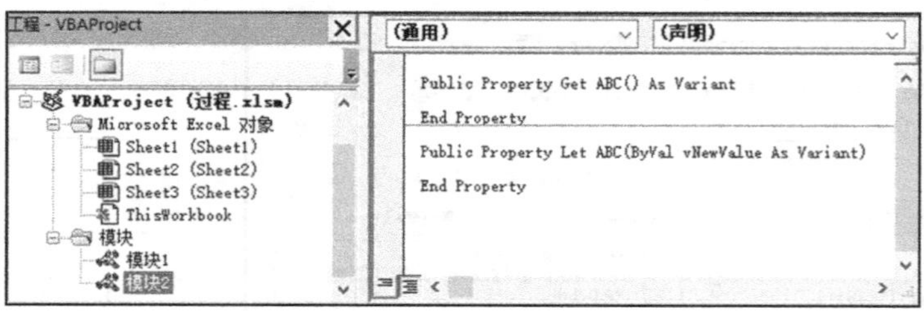

图2-10

2.4 控制语句

在过程或函数中编写的语句是按照先后顺序执行的，而在实际应用中经常需要一些特殊的执行顺序，如重复、选择等。为此，除了顺序语句外，程序设计语言中还包含另外两种流程控制语句：循环语句与判断语句。

2.4.1 循环语句

在某些情况下，可能需要重复性地执行一组语句，如给数组元素赋值，此时，可采用循环语句加以简化。循环结构包含两种不同的循环方式：For（计数循环）和Do（当循环）。

1. For循环

通常用于按指定的次数进行循环。常见的有以下的两种：

```
For...Next
For Each ...Next
```

（1）For...Next

功能描述：通常用于完成指定次数的循环。

语法形式为：

```
For Counter =Start to End [Step Cou]
...
Next
```

Counter表示变量；Start表示变量的起始值；End表示结束值；Cou表示相邻值间的跨度，若该参数省略则表示跨度为1。下面用一个示例来演示通过For...Next语句定义数组，并将数组中的元素依次赋值为1,2,3,⋯,10。操作步骤如下：

01 按Alt+F11组合键打开VBA编辑器，选择插入“模块1”，在代码编辑窗口中输入图2-11所示代码。

02 按Ctrl+G组合键打开“立即窗口”，然后按F5键运行代码，即可在“立即窗口”中显示出结果，如图2-12所示。

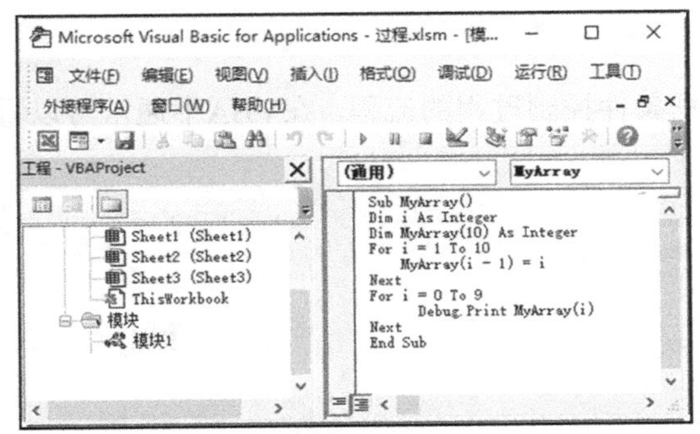

图2-11

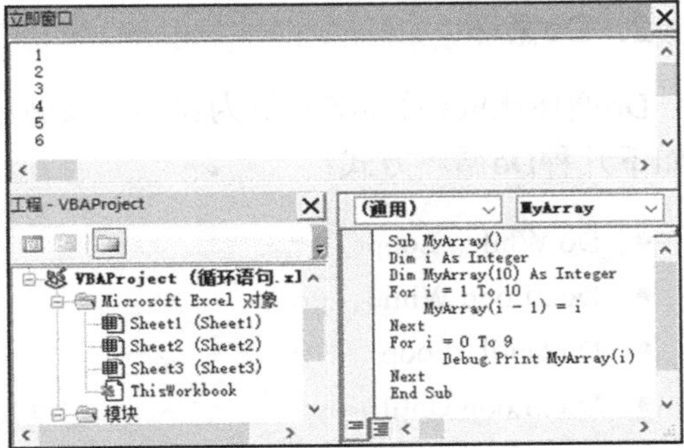

图2-12

（2）For Each...Next

功能描述：通常用于对集合中的每个对象执行重复的任务。

语法形式为：

```
For Each Object in Objects
...
Next Object
```

在本语法中，对于指定集合中的每个对象都执行同一个代码段。其中，Object表示对象名，Objects表示集合名。示例如下：

01 按Alt+F11组合键打开VBA编辑器，选择插入“模块2”，在代码编辑窗口中输入图2-13所示代码。

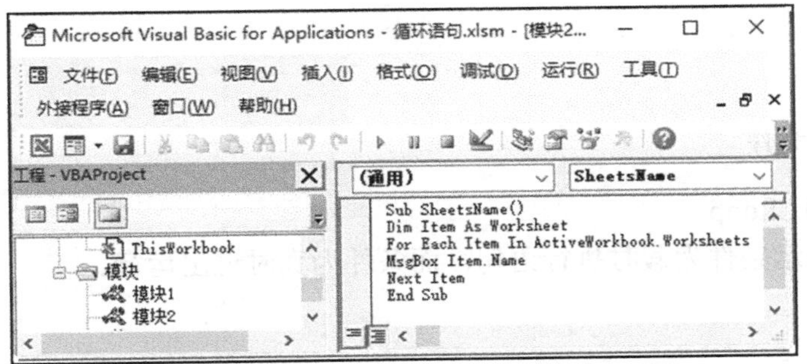

图2-13

02 按F5键运行代码，即可弹出显示第1个工作表名称的消息提示框，如图2-14所示。

03 依次单击“确定”按钮，即可弹出显示其他工作表名称的消息提示框，如图2-15、图2-16所示。

图2-14

图2-15

图2-16

2. Do循环

Do循环比For循环结构更为灵活，该循环依据条件控制过程的流程。在VBA中通常可以看到如下几种Do循环方式：

- Do While...Loop
- Do...Loop While
- Do Until...Loop
- Do...Loop Until

（1）Do While...Loop

功能描述：该结构只有当条件为真时循环才会继续，而条件为假时则直接退出循环。

语法形式为：

```
Do While  Condition
...
Loop
```

在本语法中，首先判断Condition是否为真，如果为真则执行语句，Loop则表示循环继续；当Condition的值为假时，退出循环。

（2）Do...Loop While

功能描述：该结构功能与Do While...Loop相似，不同之处在于本语句先运行代码，后判断条件是否为真。

语法形式为：

```
Do
...
Loop While  条件
```

（3）Do Until...Loop

功能描述：表示条件为假时执行语句，而条件为真时退出运行。

语法形式为：

```
Do Until <条件>
...
Loop
```

示例如下：

01 按Alt+F11组合键打开VBA编辑器，选择插入“模块3”，在代码编辑窗口中输入图2-17所示代码。

02 按Ctrl+G组合键打开“立即窗口”，然后按F5键运行代码，即可在“立即窗口”中显示结果，如图2-18所示。

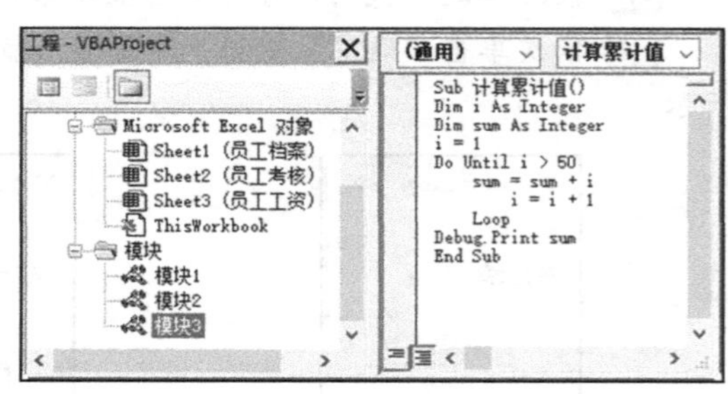

图2-17

（4）Do...Loop Until

功能描述：该结构功能与Do Until...Loop相似，不同之处在于本语句先运行代码，后判断条件是否为真。

语法形式为：

```
Do
...
Loop  Until  条件
```

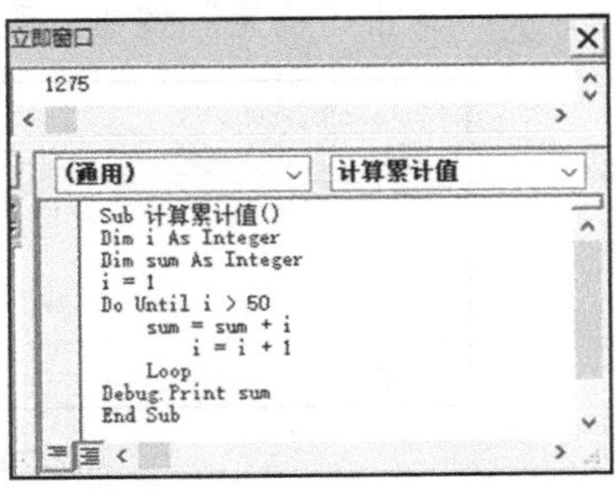

图2-18

2.4.2 判断语句

判断语句主要依赖条件值，并根据具体值对程序进行控制。通常的判断语句包括IF语句与Select语句。

1. IF语句

IF语句是程序开发过程中使用频率非常高的语句，程序中的很多判断逻辑都需要用其来实现，如在计算销售奖金时，需要判断输入的数值是否大于指定的销售金额。

语法形式为：

```
IF 条件 Then
   ...
   [Else
      ...]
   End if
```

```
IF 条件 Then
   ...
   Else if  条件 then
      ...
      End if
```

示例如下：

01 按Alt+F11组合键打开VBA编辑器，选择插入“模块1”，在代码编辑窗口中输入图2-19所示代码。

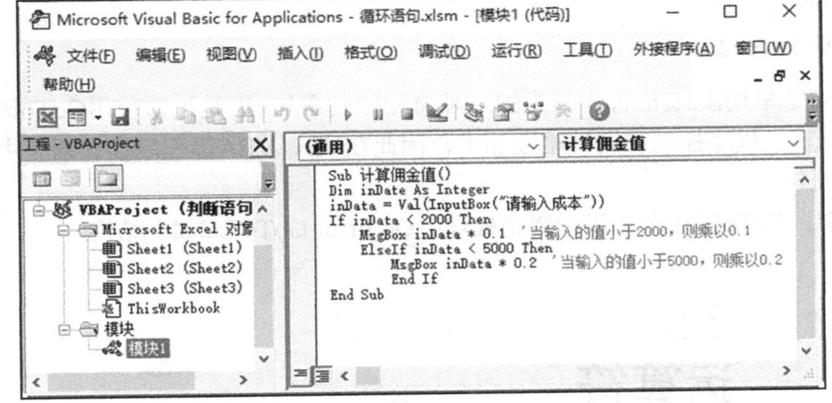

图2-19

02 按F5键运行代码，在弹出的消息框中输入成本值，如图2-20所示。

03 单击“确定”按钮，即可计算出佣金值，如图2-21所示。

Microsoft Excel

请输入成本

确定

取消

4500

图2-20

图2-21

2. Select语句

当条件过多时，利用IF嵌套的方式会非常烦琐，此时就可以借用Select...Case结构方式来实现。该语句首先提供表达式，并列出所有可能的结果，当表达式的结果与列出的值相匹配时，就会执行相应的语句，若不匹配则执行默认语句。

语法形式为：

```
Select Case 表达式
    Case 条件1
        ...
    Case 条件2
        ...
    End select
```

知识提示

Select ...Case语句不能包含两个相同的条件。

2.4.3 GoTo 语句

GoTo语句通常用来改变程序执行的顺序，跳过程序的某部分直接去执行另一部分，也可返回已经执行过的某语句使之重复执行。

语法形式为：

```
GoTo {标号 | 行号}
```

GoTo语句是早期Basic语言中常用的一种流程控制语句。但是过量使用GoTo语句会导致程序运行跳转频繁、程序控制和调试难度加大，因此在VB、VBA等程序设计语言中都应尽量避免使用GoTo语句。

在VBA中，GoTo语句主要用于错误处理“On Error GoTo Label”结构。

2.5 运算符

运算符是表达式中非常关键的构成部分。在VBA中，运算符包含以下几种：

- 算术运算符
- 比较运算符
- 连接运算符
- 逻辑运算符

2.5.1 算术运算符

算术运算符是常用的运算符，用来执行简单的算术运算。除了在数学中所运用的加、减、乘、除等计算符号之外，还包含求余等运算符。具体计算符号及含义如表2-1所示。

表2-1　各算术运算符符号及其含义说明

运算符	名称	示例	结果
+	加	5+5	10
—	减	5—5	0
*	乘	5*5	25
/	除	5/5	1
\	整除	6\5	1
^	幂	2^3	8
Mod	求余	5Mod2	1

以上运算符中，除了“减”是单目运算符外，其他均是双目运算符。其中，“乘”与“除”是同级运算符，“加”与“减”是同级运算符。

若表达式中含有括号，先计算括号内表达式的值。若有多层括号，则先计算内层括号中的表达式。

加、减、乘这三个运算符的含义与数学中的含义基本相同，下面介绍其他几个运算符的运算。

1．除

该运算符执行标准除法运算，其结果为浮点数。

2．整除

该运算符执行整除运算，其结果为整型值，因此表达式7\2的值为3。

3．幂

该运算符用来计算乘方和方根。例如，2^8表示2的8次方，而2^（1/2）或2^0.5是计算2的平方根。

4．求余

该运算符用来求余，其结果为第1个操作数整除第2个操作数所得的余数。

2.5.2 比较运算符和连接运算符

1. 比较运算符

比较运算符又称作关系运算符，用来对两个表达式的值进行比较。

通常包含=（等于）、>（大于）、<（小于）、>=（大于或等于）、<=（小于或等于）、<>或><（不等于）、Like（像）、Is（是）。

2. 连接运算符

连接运算符为“&”，主要用于连接多个字符串，例如“Hard”&“Ware”，得到的结果为“HardWare”。

在VBA中，除了用“&”运算符连接字符串外，还可以用加法运算符“+”来连接字符串（在有些情况下，用“&”比用“+”更安全）。

知识拓展

&运算符与字符表示法：

- &运算符：表示连接字符串，就是将该运算符后的字符串追加至其前面的字符串后面，如"ab"&"cd"，得到"abcd"。
- 字符的表示法：如果需要将某些字符原样显示出来，可直接在相应字符两端加上双引号，如“年”字。

2.5.3 逻辑运算符

逻辑运算也称作布尔运算，由逻辑运算符连接两个或多个关系式组成一个布尔表达式。

逻辑运算符通常用于程序开发过程中的判断语句中，其具有对多个结果进行对与错的判断功能，同时还可以对判断后的结果进行组合判断。如部门为销售部、学历为本科，用程序代码表示为：

```
部门="销售部" and 学历="本科"
```

即表示满足“部门为销售部”这个条件的同时，还需要满足“学历为本科”，才可以执行后面的内容。

为了更清楚地理解程序开发过程中各逻辑运算符的使用，在表2-2中对各逻辑运算符进行了说明。

表2-2 各逻辑运算符符号及其结果说明

运算符	结果说明
Eqv	只有当两者都为真或假时才返回真，否则返回假
And	只有两者都为真时才返回真，其余都返回假
Imp	如果第一个表达式为真，第二个表达式为假，则返回假，否则返回真
Or	只要其中一个表达式为真，则为真，否则为假

（续）

运算符	结果说明
Xor	只有当两者都为真或假时，才返回假，否则返回真
Not	表达式为真，就返回假；表达式为假，就返回真

2.5.4 运算符优先级别

当数据计算过程中存在多种不同类型的运算符时，数据将按照运算符的优先级进行计算，正如在学习数学时所熟悉的先括号再乘除后加减一样。对于各种运算符的优先级，程序开发过程中有着标准的定义，具体内容如表2-3所示。

表2-3　运算符优先级说明

优先级	运算符
1	^
2	－（负）
3	*和/
4	\
5	Mod
6	＋和－
7	&
8	=, <, >, >=, <=, Like, Is, < >或><
9	And, Eqv, Imp, Or, Xor, Not

第3章　Excel VBA窗体与控件

Excel VBA窗体与控件为构建交互式的界面提供了很大的支持，使应用程序创建自定义对话框变得更加容易。

3.1 用户窗体

用户窗体用于加载控件，利用用户窗体可以增强与用户的交互，使得用户体验更加直观。

3.1.1 调用用户窗体

要调用用户窗体，需要在打开的代码窗口中操作。操作步骤如下：

01 首先新建Excel工作簿，按Alt+F11组合键打开VBA编辑器。在编辑器中单击“插入”选项卡，在打开的下拉列表中单击“用户窗体”命令（见图3-1），即可新建空白窗体。

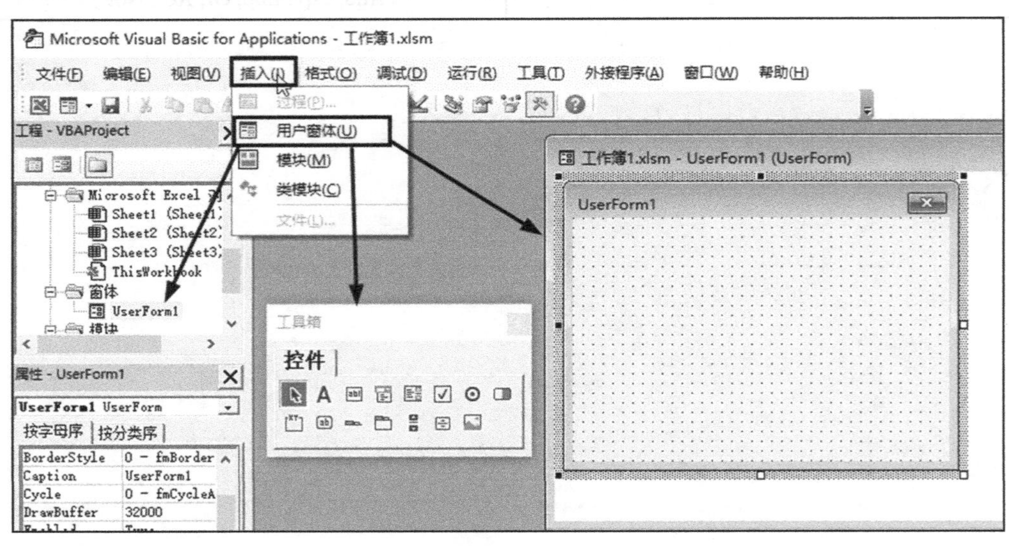

图3-1

02 直接在“工具箱”中单击需要插入的控件（例如命令按钮），并在窗体中拖动鼠标左键绘制一个大小合适的控件，释放鼠标即可完成绘制，如图3-2所示。

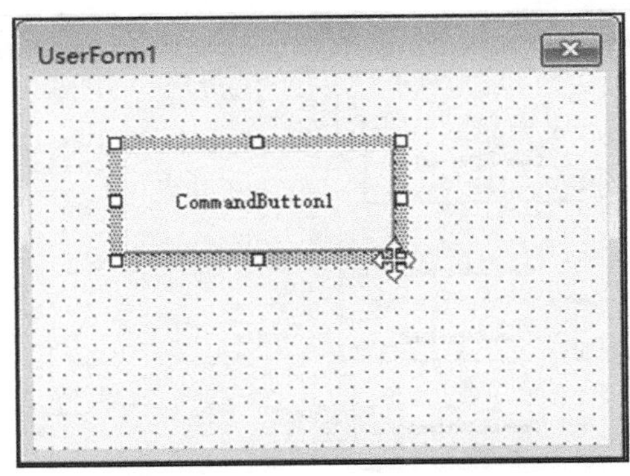

图3-2

高手点拨

一个工作簿可以有任意多的用户窗体，每个用户窗体包含一个自定义对话框。图3-1中有一个UserForm1窗口和一个“工具箱”窗口。

3.1.2 快速对齐多个用户窗体控件

如果要对用户窗体中的控件执行大小、格式等的调整，可以直接拖动鼠标手动调整。如果要统一对多个绘制好的控件位置进行调整，可以配合使用Shift键按照下面介绍的方法进行操作。

01 按住Shift键依次单击需要调整的命令按钮控件，然后在VBA操作界面中选择“格式→对齐→左对齐”菜单命令，如图3-3所示。

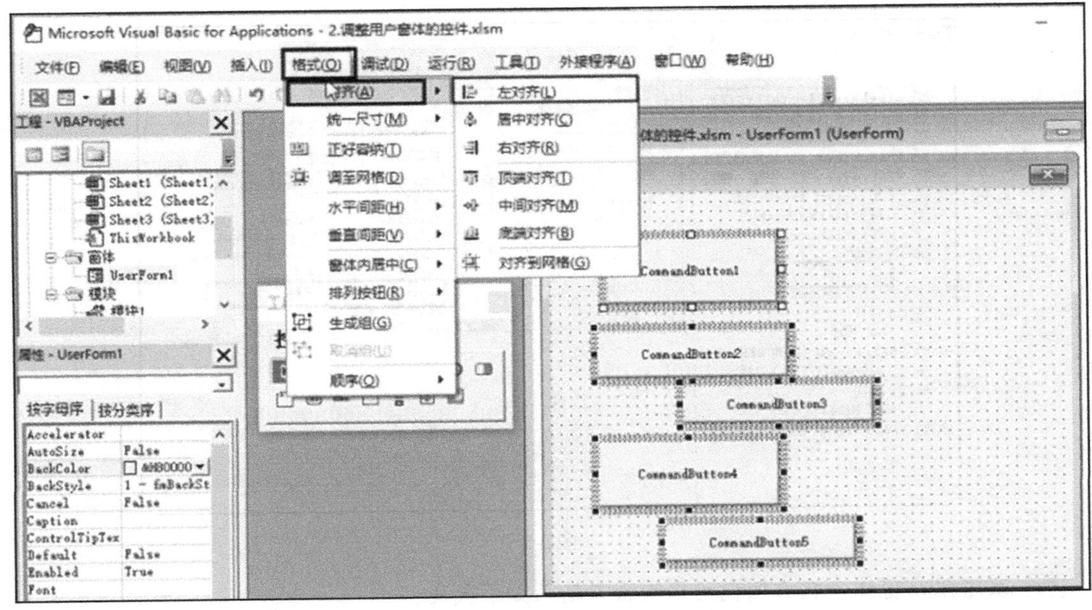

图3-3

02 此时即可统一对齐所有命令按钮控件，如图3-4所示。

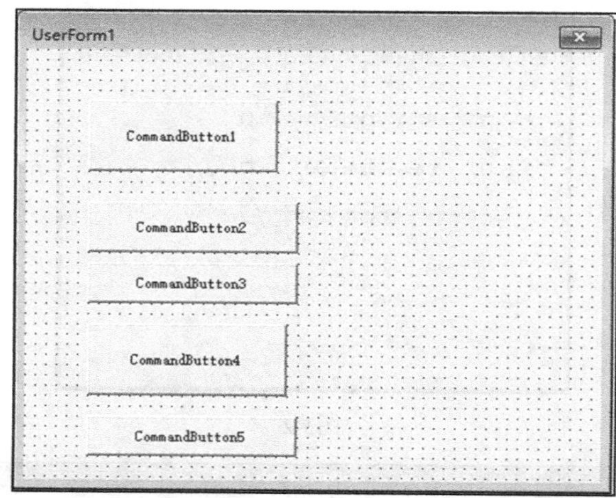

图3-4

高手点拨

如果要调整控件的大小，可以通过拖动边界的白色手柄调整宽度和高度。

3.1.3 添加和删除控件

当插入用户窗体时会弹出控件工具箱，除此之外，还可以根据实际需要添加某种特定类型的控件至窗体中，下面介绍如何在用户窗体中添加或者删除指定控件。操作步骤如下：

01 新建Excel工作簿，按Alt+F11组合键打开VBA编辑器。插入用户窗体，使用工具箱绘制两个命令按钮控件，如图3-5所示。

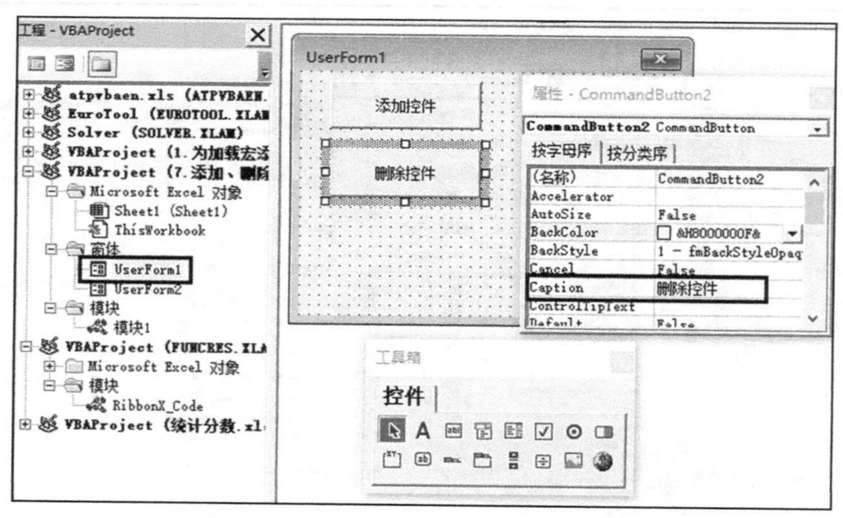

图3-5

02 双击用户窗体，在右侧代码编辑窗口输入如下代码：

```
Private Sub CommandButton1_Click()        '添加控件
    Dim myName As String
```

```
    Dim myControl As Control
    Dim i As Integer, k As Integer
    k = 10
    For i = 1 To 6                              '指定添加控件的数量
        myName = "Combobox" & i                 '指定添加的控件类型
        Set myControl = Me.Controls.Add( _
        bstrprogid:="Forms.Combobox.1", Name:=myName, Visible:=True)
        With myControl                          '指定添加控件位置、大小及间隔
            .Left = 150
            .Top = k
            .Height = 15
            .Width = 80
            k = .Top + .Height + 10
        End With
    Next i
    Set myControl = Nothing
End Sub

Private Sub CommandButton2_Click()          '删除控件
    Dim i As Integer
    For i = 1 To 6
        Me.Controls.Remove "Combobox" & i
    Next i
End Sub
```

03 双击左侧工程资源管理器中的Sheet1，在右侧代码编辑窗口输入如下代码：

```
Public Sub 添加和删除控件()
    UserForm1.Show
End Sub
```

04 运行代码，即可弹出如图3-6所示的用户窗体，该用户窗体上显示了两个按钮。

05 单击“添加控件”按钮，即可在用户窗体中添加几个指定大小的组合框，如图3-7所示。

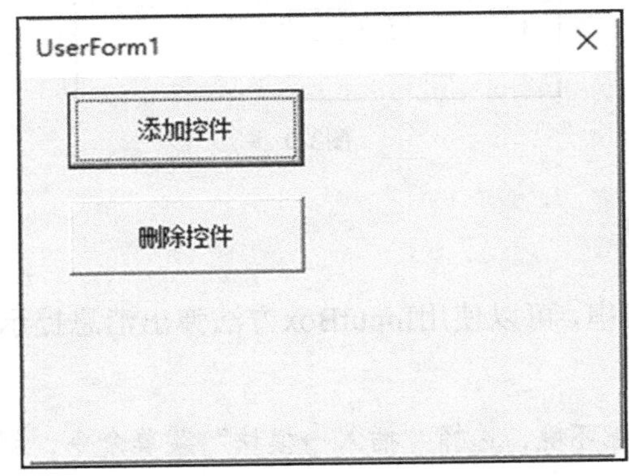

图3-6

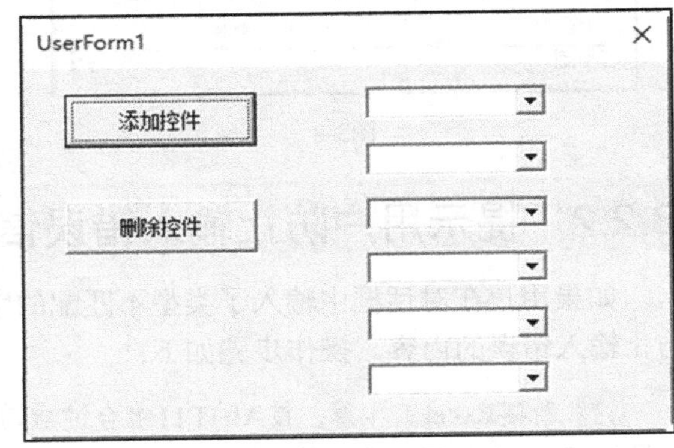

图3-7

06 单击“删除控件”按钮，即可将右侧的控件全部删除。

3.2 对话框窗体

本节主要介绍对话框窗体的使用方法。

3.2.1 使用对话框输入数据

我们可以通过编制代码显示一个输入对话框，然后在其中的文本框中输入数据。操作步骤如下：

01 新建Excel工作簿，按Alt+F11组合键启动VBE环境，选择“插入→模块”菜单命令，创建“模块1”，在打开的代码编辑窗口中输入如下代码：

```
Public Sub 使用对话框输入数据()
    Dim sInput As String
    sInput = InputBox("请输入当前值班人员姓名：", "值班人员")
    If Len(Trim(sInput)) > 0 Then      '判断输入的字符串长度是否大于0
        Cells(5, 2) = sInput           '指定数据的目标单元格行号和列号
    Else
       MsgBox "已取消输入!"
    End If
End Sub
```

02 运行代码后弹出如图3-8所示的对话框，在文本框内输入名称即可。

03 单击“确定”按钮返回表格，即可看到在指定单元格输入的姓名，如图3-9所示。

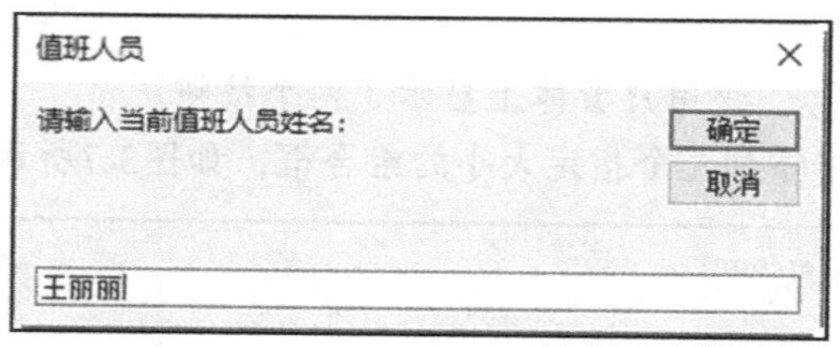

图3-8

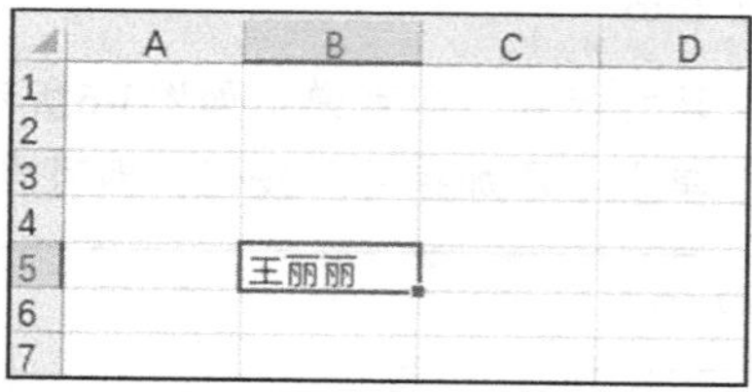

图3-9

3.2.2 提示用户防止输入错误信息

如果用户在对话框中输入了类型不匹配的字符串，可以使用InputBox方法弹出消息提示框，防止输入错误的内容。操作步骤如下：

01 新建Excel工作簿，按Alt+F11组合键启动VBE环境，选择“插入→模块”菜单命令，创建“模块1”，在打开的代码编辑窗口中输入如下代码：

```
Public Sub 提示用户防止输入错误信息1()          '输入不匹配值时会产生错误
    Dim iInput As Integer
```

```
    iInput = InputBox("请输入数值：")
    If Len(iInput) > 0 Then
        Cells(3, 2).Value = iInput          '指定放置数据的单元格行号和列号
    End If
End Sub
Public Sub 提示用户防止输入错误信息2()      '防止输入错误信息
    Dim dInput As Double
    dInput = Application.InputBox(Prompt:="请输入数值：", Type:=1)
    If dInput <> False Then
        Cells(3, 2).Value = dInput          '指定放置数据的单元格行号和列号
    Else
       MsgBox "已取消输入！"
    End If
End Sub
```

02 按F5键运行代码后，在弹出的对话框中输入数值即可，如图3-10所示。

03 单击“确定”按钮返回表格，即可看到在指定单元格输入的数值，如图3-11所示。

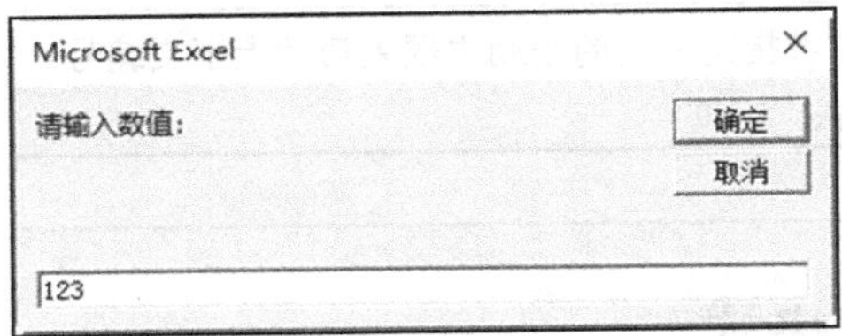

图3-10

	A	B	C
1			
2			
3		123	
4			

图3-11

04 单击“取消”按钮，即可弹出如图3-12所示的消息提示框。

05 如果输入的内容不是数值，比如输入文本数据，则会弹出如图3-13所示的消息提示框。

图3-12

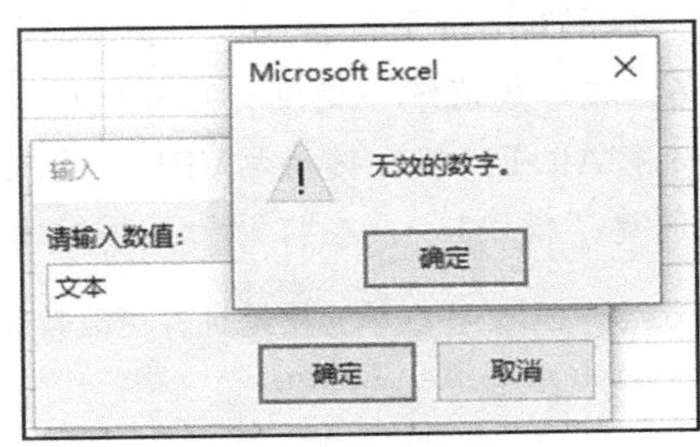

图3-13

知识拓展

什么是消息提示框？

消息提示框用于提示消息，类似于警示性作用。在VBA的消息提示框中经常采用的函数为MsgBox。

MsgBox在对话框中显示消息，等待用户单击按钮，并返回一个Integer告诉用户单击哪一个按钮。

语法形式：MsgBox(prompt[, buttons] [, title] [, helpfile, context])

MsgBox函数的参数及其功能如表3-1所示。

知识拓展（续）

表3-1　MsgBox函数的参数及其功能描述

参数	功能描述
prompt	必需。字符串表达式，作为显示在对话框中的消息。prompt的最大长度为1024个字符，由所用字符的宽度决定。如果prompt的内容超过一行，则可以用回车符［Chr(13)］、换行符［Chr(10)］或回车与换行符的组合［Chr(13)& Chr(10)］将各行分隔开来
buttons	可选。数值表达式是值的总和，指定显示按钮的数目及形式、使用的图标样式、默认按钮是什么以及消息框的强制回应等。如果省略，则buttons的默认值为0
title	可选。在对话框标题栏中显示的字符串表达式。如果省略 title，则将应用程序名放在标题栏中
helpfile	可选。字符串表达式，用来向对话框提供上下文相关的帮助文件。如果提供了helpfile，则必须提供context
context	可选。数值表达式，由帮助文件的作者指定适当的帮助主题来帮助上下文编号。如果提供了context，则必须提供helpfile

3.2.3 获取单元格地址并更改数值格式

我们有时需要快速、批量获取单元格中的指定区域地址，并更改该区域内的数值格式。操作步骤如下：

01 如图3-14所示为各地区的销售占比数据（小数值），要求将B2:C6区域的数值统一更改为百分比格式。

	A	B	C
1	销售地区	上半年占比	下半年占比
2	上海	0.56	0.43
3	山东	0.33	0.34
4	杭州	0.54	0.28
5	芜湖	0.34	0.33
6	北京	0.55	0.54
7			

图3-14

02 按Alt+F11组合键启动VBE环境，选择“插入→模块”菜单命令，创建“模块1”，在打开的代码编辑窗口中输入如下代码：

```
Public Sub 获取单元格地址并更改数值格式()
    Dim rng As Range
    Dim myPrompt As String
    Dim myTitle As String
    On Error GoTo Line
    myPrompt = "使用鼠标选取单元格区域: "          '对话框提示信息
    myTitle = "获取区域"                          '对话框标题
    Set rng = Application.InputBox(Prompt:=myPrompt, _
        Title:=myTitle, _
        Type:=8)
    rng.NumberFormat = "0.00%"                    '重新设置单元格区域格式
Line:
End Sub
```

这里使用了InputBox方法来显示获取的单元格区域地址对话框。

03 按F5键运行代码后即可弹出如图3-15所示的对话框，拖动鼠标左键选取表格中的B2:C6区域即可。

04 单击“确定”按钮完成设置，此时可以看到指定单元格区域内的数值显示为保留两位小数的百分比格式，如图3-16所示。

	A	B	C	D
1	销售地区	上半年占比	下半年占比	
2	上海	0.56	0.43	
3	山东	0.33	0.34	
4	杭州	0.54	0.28	
5	芜湖	0.34	0.33	
6	北京	0.55	0.54	

获取区域　?　×
使用鼠标选取单元格区域：
$B$2:$C$6
确定　取消

图3-15

	A	B	C
1	销售地区	上半年占比	下半年占比
2	上海	56.00%	43.00%
3	山东	33.00%	34.00%
4	杭州	54.00%	28.00%
5	芜湖	34.00%	33.00%
6	北京	55.00%	54.00%

图3-16

3.3 ActiveX控件

Excel工作表中可以使用两种控件：ActiveX控件和表单控件。本节主要介绍ActiveX控件。

3.3.1 限制控件的操作

如果想要将指定类型的控件显示为灰色不可用状态，可以使用Enabled属性设置代码。操作步骤如下：

01 已知工作表的用户窗体中插入了命令按钮，双击用户窗体后，在代码编辑窗口中输入如下代码：

```
Private Sub UserForm_Initialize()
    Dim mycnt As Control
    For Each mycnt In Me.Controls
        If TypeName(mycnt) = "OptionButton" Then        '指定控件类型
            mycnt.Object.Enabled = False                 '限制控件的操作
        End If
    Next
End Sub
```

02 继续在VBE环境中选择“插入→模块”菜单命令，创建“模块1”，在打开的代码编辑窗口中输入如下代码：

```
Public Sub 限制控件的操作()
    UserForm1.Show
End Sub
```

03 按F5键运行“模块1”代码，即可看到OptionButton1控件呈灰色不可用状态，如图3-17所示。

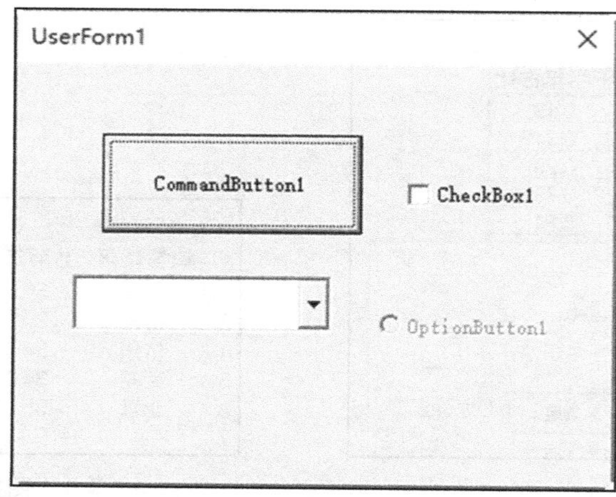

图3-17

3.3.2 隐藏和显示控件

如果在用户窗体中绘制了多个控件，可以设置代码显示或者隐藏指定类型的控件，这里可以使用Visible属性来设置代码。操作步骤如下：

01 已知VBA编辑器的用户窗体中插入了多个按钮控件，双击用户窗体后，在代码编辑窗口中输入如下代码：

```
Private Sub CommandButton1_Click()
    If OptionButton1.Visible = True Then
        OptionButton1.Visible = False  '隐藏选项按钮
    Else
        OptionButton1.Visible = True   '显示选项按钮
    End If
End Sub
```

02 继续在VBE环境中选择“插入→模块”菜单命令，创建“模块1”，在打开的代码编辑窗口中输入如下代码：

```
Public Sub 隐藏和显示控件()
    UserForm1.Show
End Sub
```

03 按F5键运行“模块1”代码，即可看到显示在表格中的用户窗体，如图3-18所示。

04 单击用户窗体中的CommandButton1按钮，即可看到OptionButton1按钮被隐藏起来了，如图3-19所示。

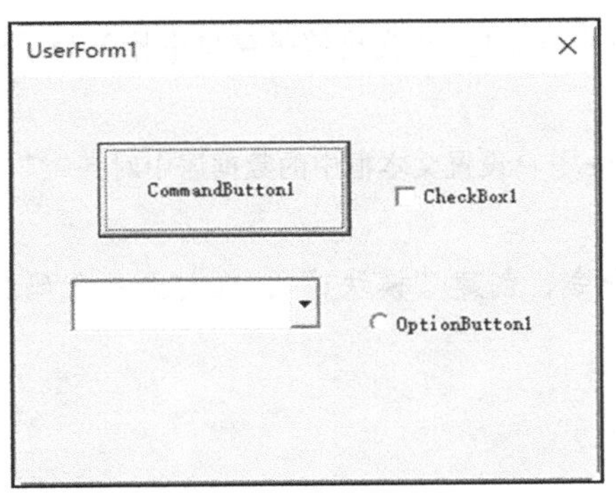

图3-18

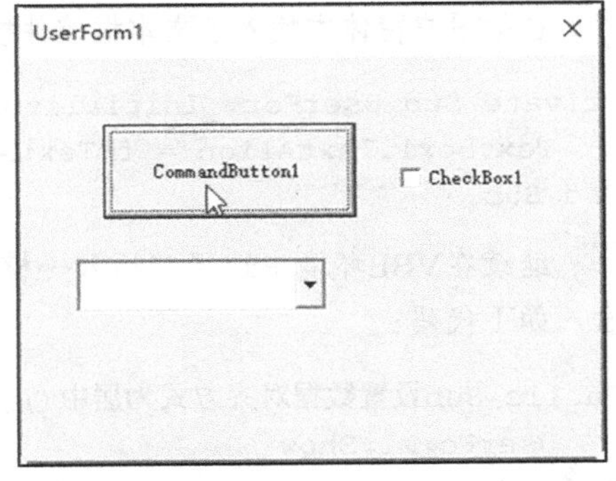

图3-19

3.3.3 设置文本框内输入数据的格式

下面介绍如何设置代码使得文本框内输入的数字保留两位小数。操作步骤如下：

01 已知用户窗体中插入了文本框控件按钮，双击用户窗体后，在代码编辑窗口中输入如下代码：

```
Private Sub TextBox1_Exit(ByVal Cancel As MSForms.ReturnBoolean)
    TextBox1 = Format(TextBox1, "0.00")    '设置文本框内的数据格式
End Sub
```

02 继续在VBE环境中选择“插入→模块”菜单命令，插入“模块1”，在打开的代码编辑窗口中输入如下代码：

```
Public Sub 设置文本框内输入数据的格式()
    UserForm1.Show
End Sub
```

03 按F5键运行“模块1”代码，在显示的用户窗体中输入数值“569”，再单击用户窗体中的CommandButton1按钮，即可自动显示为具有两位小数的数字，如图3-20所示。

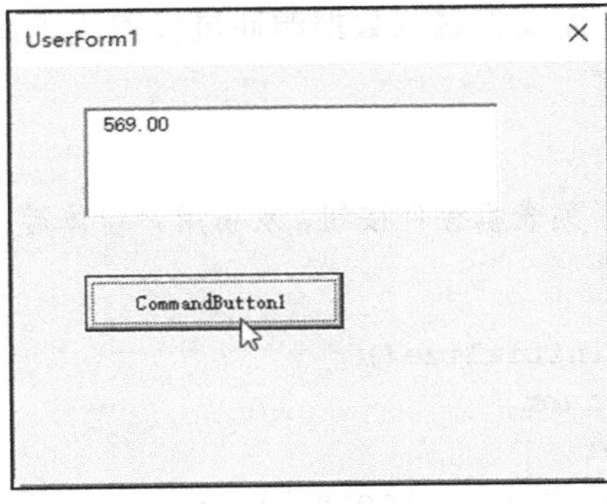

图3-20

3.3.4 设置数据对齐方式为居中

输入数据后，默认的对齐方式为左对齐，用户可以设置代码让文本框内输入的数据自动居中对齐。操作步骤如下：

01 已知用户窗体中插入了文本框控件按钮,双击用户窗体后,在代码编辑窗口中输入如下代码:

```
Private Sub UserForm_Initialize()
    TextBox1.TextAlign = fmTextAlignCenter    '设置文本框中的数据居中对齐
End Sub
```

02 继续在VBE环境中选择"插入→模块"菜单命令,创建"模块1",在打开的代码编辑窗口中输入如下代码:

```
Public Sub设置数据对齐方式为居中()
    UserForm1.Show
End Sub
```

03 按F5键运行"模块1"代码,即可显示用户窗体,在文本框中输入数字,再单击CommandButton 1按钮,即可显示为居中对齐,效果如图3-21所示。

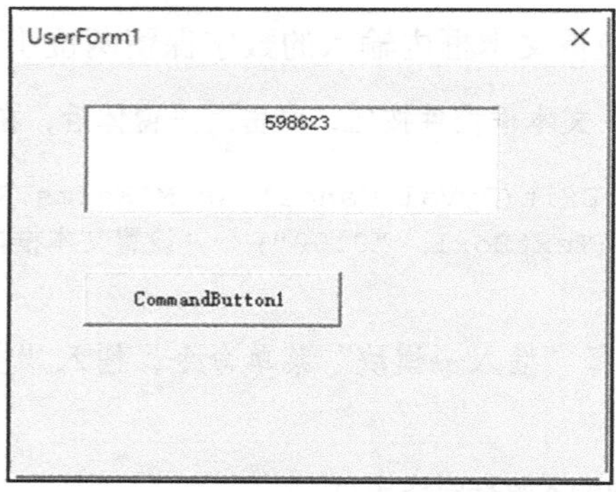

图3-21

3.3.5 设置列表框选项

下面介绍如何在用户窗体中设置列表框内的选项。图3-22所示为表格中已经录入的数据源,需要将这些数据源通过设置代码显示在用户窗体的列表框中。

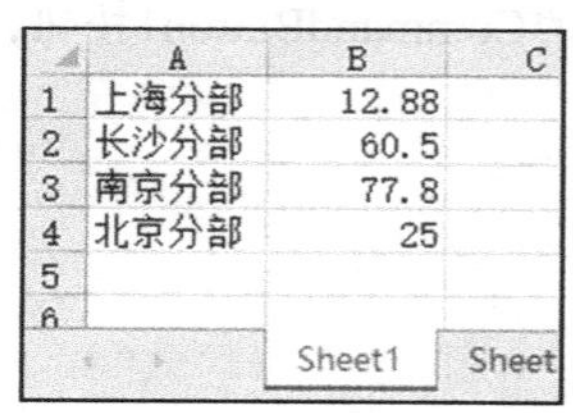

	A	B	C
1	上海分部	12.88	
2	长沙分部	60.5	
3	南京分部	77.8	
4	北京分部	25	
5			

图3-22

操作步骤如下:

01 已知用户窗体中插入了列表框控件按钮,双击用户窗体后,在代码编辑窗口中输入如下代码:

```
Private Sub UserForm_Initialize()
    Dim myArray As Variant
    Dim ws As Worksheet
    Set ws = ThisWorkbook.Worksheets(1)          '指定数据源所在工作表
    myArray = ws.Range("A1:B4").Value            '指定列表框选项的数据源
    With ListBox1
        .List = myArray
        .ColumnCount = 2                         '设置列表框分为2列
    End With
End Sub
```

高手点拨

- 第6行代码中的ListBox1列表框名称也可以根据需要换成其他的控件名称。
- 调用List函数可以设置已知数据源为列表框中的选项。

02 继续在VBE环境中选择“插入→模块”菜单命令，创建“模块1”，在打开的代码编辑窗口中输入如下代码：

```
Public Sub 设置列表框选项()
    UserForm1.Show
End Sub
```

03 按F5键运行“模块1”代码，即可看到显示在用户窗体中的列表框控件，内部显示的是引用的数据源，如图3-23所示。

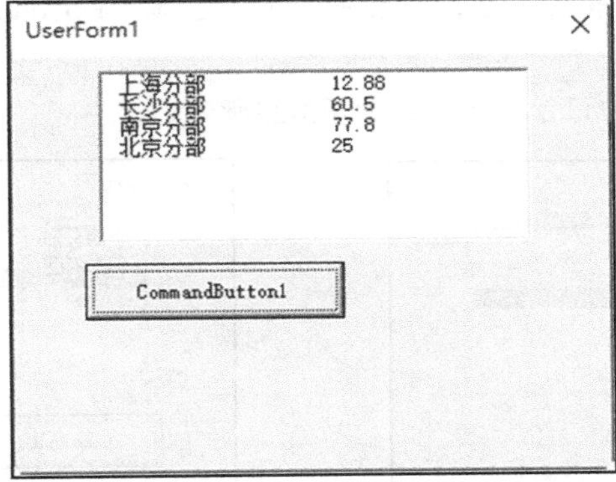

图3-23

3.3.6 删除列表框中的某个选项

如果要删除列表框中的某个选项，可以按照下面的方法设置代码。操作步骤如下：

01 已知用户窗体中插入了列表框控件，双击用户窗体后，在代码编辑窗口中输入如下代码：

```
Private Sub UserForm_Initialize()
    Dim myArray As Variant
    Dim ws As Worksheet
    Set ws = ThisWorkbook.Worksheets(1)          '指定数据源所在工作表
    myArray = ws.Range("A1:B4").Value            '指定列表框选项的数据源
    With ListBox1
        .List = myArray
        .ColumnCount = 2                         '设置列表框分为2列
    End With
End Sub

Private Sub CommandButton1_Click()
    With ListBox1
        If .ListIndex = -1 Then                  '取消选中的列表框选项
```

```
        MsgBox "未选中任何选项！"
    Else
        .RemoveItem .ListIndex                    '删除选中的列表框选项
    End If
  End With
End Sub
```

02 继续在VBE环境中选择“插入→模块”菜单命令，创建“模块1”，在打开的代码编辑窗口中输入如下代码：

```
Public Sub 删除列表框中的某个选项()
    UserForm1.Show
End Sub
```

03 按F5键运行“模块1”代码，即可显示用户窗体。列表框中显示了所有数据。选中其中的一条数据记录，比如这里的最后一条，然后单击用户窗体中的CommandButton1按钮，如图3-24所示。

04 此时可以看到选中的记录被删除，如图3-25所示。

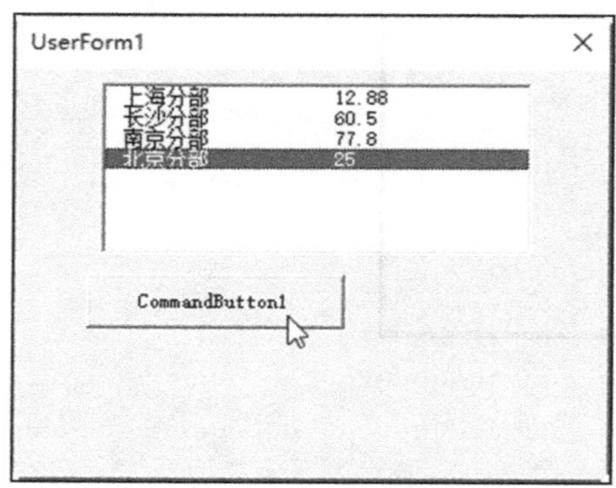

图3-24

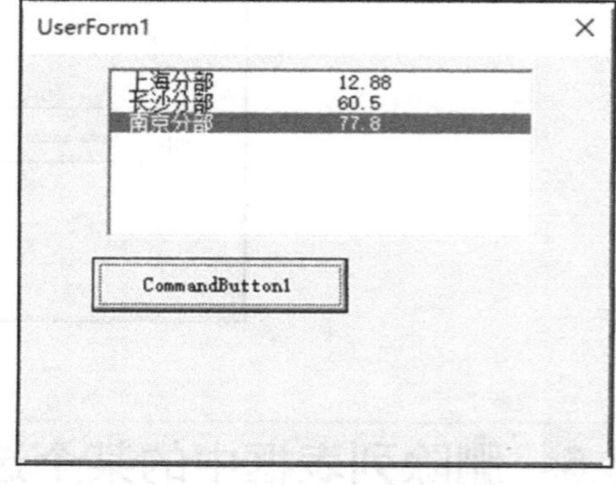

图3-25

3.3.7 一次性删除列表框中的所有选项

如果要一次性删除列表框中的所有数据记录，可以调用Clear方法。操作步骤如下：

01 已知用户窗体中插入了列表框控件，双击用户窗体后，在代码编辑窗口中输入如下代码：

```
Private Sub UserForm_Initialize()
    Dim myArray As Variant
    Dim ws As Worksheet
    Set ws = ThisWorkbook.Worksheets(1)          '指定数据源所在工作表
    myArray = ws.Range("A1:B4").Value            '指定列表框选项的数据源
    With ListBox1
        .List = myArray
        .ColumnCount = 2                          '设置列表框分为2列
    End With
End Sub
```

```
Private Sub CommandButton1_Click()
    With ListBox1
        .Clear                                        '删除列表框中的所有选项
    End With
End Sub
```

02 继续在VBE环境中选择“插入→模块”菜单命令，创建“模块1”，在打开的代码编辑窗口中输入如下代码：

```
Public Sub 一次性删除列表框中的所有选项()
    UserForm1.Show
End Sub
```

03 按F5键运行“模块1”代码，即可显示用户窗体。列表框中显示了所有数据，单击用户窗体中的CommandButton1按钮，如图3-26所示。

04 此时可以看到列表框中的所有数据记录都被删除了，如图3-27所示。

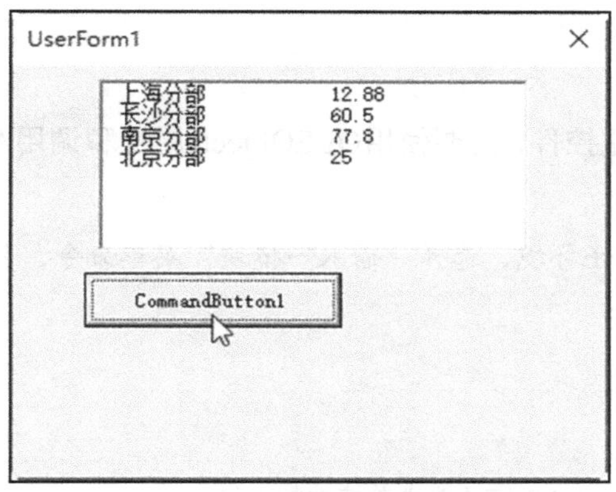

图3-26

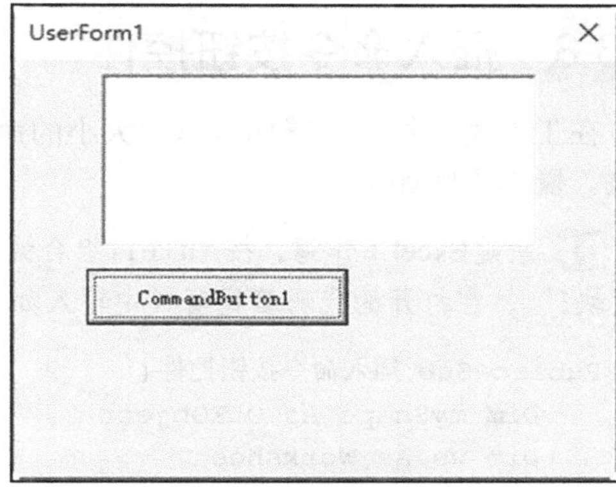

图3-27

高手点拨

列表框属性设置通常分两种模式进行：属性窗口和代码设置。属性窗口主要用于设置列表框中保持不变的值，例如ColumnHeads属性；代码设置则经常用于列表框中根据数据的变化而自动进行调整的值。

列表框控件的代码设置属性有哪些？

- ColumnCount属性

  功能描述：该属性用于设置列表框中显示的列数值。

  语法形式：object.ColumnCount [= Long]

- ListIndex属性

  功能描述：指定当前选中的列表框或组合框表项。

  语法形式：object.ListIndex [= Variant]

- RowSource属性

  功能描述：指定列表框中显示的数据来源。

  语法形式：object.RowSource [= String]

高手点拨（续）
• Selected属性 功能描述：返回或设置列表框中表项的选定状态。 语法形式：object.Selected(index) [= Boolean] • Index：表示列表框中的项，取值为整数，范围是从0到列表框中的表项数减1之间的数值。 • ColumnWidths属性 功能描述：指定多列的列表框中各列的宽度。 语法形式：object.ColumnWidths [= String] • ColumnHeads属性 功能描述：显示列表框中的列标题行。 语法形式：object.ColumnHeads [= Boolean] • Boolean：取值为True或False，指定是否显示列标题行。

3.3.8 插入命令按钮控件

在工作表的相应位置插入指定大小的命令按钮控件，需要使用OLEObjects属性和调用Add方法。操作步骤如下：

01 新建Excel工作簿，按Alt+F11组合键启动VBE环境，选择“插入→模块”菜单命令，创建“模块1”，在打开的代码编辑窗口中输入如下代码：

```
Public Sub 插入命令按钮控件()
    Dim myShape As OLEObject
    Dim ws As Worksheet
    Set ws = ThisWorkbook.Worksheets(1)    '指定放置表单控件的工作表
    '在指定位置插入指定大小的命令按钮
    Set myShape = ws.OLEObjects.Add(ClassType:="Forms.CommandButton.1", _
      Left:=100, Top:=100, Width:=120, Height:=30)
    Set myShape = Nothing
    Set ws = Nothing
End Sub
```

02 按F5键运行代码后即可在工作表中的指定位置插入指定大小的命令按钮控件，如图3-28所示。

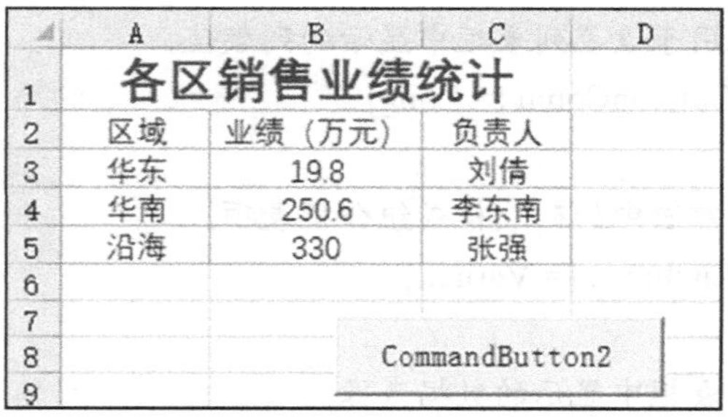

	A	B	C	D
1	各区销售业绩统计			
2	区域	业绩（万元）	负责人	
3	华东	19.8	刘倩	
4	华南	250.6	李东南	
5	沿海	330	张强	
6				
7				
8		CommandButton2		
9				

图3-28

3.3.9 设置命令按钮文字格式

在工作表中插入命令按钮控件后，可以使用Caption和Font属性分别指定按钮中的文字和文字格式。操作步骤如下：

01 新建Excel工作簿，按Alt+F11组合键启动VBE环境，选择“插入→模块”菜单命令，创建“模块1”，在打开的代码编辑窗口中输入如下代码：

```
Public Sub 设置命令按钮文字格式()
    With Worksheets("Sheet1").CommandButton1   '指定ActiveX控件所在的工作表和名称
        .Caption = "确定"                       '重新设置控件的文字
        With .Font                              '设置文字的字体格式
            .Size = 12
            .Name = "等线"
            .Bold = True
            .Italic = True
        End With
    End With
End Sub
```

02 按F5键运行代码后，即可看到设置后命令按钮中的文字以及字体格式，如图3-29所示。

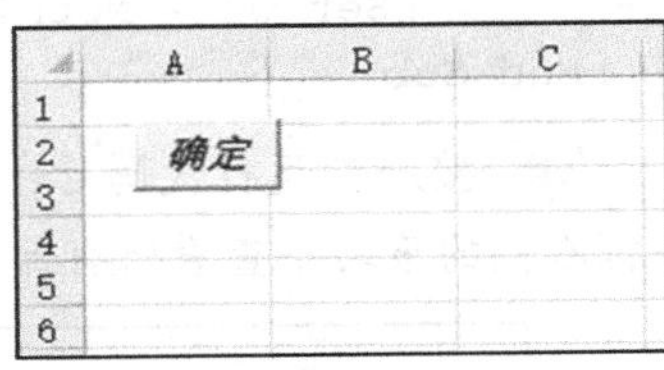

图3-29

3.3.10 设置控件的大小

如果想要设置工作表中控件的大小，可以使用Width属性和Height属性分别指定控件的宽度和高度。操作步骤如下：

01 新建Excel工作簿，按Alt+F11组合键启动VBE环境，选择“插入→模块”菜单命令，创建“模块1”，在打开的代码编辑窗口中输入如下代码：

```
Public Sub 设置控件的大小()
    With Worksheets("Sheet1").LBK   '指定ActiveX控件所在的工作表和名称
        .Width = Int(180 * Rnd)
        .Height = Int(100 * Rnd)
    End With
End Sub
```

02 按F5键运行代码后即可看到调整大小后的控件效果，如图3-30所示。

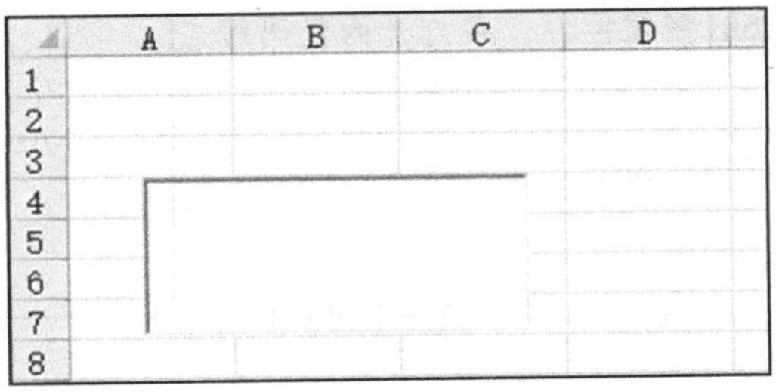

图3-30

3.3.11 应用列表框实例 1

下面通过一个简单的例子介绍如何使用ListFillRange属性将单元格区域中的数据设置为指定列表框的项目，图3-31所示为数据源和绘制好的列表框。

操作步骤如下：

01 按Alt+F11组合键启动VBE环境，选择“插入→模块”菜单命令，创建“模块1”，在打开的代码编辑窗口中输入如下代码：

```
Public Sub 设置列表框选项()
    Dim ws As Worksheet
    Set ws = ThisWorkbook.Worksheets(1)     '指定列表框所在的工作表
    '为“JN”列表框设置选项
    ws.OLEObjects("JN").ListFillRange = ws.Name & "!A1:A9"
    Set ws = Nothing
End Sub
```

02 按F5键运行代码后，可以看到列表框内显示了工作表中A列的所有部门名称，可以拖动列表框右侧的滚动条查看所有部门名称，如图3-32所示。

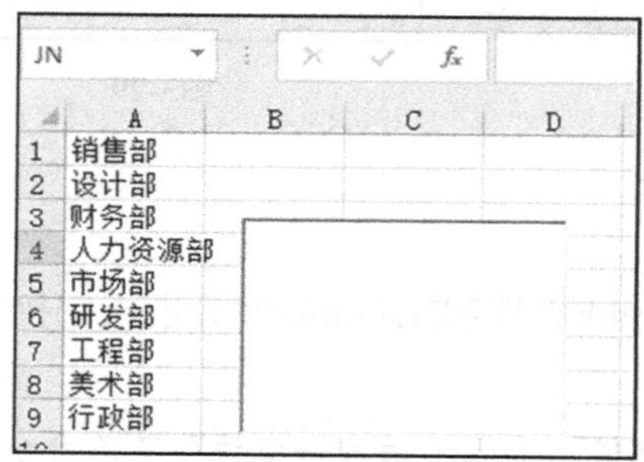

图3-31

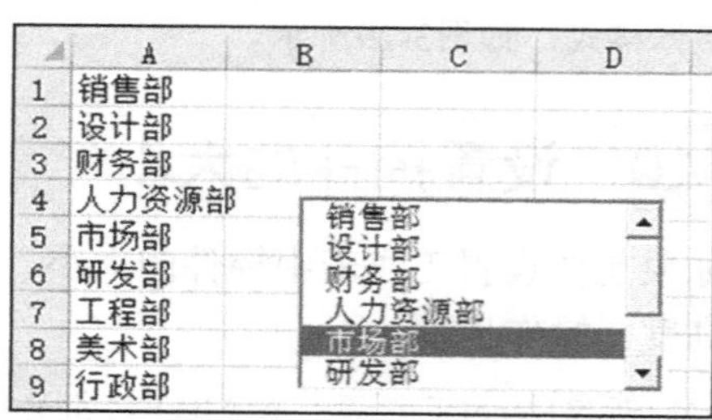

图3-32

3.3.12 应用列表框实例 2

要在不同的列表框中显示不同列数的数据，操作步骤如下：

01 按Alt+F11组合键启动VBE环境，选择“插入→用户窗体”菜单命令，然后通过“工具箱”创建列表框控件及按钮控件，如图3-33所示。

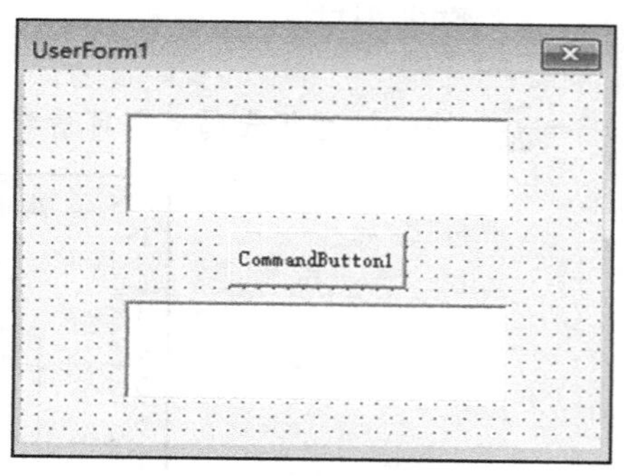

图3-33

02 双击CommandButton1按钮控件，在打开的代码编辑窗口中输入如下代码：

```
Private Sub CommandButton1_Click()
Dim MyArray(6, 3)
    Dim i As Single
    ListBox1.ColumnCount = 3      '第一个列表框包含三个数据列
    ListBox2.ColumnCount = 6      '第二个列表框包含六个数据列
```

```
    '把整数值加载到 MyArray 的第一列
    For i = 0 To 5
        MyArray(i, 0) = Chr$(65 + i)   '定义各部门的字母代号，A的数字为65，其他字母
依次排列
    Next i

    '加载 MyArray 的列 2 和列 3
    MyArray(0, 1) = "总经办"
    MyArray(1, 1) = "行政部"
    MyArray(2, 1) = "HR部"
    MyArray(3, 1) = "信息中心"
    MyArray(4, 1) = "销售中心"
    MyArray(5, 1) = "策划中心"
    MyArray(0, 2) = "王云艳"
    MyArray(1, 2) = "刘玲"
    MyArray(2, 2) = "刘蕊"
    MyArray(3, 2) = "刘晓琴"
    MyArray(4, 2) = "吴军"
    MyArray(5, 2) = "王强"
    '把数据加载到 ListBox1 和 ListBox2
  ListBox1.List() = MyArray          '以列方式显示
    ListBox2.Column() = MyArray      '以行方式显示
  End Sub
```

03 按F5键运行代码，弹出如图3-34所示的窗体界面，在弹出的窗体界面中单击CommandButton1按钮，即可分别在上下两个列表框中显示不同列数的数据，如图3-35所示。

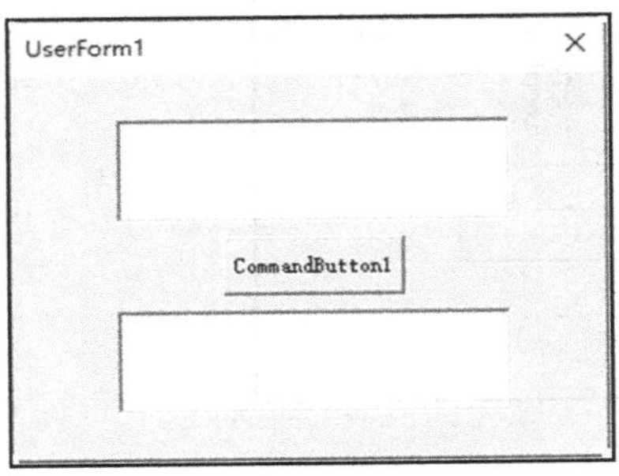

图3-34

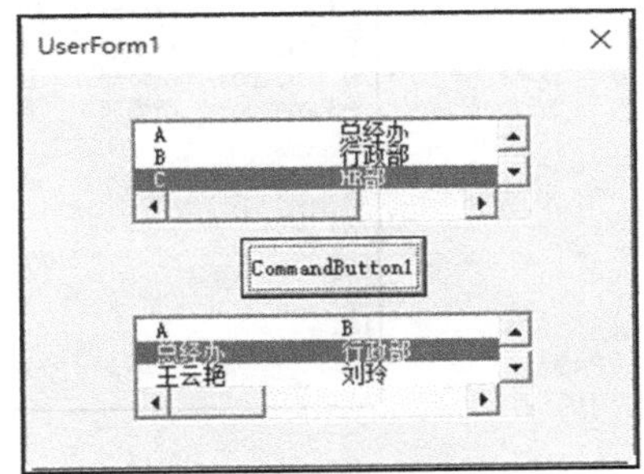

图3-35

3.3.13 应用列表框实例 3

列表框事件共包括16种事件形式，分别为：数据更新类（AfterUpdate、BeforeDragOver、BeforeDropOrPaste、BeforeUpdate），鼠标操作类（Change、Click、Dbclick、MouseDown、MouseUp、MouseMove），键盘操作类（Enter、Exit、Error、KeyDown、KeyUp、KeyPress）。

图3-36所示是Sheet1工作表A1:C6单元格区域中的已知数据源。下面介绍如何在消息框中显示列表框数据。操作步骤如下：

01 按Alt+F11组合键启动VBE环境，选择“插入→用户窗体”菜单命令，创建UserForm2窗体，通过“工具箱”在窗体中拖动鼠标分别创建1个列表框控件和1个按钮控件，如图3-37所示。

	A	B	C	D
1	工号	所属部门	员工姓名	
2	2021001	行政部	张辉	
3	2021002	财务部	刘晓艺	
4	2021003	技术部	梁宇	
5	2021004	网络部	张端	
6	2021005	市场部	杨梅	
7				

Sheet1 Sheet2 Sheet3

图3-36

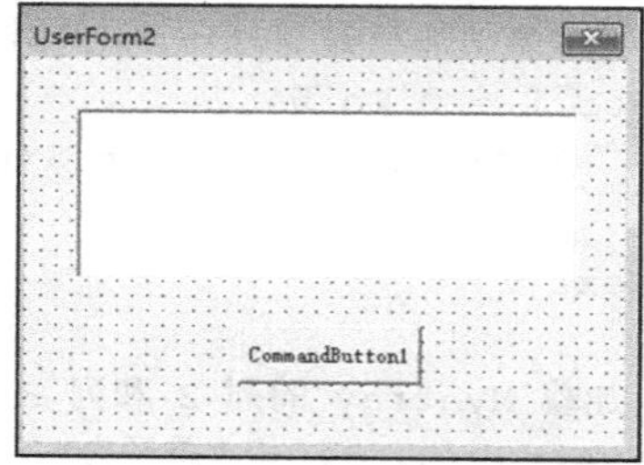

图3-37

02 双击列表框控件，在打开的代码编辑窗口中编辑列表框事件代码。

```
Private Sub CommandButton1_Click()
ListBox1.ColumnCount = 3
ListBox1.RowSource = Range("A1:C6").Address      '定义列表框源数据区域
End Sub
Private Sub ListBox1_Click()
Dim cs As Long
cs = ListBox1.ListIndex + 1       '得到所选列表框行值，并通过+1得到对应的单元格行值
MsgBox Cells(cs, 3) & "是" & Cells(cs, 2) & "的员工"       '定义消息显示信息
End Sub
```

03 按F5键运行代码，在弹出的窗体界面中单击CommandButton1按钮，即可将Sheet1工作表中A1:C6单元格区域的数据显示在列表框中，如图3-38所示。

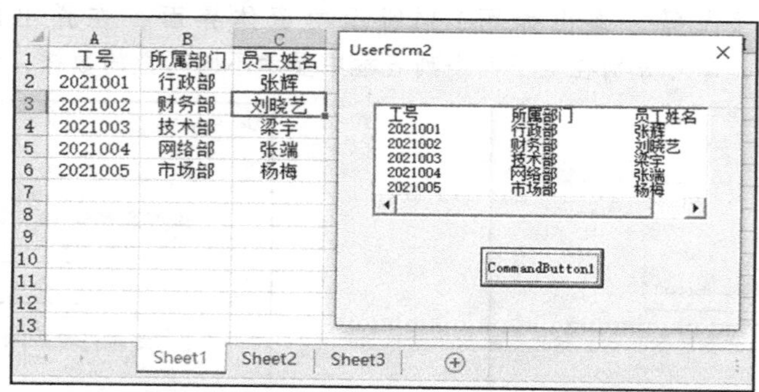

图3-38

04 选中列表框中的某一选项，即可弹出如图3-39所示的消息提示框。

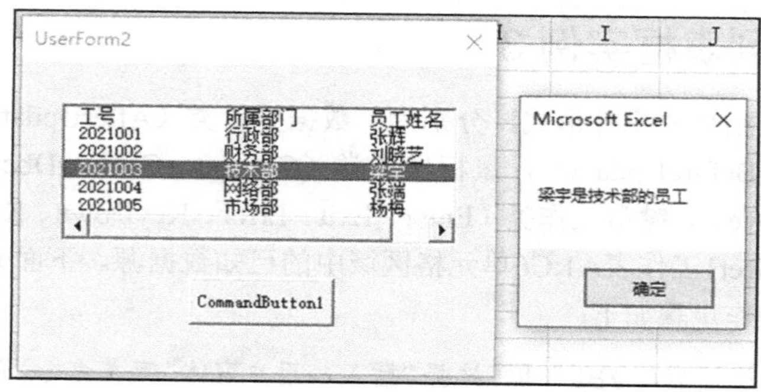

图3-39

3.3.14 应用列表框实例 4

列表框控件是用于显示数据值的控件，是一个非常特殊的控件，不仅具有显示单列的功能，还具有显示多列的功能。这些功能的实现主要依赖于列表框的相关属性。

1. 数据转移应用

下面举例讲解如何在列表框中实现数据转移效果。操作步骤如下：

01 按Alt+F11组合键启动VBE环境，选择“插入→用户窗体”菜单命令创建窗体，然后单击工具箱中的“列表框”控件，在窗体中拖动鼠标左键创建一个大小合适的列表框控件，如图3-40所示。

02 双击窗体空白区域，在打开的代码编辑窗口中输入如下代码：

```
Private Sub UserForm_Click()
ListBox1.ColumnCount = 2
Dim myarray(4, 4) As String
For i = 0 To 3
    For j = 0 To 3
        myarray(i, j) = i * j
        Next
Next
ListBox1.Column = myarray
End Sub
```

03 按F5键运行代码即可弹出窗体界面，单击窗体界面空白区域即可显示指定数据的列表框，如图3-41所示。

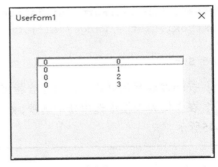

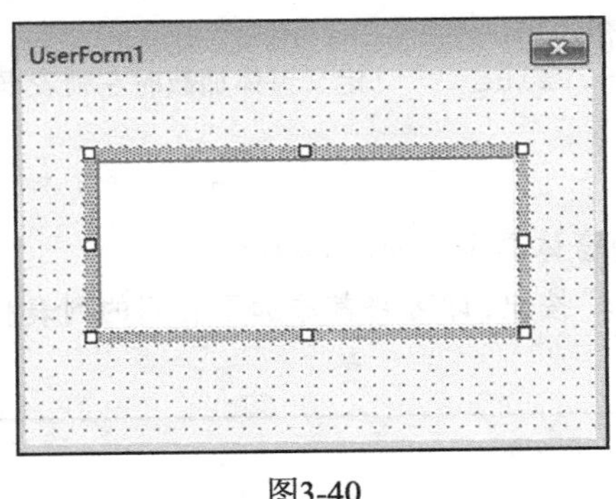

图3-40

图3-41

2. ListIndex属性应用

ListIndex属性主要用于获得列表框中的表项数，此数值为列表框中的索引号，ListIndex的取值范围是从-1到列表总行数减1（即ListCount － 1）之间的数值。当用户没有选中行时，ListIndex返回-1。当用户在列表框或组合框中选中一行时，系统将设置ListIndex值。列表中第一行的ListIndex值是0，第二行的ListIndex值是1，以此类推。

下面举例讲解如何双列显示数据。操作步骤如下：

01 图3-42所示是Sheet1工作表A列的已知数据源。

02 启动VBE环境，选择“插入→用户窗体”菜单命令创建UserForm2窗体，然后在其中创建列表框及按钮控件，并设置相关的属性，如图3-43所示。

	A	B	C
1	李敏		
2	王佳佳		
3	宋琳		
4	马倩倩		
5	赵梓健		
6	王可		
7	王微微		
8	黄海涛		
9	李建军		
10	马力		
11	李维康		
12	宋建国		
13	李子峰		
14			

图3-42

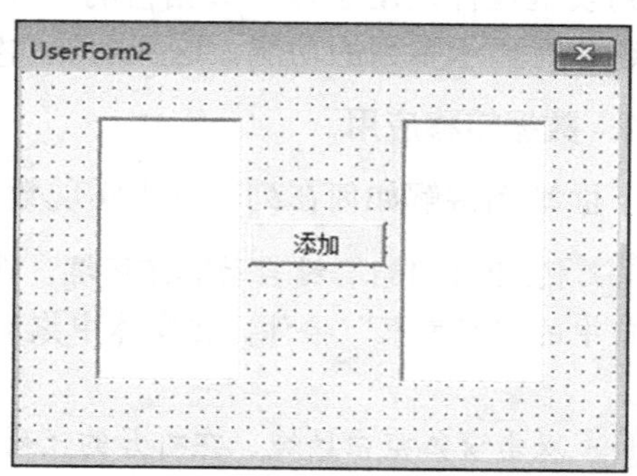

图3-43

03 双击“添加”按钮，在打开的代码编辑窗口中输入如下代码：

```
Private Sub CommandButton1_Click()
ListBox2.AddItem ListBox1.Text             '将左列表框中选中的文本添加到右列表框中
If ListBox1.ListCount >= 1 Then
        '如果没有选中的内容，用上一次的列表项
        If ListBox1.ListIndex = -1 Then
           ListBox1.ListIndex = ListBox1.ListCount - 1
        End If
        ListBox1.RemoveItem (ListBox1.ListIndex)       '删除选中的行数据
End If
End Sub
Private Sub UserForm_Initialize()   '窗体初始化
ListBox1.List = Range("A1").CurrentRegion.Value      '定义窗体加载时左列表框的数据来源
End Sub
```

04 按F5键运行代码即可弹出包含指定数据列表的窗体界面，如图3-44所示。

05 在左侧列表框中选中任一选项，然后单击“添加”按钮，即可将其添加至右侧的列表框中，如图3-45所示。

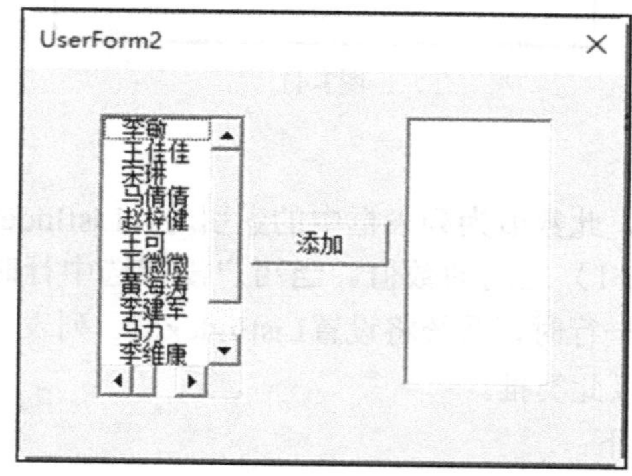

图3-44

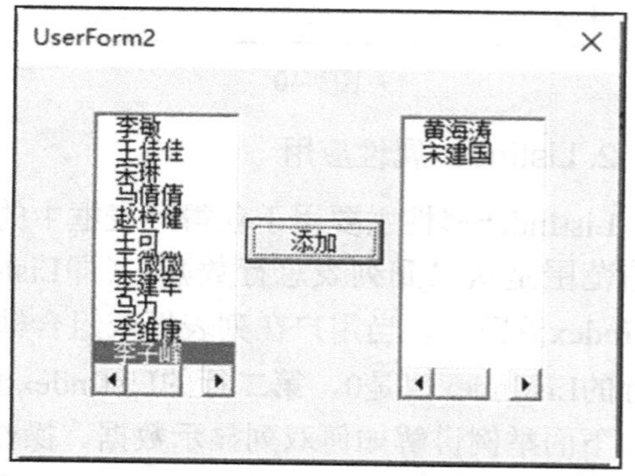

图3-45

3.3.15　精确查询列表框数据

在编写VBA代码实现查询的过程中，通常根据具体情况采用精确查询与模糊查询。精确查询用于查询与所输入字符完全一致的结果，模糊查询则用于查询与输入字符有部分字符相同的结果。

实现精确查询通常需要对列表框中的数据从头至尾读取一次，并且在读取过程中对所输入数据与列表框中数据进行对比，判断是否一致。下面用一个示例演示如何精确查询列表框中的数据，并利用消息框显示相应信息。操作步骤如下：

01 图3-46所示是Sheet1工作表A1:C6单元格区域中的已知数据源。

02 按Alt+F11组合键启动VBE环境，选择“插入→用户窗体”菜单命令，然后通过“工具箱”创建列表框控件及按钮控件，并设置相关属性，如图3-47所示。

	A	B	C
1	招聘职位	招聘部门	招聘人数
2	行政专员	行政部	10
3	会计专员	财务部	5
4	设计专员/助理	技术部	30
5	技术员	网络部	6
6	调查员	市场部	2
7			

Sheet1　Sheet2　Sheet3

图3-46

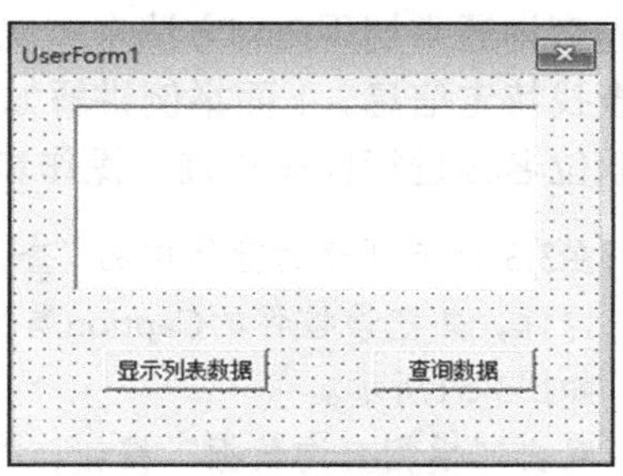

图3-47

03 双击窗体空白区域，在打开的代码编辑窗口中输入如下代码：

```
Private Sub CommandButton1_Click()
ListBox1.ColumnCount = 3                                '设置列表框的列数
ListBox1.RowSource = Range("A1:C6").Address             '指定列表框的数据源
End Sub

Private Sub CommandButton2_Click()
Dim str As String
str = InputBox("请输入查询招聘职位", "精确查询")          '消息输入框，通过该对话框，用户可
设定需要查询的内容
For i = 0 To ListBox1.ListCount - 1          '从头至尾读取列表框中的数据
If ListBox1.List(i) = str Then               '判断数据是否与用户输入内容一致
      MsgBox Cells(i + 1, 1) & "是" & Cells(i + 1, 2) & "的招聘职位"    '当输入
内容与列表框数据一致时显示消息
      Exit For
      End If
Next
End Sub
```

04 按F5键运行代码，在弹出的窗体界面中单击“显示列表数据”按钮，即可在列表框中显示A1:C6单元格区域中的数据，如图3-48所示。

05 单击“查询数据”按钮，在弹出的消息框中输入需要查询的招聘职位，然后单击“确定”按钮，如图3-49所示。

06 在弹出的消息框中显示查询的结果，如图3-50所示。

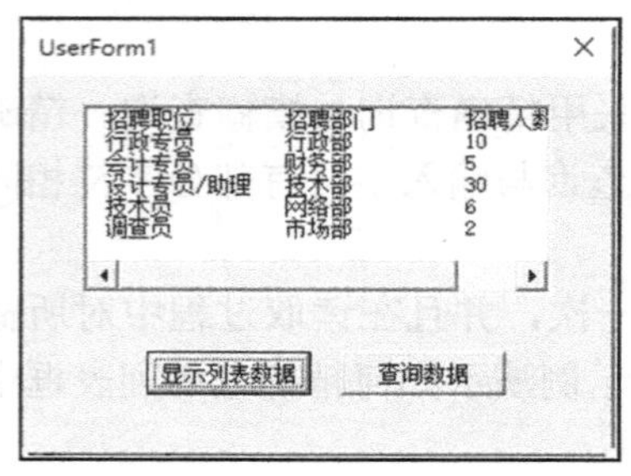

图3-48

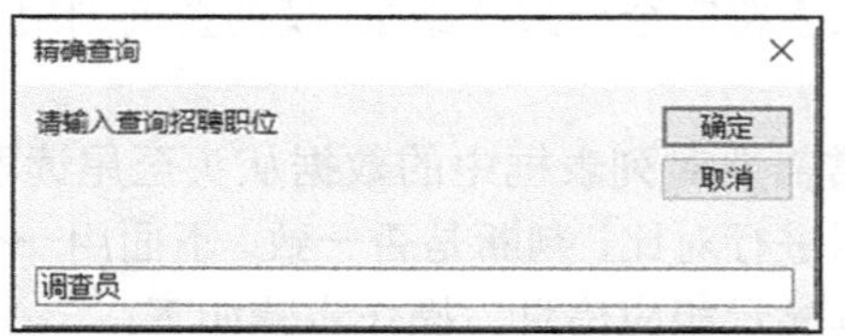

图3-49

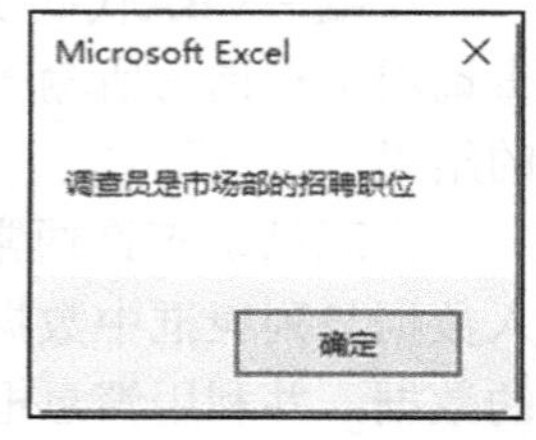

图3-50

3.3.16 模糊查询列表框数据

模糊查询通常调用Find方法来实现。该功能主要用于在区域中查找特定信息。下面举例讲解如何利用模糊查询功能对招聘职位名称进行模糊查询。操作步骤如下：

01 在3.3.15节创建的窗体中的“查询数据”按钮控件后面添加按钮控件，并把该控件的Caption属性值设置为“模糊查询数据”，如图3-51所示。

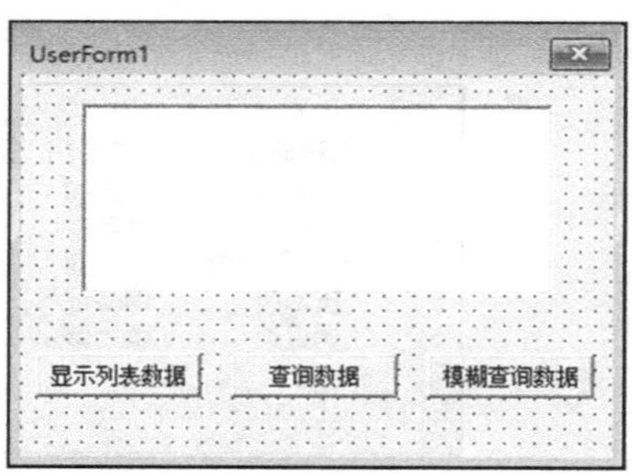

图3-51

02 双击“模糊查询数据”按钮，在打开的代码编辑窗口中输入如下代码：

```
Private Sub CommandButton3_Click()
Dim fcs As Long
Dim str As String
str = InputBox("请输入查询招聘职位名称", "模糊查询")              '用户查询输入对话框
fcs = Worksheets("Sheet1").Range("A1048576").End(xlUp).Row   '得到Sheet1工作表中的最后不空行的行值
With Worksheets("Sheet1").Range("A1:A" & fcs & "")
Set c = .Find(What:=str, LookIn:=xlValues)
   If Not c Is Nothing Then
      firstAddress = c.Address
      Do
      Set c = .FindNext(c)
      MsgBox 00CElls(c.Row, 1) & "是" & Cells(c.Row, 2) & "的招聘职位"
      Loop While Not c Is Nothing And c.Address <> firstAddress   '以消息框的方式显示符合查询条件的数据项
      End If
      End With
End Sub
```

03 按F5键运行代码，在弹出的窗体界面中单击“显示列表数据”按钮，即可在列表框中显示A1:C6单元格区域中的数据，如图3-52所示。

04 单击“模糊查询数据”按钮，在弹出的消息框中输入需要查询的招聘职位名称中的“专员”，然后单击“确定”按钮，如图3-53所示。

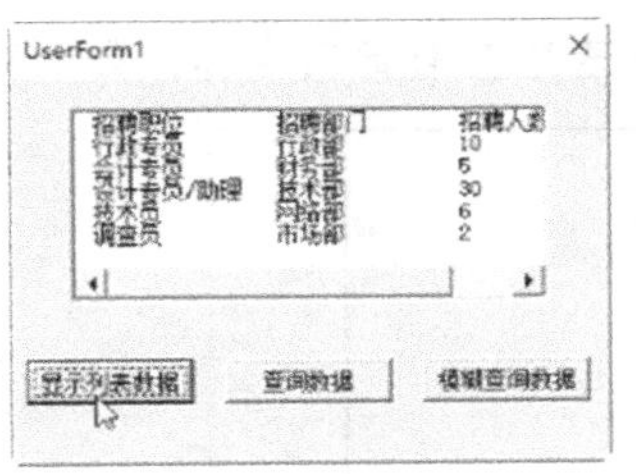

图3-52

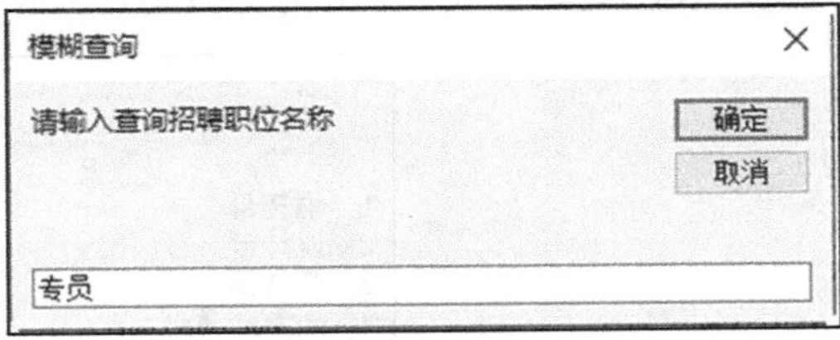

图3-53

05 在弹出的消息框中显示出查询的结果，如图3-54、图3-55、图3-56所示。查询出的招聘职位名称里都包含“专员”。

图3-54

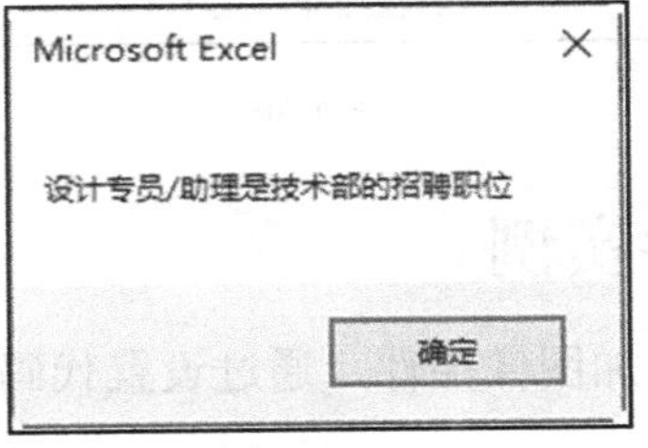

图3-55

图3-56

3.3.17 应用组合框实例

下面通过一个简单的例子介绍如何使用Object属性和AddItem方法设置指定单元格区域中的数据为指定组合框的表项。图3-57所示为数据源和绘制好的组合框。

操作步骤如下：

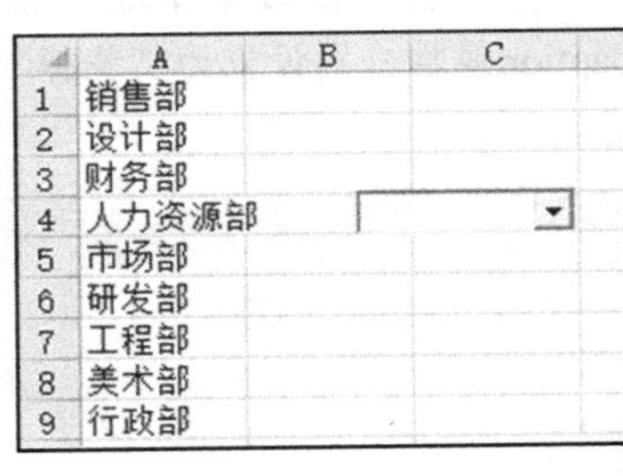

	A	B	C
1	销售部		
2	设计部		
3	财务部		
4	人力资源部		
5	市场部		
6	研发部		
7	工程部		
8	美术部		
9	行政部		

图3-57

01 启动VBE环境，选择“插入→模块”菜单命令，创建“模块1”，在打开的代码编辑窗口中输入如下代码：

```
Public Sub 应用组合框实例()
    Dim myArray(1 To 10) As Variant
    Dim i As Integer
    Dim ws As Worksheet
    Set ws = ThisWorkbook.Worksheets(1)          '指定组合框所在的工作表
    For i = 1 To 10
        myArray(i) = ws.Range("A" & i).Value     '指定单元格区域的数据为组合框选项
    Next i
    '为ComboBox1组合框设置选项
    With ws.OLEObjects("ComboBox1").Object
        For i = 1 To 10
            .AddItem myArray(i)
        Next i
    End With
    Set ws = Nothing
End Sub
```

02 按F5键运行代码，即可通过拖动右侧的滚动条在列表中查看部门名称，如图3-58所示。

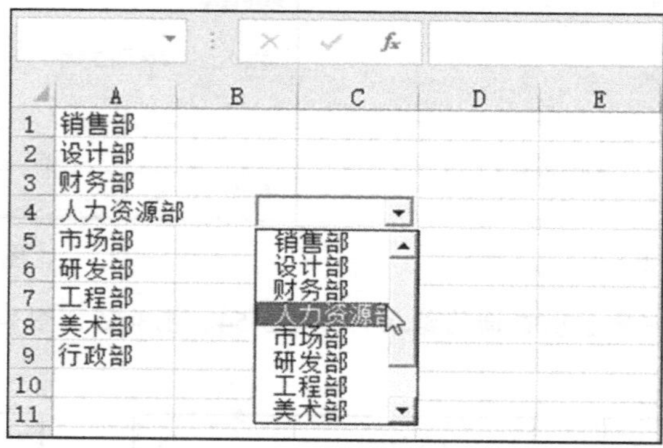

图3-58

3.3.18 应用图像控件实例

本小节需要在用户窗体中添加图像控件，通过设置代码自动插入指定的图片文件。操作步骤如下：

01 启动VBE环境，选择“插入→用户窗体”菜单命令创建窗体，然后单击“工具箱”中的“图像”控件，在窗体中拖动鼠标左键创建一个大小合适的图像控件，如图3-59所示。

02 按同样的操作过程在图像控件右侧创建3个选项按钮控件和3个按钮控件，各个控件的Caption属性分别设置为“裁掉”“扩展”“放大图片”“下一张”“隐藏”“显示”，效果如图3-60所示。

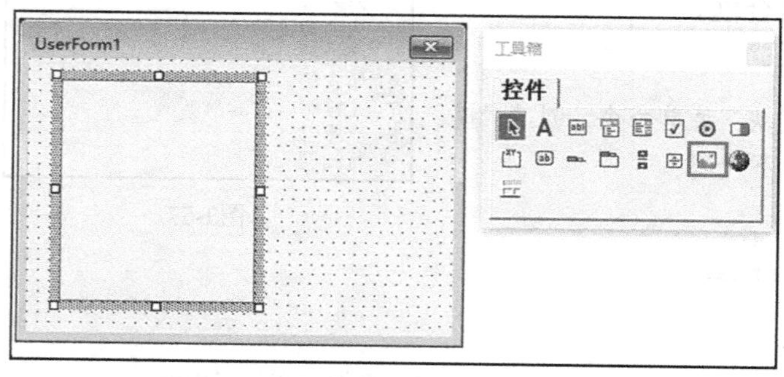

图3-59

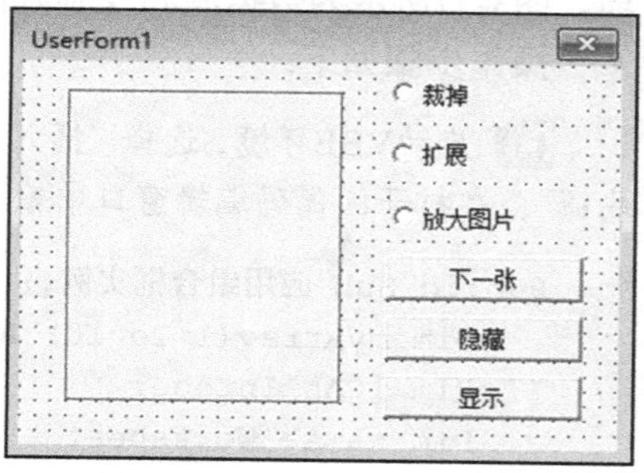

图3-60

03 双击用户窗体空白区域，在打开的代码编辑窗口中输入初始化窗体界面的代码，代码如下：

```
Private Sub UserForm1_Initialize()
Image1.Picture = LoadPicture("D:\VBA实例2021版本\数据源\第3章 Excel VBA窗体与控
件\素材文件\image1.jpg")      'ThisWorkBook.path表示当前文档所在的完整目录位置
End Sub
```

04 双击“裁掉”选项按钮，在打开的代码编辑窗口中输入如下代码：

```
Private Sub OptionButton1_Click()
If OptionButton1.Value = True Then
```

```
'当该选项被选中时，图片以裁剪的方式显示
    Image1.PictureSizeMode = fmPictureSizeModeClip
End If
End Sub
```

05 按同样的操作步骤对其余两个选项按钮控件进行事件定义，具体代码如下：

```
Private Sub OptionButton2_Click()
If OptionButton2.Value = True Then
    Image1.PictureSizeMode = fmPictureSizeModeStretch
End If
End Sub

Private Sub OptionButton3_Click()
If OptionButton3.Value = True Then
    Image1.PictureSizeMode = fmPictureSizeModeZoom
End If
End Sub
```

06 继续对其余3个按钮控件进行事件定义，具体代码如下：

```
'定义“下一张”按钮事件，该代码具有循环功能
Private Sub CommandButton1_Click()
Static i As Integer
    If i <= 4 Then
    i = i + 1
Image1.Picture = LoadPicture("D:\VBA实例2021版本\数据源\第3章 Excel VBA窗体与控
件\素材文件\image" & i & ".jpg")       '依次显示图片
    Else
i = 0                                  '返回至初值，从头循环查看图片
    End If
End Sub

'定义“隐藏”按钮事件
Private Sub CommandButton2_Click()
Image1.Visible = False
End Sub

'定义“显示”按钮事件
Private Sub CommandButton3_Click()
Image1.Visible = True
End Sub
```

高手点拨

图像控件代码设置属性有哪些？

- PictureSizeMode属性

  功能描述：该属性主要用于指定图像控件中图片的显示方式。

  语法形式：object.PictureSizeMode [= fmPictureSizeMode]

fmPictureSizeMode的设置值如表3-2所示。

高手点拨（续）

表3-2　fmPictureSizeMode的设置值

常量	值	功能描述
fmPictureSizeModeClip	0	裁掉图片中比窗体或页面大的部分（默认），若图片小于图片框时，则原样显示
fmPictureSizeModeStretch	1	扩展图片使其填满窗体或页面。该设置值使图片在垂直和水平方向都发生变形
fmPictureSizeModeZoom	3	等比例放大图片，图片在水平和垂直方向上都不发生变形

- Picture属性

  功能描述：该属性用于指定在图片框中显示的图像文件。

  语法形式：object.Picture = LoadPicture(pathname)

  Pathname：表示一个图片文件的完整路径。

- Visible属性

  功能描述：该属性比较常见，通常用于控制对象是否为可见或隐藏。

  语法形式：object.Visible [= Boolean]

- Boolean：若值为False，则表示对象隐藏；若值为True，则表示对象可见。

07 按F5键运行代码，弹出如图3-61所示的窗体界面。

08 单击“下一张”按钮，即可在图像控件内显示第一张图片，如图3-62所示。

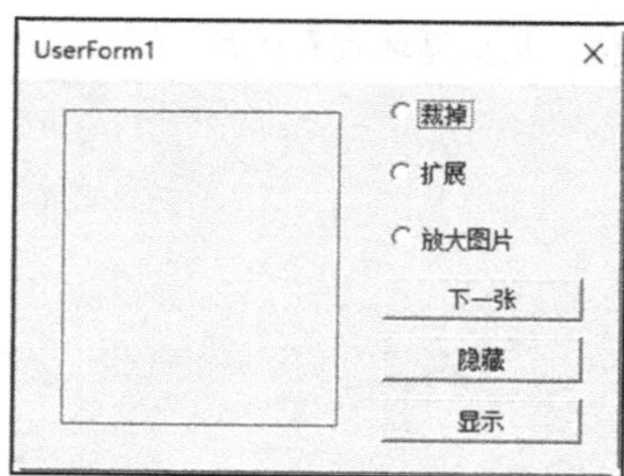

图3-61

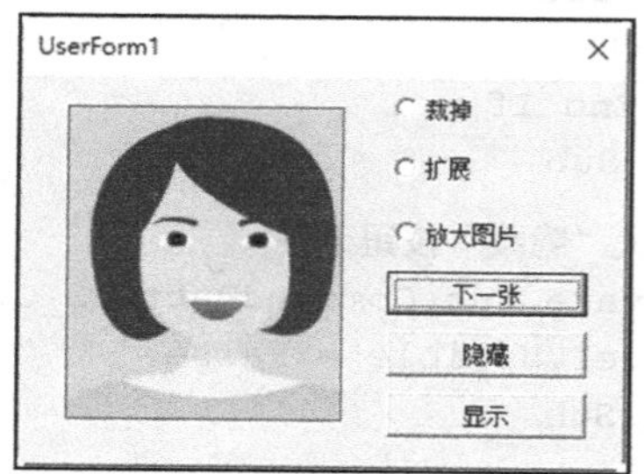

图3-62

09 选中“扩展”选项按钮，即可扩展图片，效果如图3-63所示。继续单击“下一张”按钮，即可打开第二张图片，如图3-64所示。

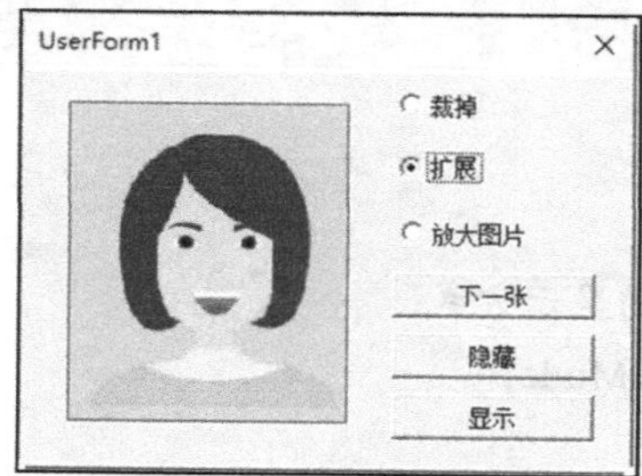

图3-63

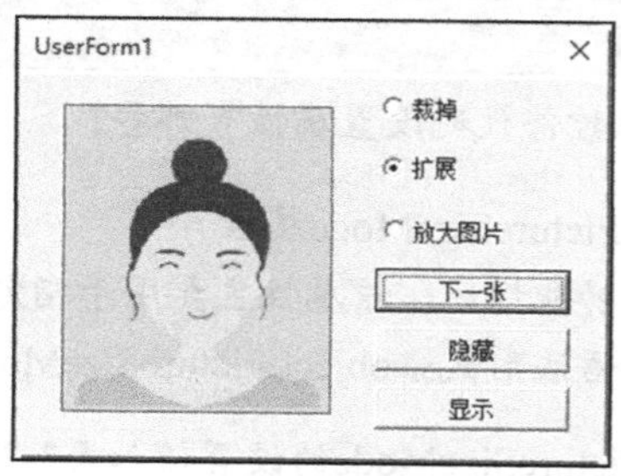

图3-64

10 单击其他按钮或选项按钮，即可得到相应的效果。

知识拓展

图像控件是VBA窗体设计中运用较少的控件，其功能主要用于在窗体中显示图片。通过图像控件可将图片作为数据的一部分显示在窗体中。例如，可以使用图像控件在人事管理窗体中显示雇员的照片。

也可以使用图像控件来剪裁、调整图片大小或缩放图片，但不能编辑图片内容。例如，不能用图像控件改变图片的颜色，也不能对图片进行加工。这些工作必须通过图像编辑软件来完成。

图像控件支持以下文件格式：*.bmp、*.cur、*.gif、*.ico、*.jpg、*.wmf。

3.3.19 利用 TreeView 控件实例 1

TreeView控件是在VBA的数据处理中应用非常广泛的一个ActiveX控件。TreeView控件显示Node对象的分层列表，每个Node对象均由一个标签和一个可选的位图组成。TreeView控件一般用于显示文档标题、索引入口、磁盘上的文件和目录或能被有效地分层显示的其他种类信息。

TreeView控件使用由ImageList属性指定的ImageList控件来存储显示Node对象的位图和图标。任何时候，TreeView控件只能使用一个ImageList。这意味着，当TreeView控件的Style属性被设置成显示图像的样式时，TreeView控件中每一项的旁边都有一个同样大小的图像。

对于TreeView控件可以通过设置属性（Root、Parent、Child、FirstSibling、Next、Previous和 LastSibling属性）与调用方法对各Node对象进行操作（包括添加、删除、对齐等）。而通过在代码中对Node对象的检索，可以很方便地为相应的Node进行定位。

控件的外观有8种可用的替换样式，这些样式是文本、位图、直线和+/–的组合，Node对象可以以任一种组合样式出现。

1. TreeView控件属性

TreeView控件包含了大量的属性设置，常用的有Nodes、Style和Sorted属性。

（1）Nodes属性

功能描述：返回对TreeView控件的Node对象的集合引用。

语法形式：object.Nodes

说明：可以使用标准的集合方法（例如Add和Remove）操作Node对象。可以按其索引或存储在Key属性中的唯一键来访问集合中的每个元素。

Node对象的个数取决于在一个窗口中能固定多少行。总的行数取决于控件的高度和Font对象的Size属性。该行数包括列表底部只能看到局部的项。可以使用GetVisibleCount属性确保可视的最小行数，这样可以精确地访问每一层。如果最小行数是可视的，可以用Height属性重新设置TreeView的大小。

在Nodes中的注意事项：如果relative中没有被命名的Node对象，则新节点被放在节点顶层的最后位置。Nodes 集合是一个基于1的集合。在添加Node对象时，它被指派一个索引号，该索引号被存储在Node对象的Index属性中。这个最新成员的Index属性值就是Node集合的Count

属性的值。因为Add方法返回对新建立的Node对象的引用，所以使用这个引用来设置新Node的属性十分方便。

知识拓展

NodeClick事件是什么？

NodeClick事件是在一个Node对象被单击时触发的事件。

语法形式：Private Sub object_NodeClick(ByVal node As Node)

- Object：表示对象表达式，其值是“应用于”列表中的一个对象。
- Node：表示对被单击的Node对象的引用。

NodeClick与Click的区别是什么？

单击节点对象之外的TreeView控件的任何部位，就会触发标准的Click事件；当单击某个特定的Node对象时，触发NodeClick事件。NodeClick事件也返回对特定的Node对象的引用，在下一步操作之前，这个引用可用来访问这个Node对象。NodeClick事件的触发在标准的Click事件之前。

（2）Style属性

功能描述：返回或设置图形类型（图像、文本、+/–、直线）以及出现在TreeView控件中的每一个Node对象上的文本的类型。

语法形式：Object.Style [= Number]

- Object：表示对象表达式，其值是“应用于”列表中的一个对象。
- Number：指定图形类型的整数，具体设置值如表3-3所示。

表3-3　图形类型的整数设置值及其说明

设置值	说明
0	仅为文本
1	图像和文本
2	+/–和文本
3	+/–、图像和文本
4	直线和文本
5	直线、图像和文本
6	直线、+/–和文本
7	（默认）直线、+/–、图像和文本

知识拓展

Style属性如何影响LineStyle?

若Style属性设置为包含直线的值，则LineStyle属性就确定了直线的外观；如果Style属性设置为不含直线的值，则LineStyle属性将被忽略。

（3）Sorted属性

功能描述：返回或设置值，此值确定Node对象的子节点是否按字母顺序排列。

语法形式：Object. Sorted [= Boolean]

- Object：表示对象表达式，其值是“应用于”列表中的一个对象。

- Boolean：表示布尔表达式，表示Node对象是否已被排序。
- False Node：对象排序。

Sorted属性有两种用法：

- 在TreeView控件的根（顶）层排列Node对象。
- 对任何单个Node对象的子节点排序。

2. TreeView控件方法

TreeView控件的方法有Add方法和GetVisibleCount方法。

（1）Add方法

功能描述：在TreeView控件的Nodes集合中添加一个Node对象。

语法形式：Object.Add(Relative, Relationship, Key, Text, Image, Selectedimage)

- Object：表示对象表达式，其值是“应用于”列表中的一个对象。该项是必需项。
- Relative：表示已存在的Node对象的索引号或键值。新节点与已存在的节点间的关系可在下一个参数Relationship中找到。该项是可选项。
- Relationship：是可选项，表示指定的Node对象的相对位置，具体相对位置如表3-4所示。

表3-4 Node与Relative的相对位置

常数	值	描述
tvwFirst	0	首节点。该Node和在Relative中被命名的节点位于同一层，并位于所有同层节点之前
tvwLast	1	最后的节点。该Node和在Relative中被命名的节点位于同一层，并位于所有同层节点之后。任何连续添加的节点可能位于最后添加的节点之后
tvwNext	2	（默认）下一个节点。该Node位于在Relative中被命名的节点之后
tvwPrevious	3	前一个节点。该Node位于在Relative中被命名的节点之前
tvwChild	4	（默认）子节点。该Node成为在Relative中被命名的节点的子节点

- Key：表示指定的唯一字符串，可用于调用Item方法检索Node。该项是可选项。
- Text：表示在Node中出现的字符串。该项是必需项。
- Image：表示在关联的ImageList控件中图像的索引。该项是可选项。
- Selectedimage：表示在关联的ImageList控件中图像的索引，在Node被选中时显示。该项是可选项。

（2）GetVisibleCount方法

功能描述：GetVisibleCount方法用于返回固定在TreeView控件内部区域的Node对象的个数。

语法形式：Object.GetVisibleCount

- Object：表示所在处代表一个对象表达式，其值是“应用于”列表中的一个对象。

3. 创建Treeview控件显示层级

下面通过一个例子介绍如何创建TreeView控件显示层级。操作步骤如下：

01 启动VBE环境，选择“插入→用户窗体”菜单命令，创建UserForm1窗体，右击工具箱的空白区域，在弹出的快捷菜单中选择“附加控件”命令，如图3-65所示。

02 打开“附加控件”对话框，在“可用控件”列表框中选中Microsoft TreeView Control, version 6.0复选框，然后单击“确定”按钮，如图3-66所示。

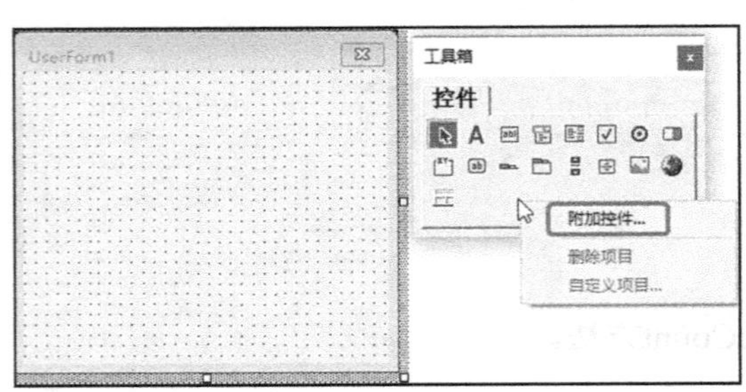

图3-65

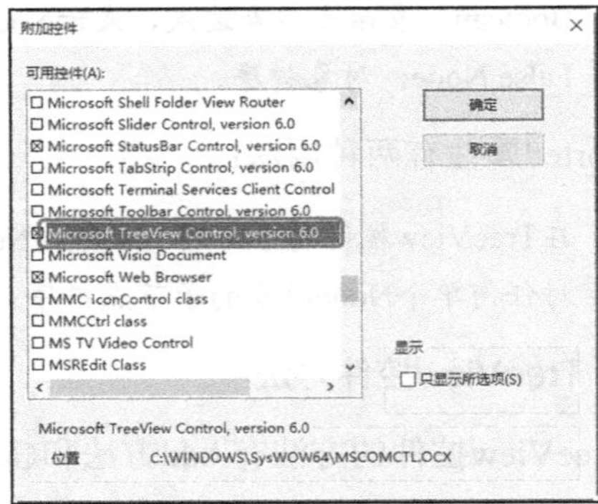

图3-66

03 此时即可将TreeView控件添加至“工具箱”中，单击该控件图标，在窗体中拖动鼠标创建TreeView控件，如图3-67所示。

04 双击用户窗体空白区域，在打开的代码编辑窗口中输入如下代码：

```
Option Explicit
Private Sub UserForm_Initialize()
Dim nodX As Node
With Me.TreeView1
   With .Nodes
      .Add , , "第一层", "Root"
      .Add "第一层", tvwChild, "第二层", "第二层"
      .Add "第一层", tvwChild, "第三层", "第三层"
      .Add "第二层", tvwChild, "第二层1", "第二层1"
      .Add "第二层", tvwChild, "第二层2", "第二层2"
      .Add "第三层", tvwChild, "第三层1", "第三层1"
      .Add "第三层", tvwChild, "第三层2", "第三层2"
      .Item("第三层2").EnsureVisible
      .Item("第二层2").EnsureVisible
   End With
   .Style = tvwTreelinesPlusMinusText
End With
End Sub
```

05 按F5键运行代码即可得到相应的效果，如图3-68所示。

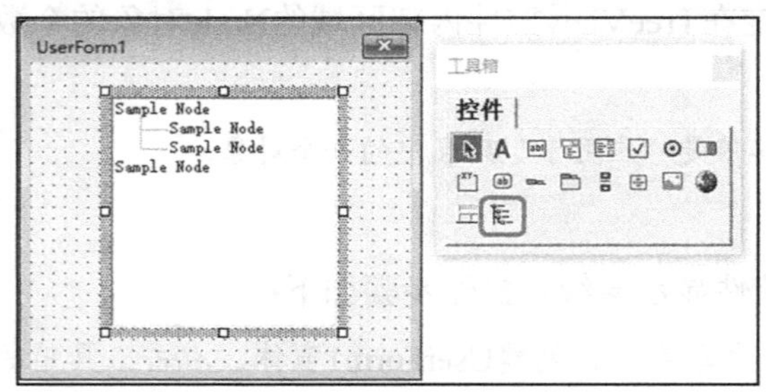

图3-67

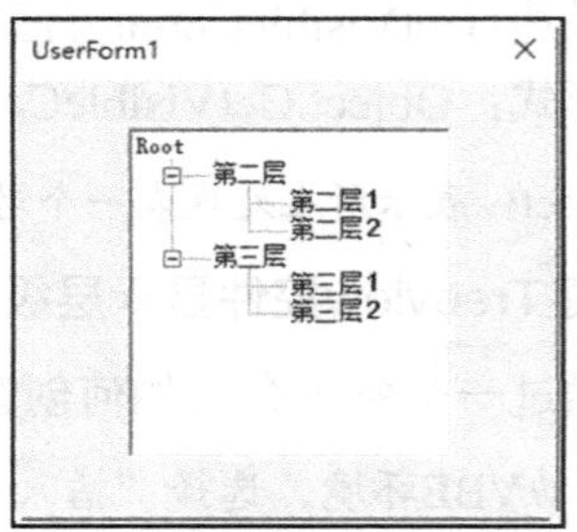

图3-68

3.3.20 利用 TreeView 控件实例 2

TreeView控件还可以显示工作表。操作步骤如下：

01 启动VBE环境，选择"插入→用户窗体"菜单命令，创建UserForm2窗体，通过"工具箱"在窗体中创建TreeView控件和按钮控件，并设置按钮控件的Caption属性为"显示"，如图3-69所示。

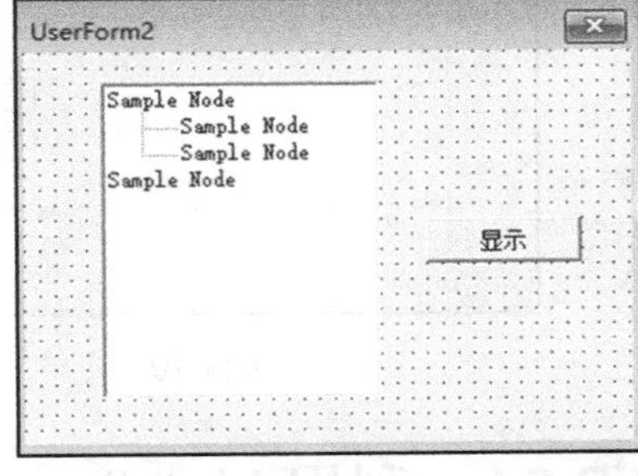

图3-69

02 双击"显示"按钮，在打开的代码编辑窗口中输入如下代码：

```
Private Sub CommandButton1_Click()
    Dim g, h, oMappe As Workbook, oNode As Node, z
    With TreeView1
        For Each g In Workbooks          '得到当前打开的所有工作簿
            z = z + 1
            Set oMappe = g
            Set oNode = .Nodes.Add(, , "W" & z, oMappe.Name)  '将相应的工作簿名加入TreeView中
            oNode.Expanded = True
            For Each h In oMappe.Sheets
                Set oNode = .Nodes.Add("W" & z, tvwChild, , h.Name)  '将相应的工作名加入TreeView中
            Next h
        Next g
    End With
End Sub

'单击TreeView中的选项时，切换至相应的工作中
Private Sub TreeView1_NodeClick(ByVal Node As MSComctlLib.Node)
    With Node
        If .Children Then
            MsgBox .Text
        Else
            If Workbooks(.Parent.Text).Windows(1).Visible Then
                Workbooks(.Parent.Text).Sheets(.Text).Activate
            Else
                MsgBox "Arbeitsmappe ist ausgeblendet"
            End If
        End If
    End With
End Sub
```

03 按F5键运行代码，弹出创建的窗体，如图3-70所示。

04 单击"显示"按钮即可显示相应的效果，如图3-71所示。

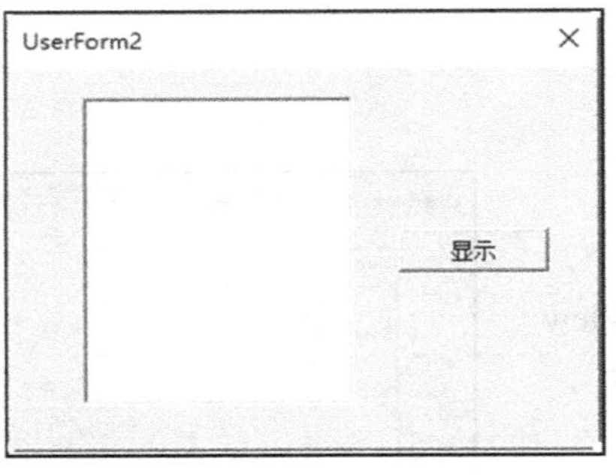

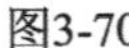
图3-70

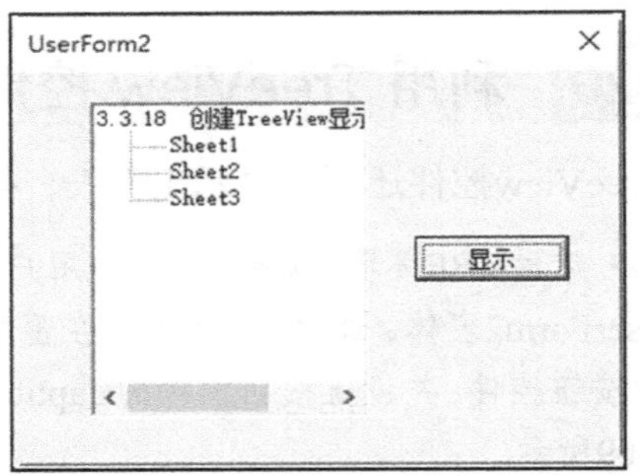

图3-71

3.3.21 利用 ListView 实现数据输入

在进行数据输入时，通常还需要输入每项数据的相关信息，这是一件非常烦琐的工作。此时需要一个界面可以实现以列表的方式显示出所有产品及产品的相关信息，而且通过在界面中的双击操作完成该产品及相关信息的输入，ListView控件可以做到这一点。将需要填写的数据写入ListView中，在需要进行数据写入时，直接从ListView中进行相应的选择即可。操作步骤如下：

01 启动VBE环境，选择“插入→用户窗体”菜单命令，创建UserForm1窗体，右击工具箱的空白区域，在弹出的快捷菜单中选择“附加控件”命令。

02 打开“附加控件”对话框，在“可用控件”列表框中选中Microsoft ListView Control, version 6.0与Microsoft ImageList Control, version 6.0复选框，然后单击“确定”按钮，如图3-72所示。

03 此时即可将ImageList控件和ListView控件添加至“工具箱”中，分别单击这两个控件图标，在窗体中拖动鼠标创建ImageList控件和ListView控件，如图3-73所示。

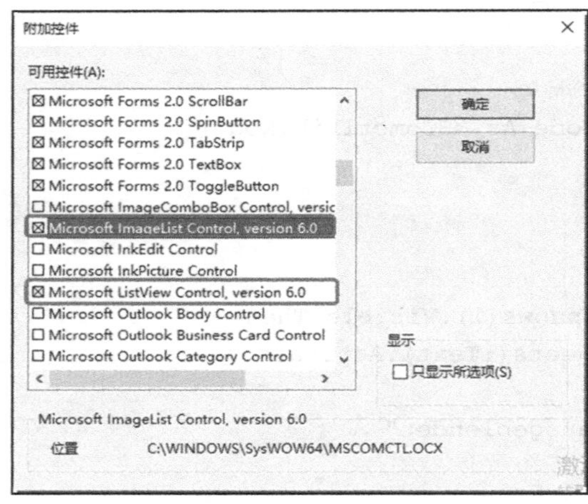

图3-72

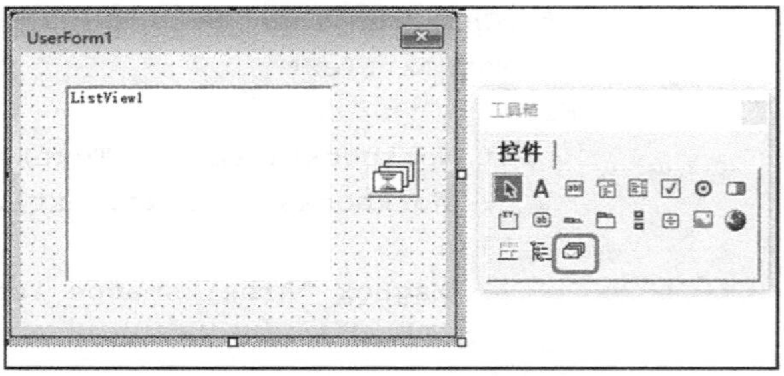

图3-73

04 选中创建的ImageList控件，在属性窗口中单击“自定义”右侧的省略号按钮，如图3-74所示。

05 在打开的“属性页”对话框中单击Images选项卡，然后单击Insert Picture按钮，如图3-75所示。

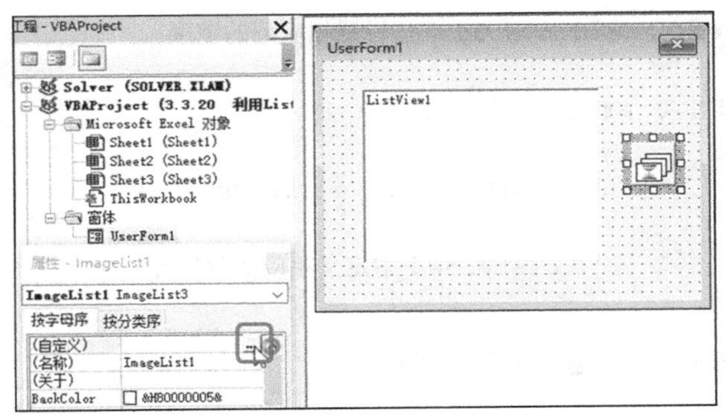

图3-74

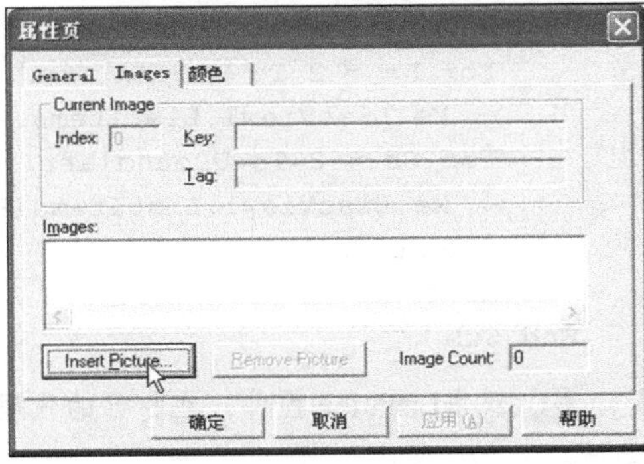

图3-75

06 在打开的Select picture对话框中选中需要插入的图片，然后单击“打开”按钮，如图3-76所示。

07 返回“属性页”对话框中即可看到添加的图片，单击“确定”按钮，如图3-77所示。

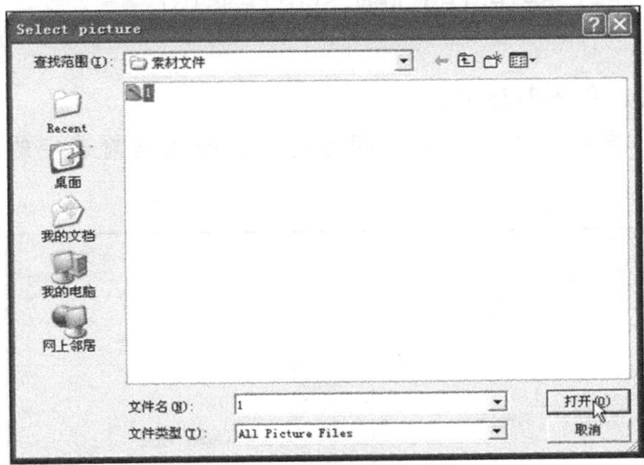

图3-76

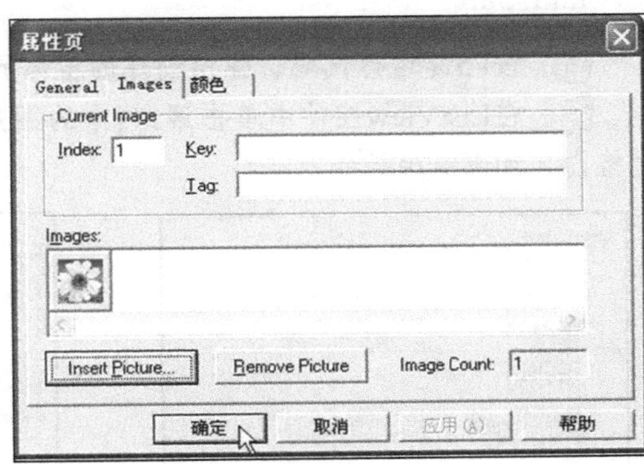

图3-77

08 双击用户窗体空白区域，在打开的代码编辑窗口中输入如下代码：

```
Private Sub UserForm_Initialize()
 Dim Rs As Integer
 Dim Cs As Integer
 Dim arr
 arr = Sheet1.Range("A1:D5" & Sheet1.Range("A1048576").End(xlUp).Row)
'定义Sheet1工作表中从A1至D列的有效数据区域
 Me.ListView1.SmallIcons = Me.ImageList1  '定义名为ListView 1 控件的图标，来自名为
ImageList1的图片列表控件
 Me.ListView1.View = lvwReport           '定义ListView控件的视图模式
 Me.ListView1.Gridlines = True           '显示ListView的网格线
 Me.ListView1.LabelEdit = lvwManual
 For Cs = 1 To UBound(arr, 2)
    Me.ListView1.ColumnHeaders.Add , , arr(1, Cs)    '设置ListView 1 的标题行
  Next Cs
    Me.ListView1.ColumnHeaders.Item(1).Width = 35
    Me.ListView1.ColumnHeaders.Item(2).Width = 35
    Me.ListView1.ColumnHeaders.Item(3).Width = 35
```

```
    Me.ListView1.ColumnHeaders.Item(4).Width = 35    '设置相应列的宽度
     For Rs = 2 To UBound(arr, 1)
        Me.ListView1.ListItems.Add , , arr(Rs, 1), , 1
     For Cs = 2 To UBound(arr, 2)
        Me.ListView1.ListItems(Rs - 1).SubItems(Cs - 1) = arr(Rs, Cs)
       Next Cs
     Next Rs                              '在ListView1中定义相应的数据行
End Sub
```

09 双击ListView控件，在打开的代码编辑窗口中输入如下代码：

```
Private Sub ListView1_DblClick()
'将ListView中的各数据项写入相应单元格中
 ActiveCell.Value = Me.ListView1.SelectedItem.SubItems(1)
 ActiveCell.Offset(0, 1) = Me.ListView1.SelectedItem.SubItems(2)
 ActiveCell.Offset(0, 2) = Me.ListView1.SelectedItem.SubItems(3)
End Sub
```

10 按F5键运行代码，弹出创建的窗体界面，如图3-78所示。

11 在ListView控件中单击第1列中的图片，再双击右侧数据，即可将数据输入当前选定的单元格内，如图3-79所示。

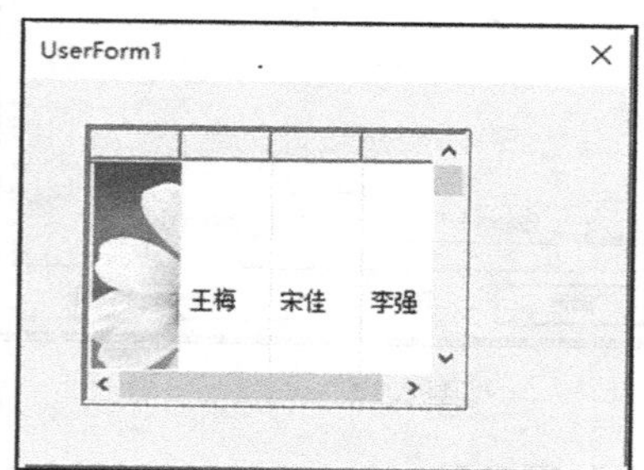

图3-78

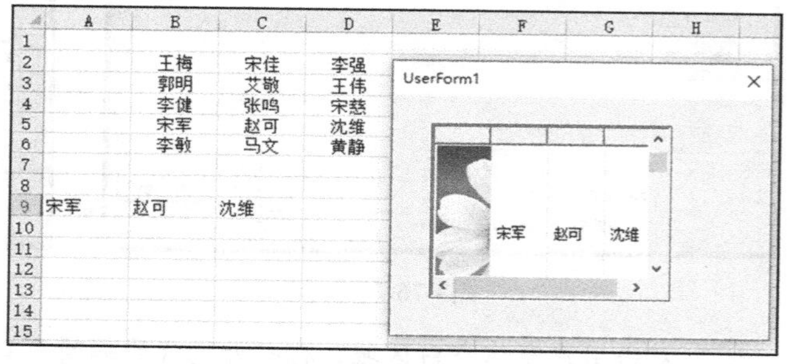

图3-79

3.4 表单控件

表单控件只能够在Excel工作表中添加和使用，插入表单控件之后，可以选择该控件下的按钮控件并设置控件的格式以及指定宏。

3.4.1 创建表单控件

表单控件主要包含按钮、列表框、标签等具有特殊用途的功能项，通过表单控件可以为用户提供更为友好的数据界面。操作步骤如下：

01 在“开发工具”选项卡下的“控件”选项组中单击“插入”按钮，然后在“表单控件”中单击“分组框”图标按钮，如图3-80所示。

02 在工作表中按住鼠标左键不放，拖动至合适大小后释放鼠标（见图3-81），即可创建出“分组框”控件按钮，如图3-82所示。

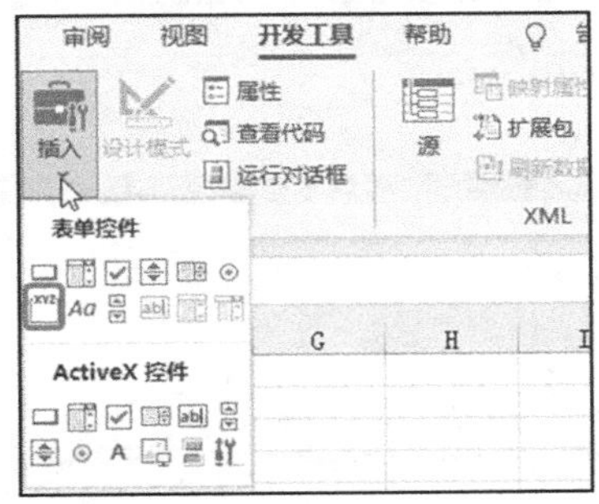

图3-80

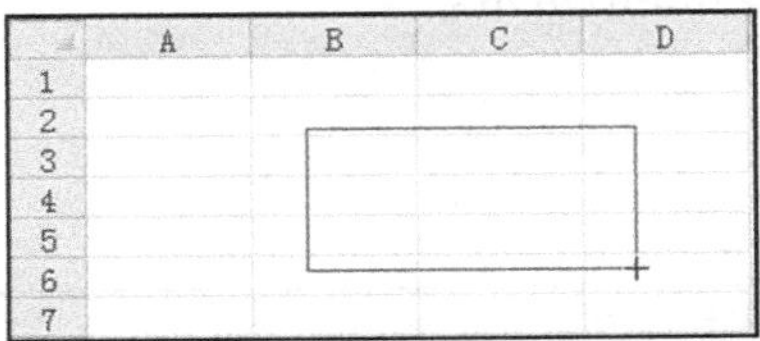

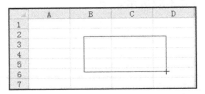

图3-81

03 按照同样的方法，在分组框内继续创建两个“选项按钮”控件，完成的效果如图3-83所示。

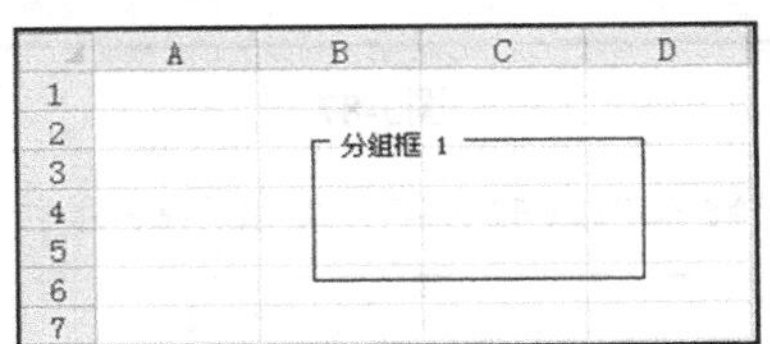

图3-82

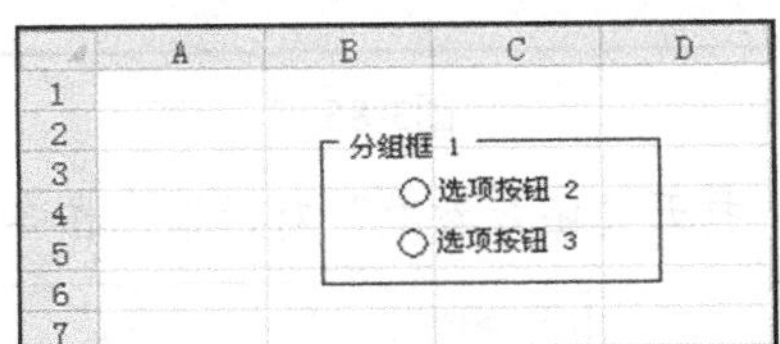

图3-83

3.4.2 设置表单控件与单元格关联

表单控件具有很强的可计算性，即每个控件都可产生一个数值，结合Excel强大的公式计算能力，对控件所产生的值进行再次分析，可得到相应的显示效果。操作步骤如下：

01 右击选项按钮控件，在弹出的快捷菜单中选择“设置控件格式”命令，如图3-84所示。

02 在弹出的“设置控件格式”对话框中单击“控制”选项卡，在“单元格链接”框中设置链接到指定单元格G1，然后单击“确定”按钮返回工作表，如图3-85所示。

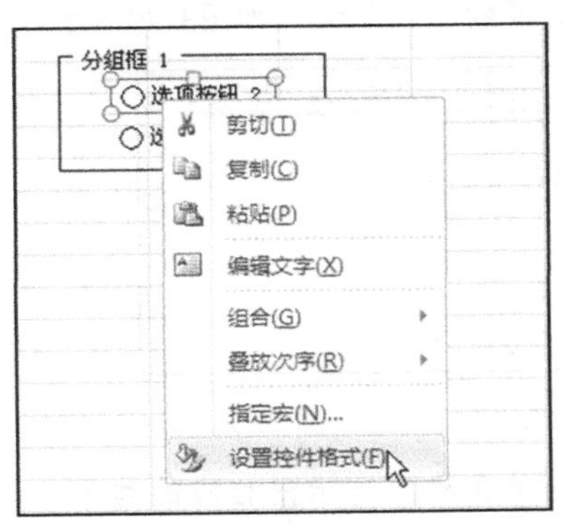

图3-84

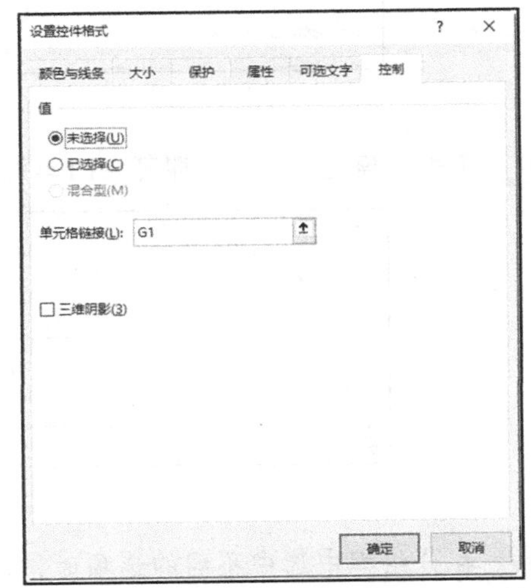

图3-85

03 选中F1单元格，单击“公式”选项卡，在“函数库”选项组中单击“插入函数”按钮，如图3-86所示。

04 打开“插入函数”对话框，在“选择函数”列表框中选中“IF”选项，然后单击“确定”按钮，如图3-87所示。

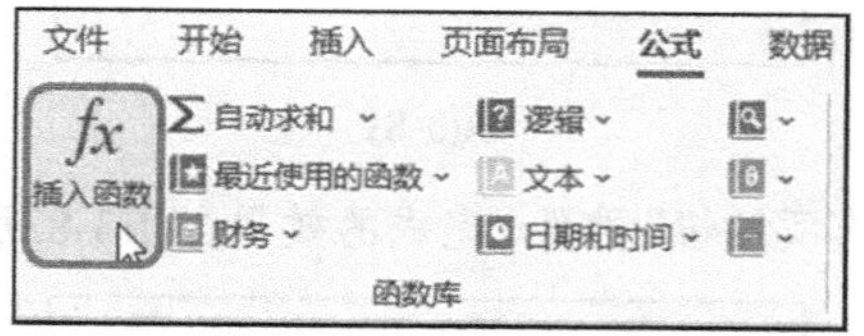

图3-86

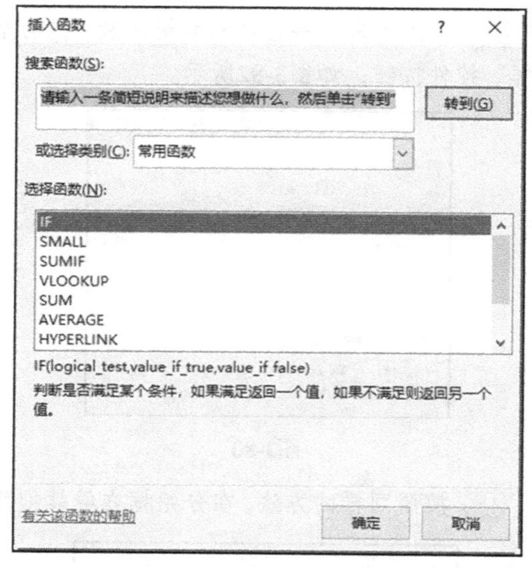

图3-87

05 打开“函数参数”对话框，在各个输入框中分别输入相应的文本，如图3-88所示。

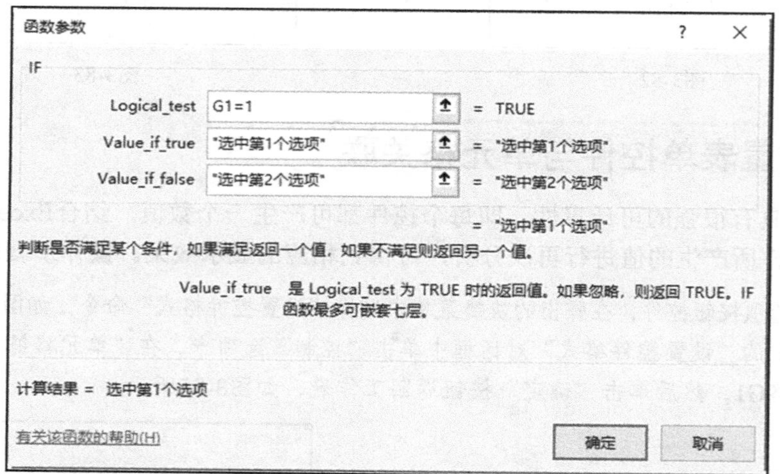

图3-88

06 单击“确定”按钮，即可在F1单元格中显示出设置的公式与值，如图3-89所示。

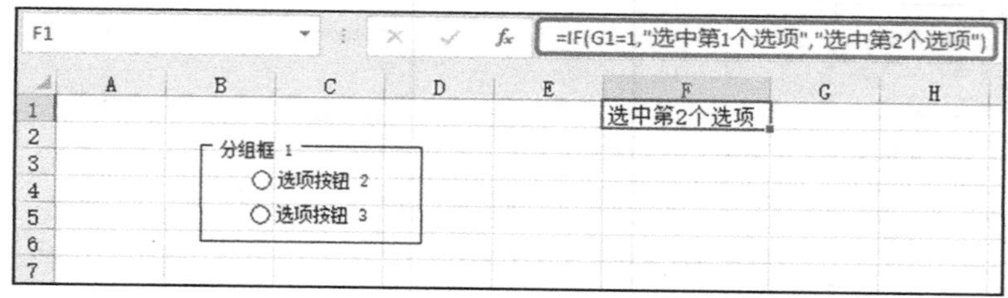

图3-89

07 在分组框中选中不同的选项时，即可在F1和G1单元格中显示出相应的结果，如图3-90所示。

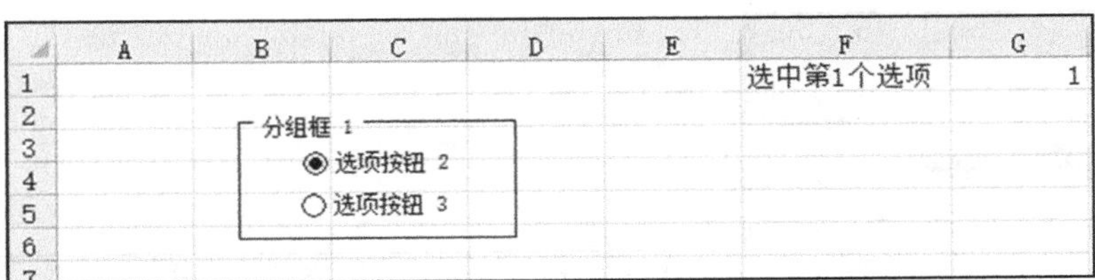

图3-90

3.4.3 实现数据写入功能

创建好表单控件选项后，可以将其应用于实际工作中的多种情况，比如公司的问卷调查。可以将每个用户选中的选项数据保存起来，并且通过以下步骤设置每提交一次选项数据，行数就增加1，以保证每次填写的数据都能够保存下来。

01 图3-91所示是在当前工作簿的Sheet1工作表中创建的表单控件选项按钮，以及选中每个选项对应的结果。

	F	G
1	选中第2个选项	2
2	选中第1个选项	1
3	选中第2个选项	2

分组框 1：选项按钮 2、选项按钮 3
分组框 2：选项按钮 4、选项按钮 5
分组框 3：选项按钮 6、选项按钮 7
Sheet1　Sheet2　Sheet3

图3-91

02 切换至VBE环境，选择“插入→模块”菜单命令，在插入的“模块1”代码编辑窗口中输入如下代码：

```
Sub InsertData()
Dim Rs As Long
'获取第2个工作表中的最后一行
Rs = Worksheets(2).Range("A1048576").End(xlUp).Row
'将第1个工作表中的选项数据填写至第2个工作表中
For i = 1 To 3
Worksheets(2).Cells(Rs + 1, i) = Worksheets(1).Cells(i, 6)
Next
End Sub
```

03 返回工作表中，拖动鼠标创建“按钮”表单控件，释放鼠标后弹出“指定宏”对话框，选中InsertData宏，如图3-92所示。

04 单击“确定”按钮以完成控件的创建，然后将其名称改为“提交数据”，如图3-93所示。

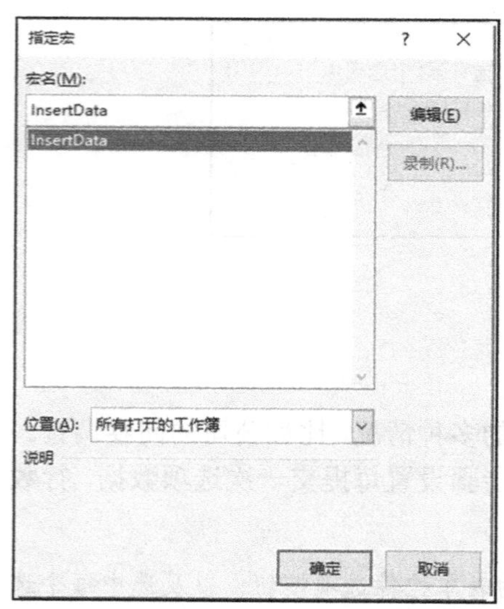

图3-92

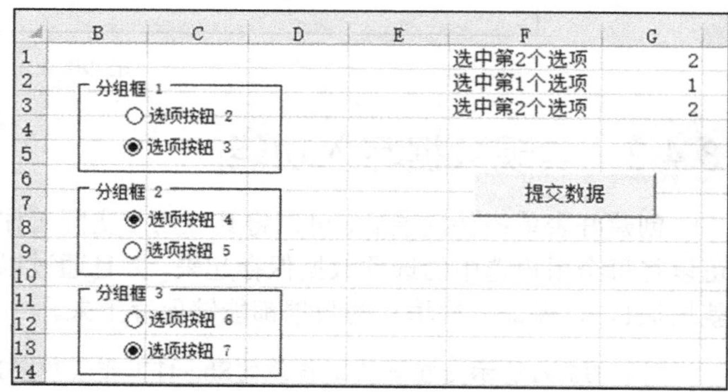

图3-93

05 在分组框中选中选项后，再单击“提交数据”按钮即可将结果显示于Sheet2工作表中。选中不同的选项，其结果也不同，如图3-94所示。

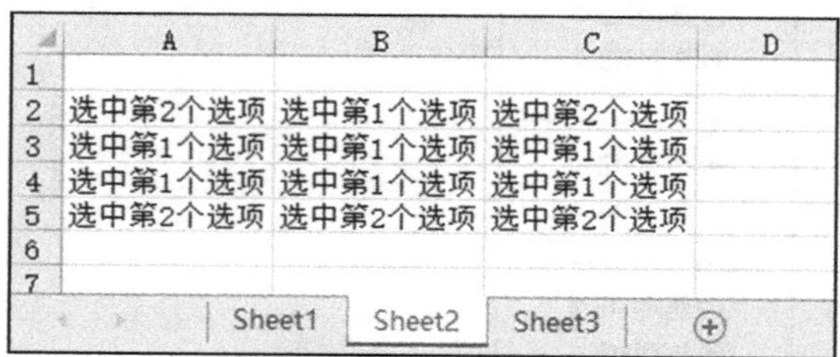

	A	B	C	D
1				
2	选中第2个选项	选中第1个选项	选中第2个选项	
3	选中第1个选项	选中第1个选项	选中第1个选项	
4	选中第1个选项	选中第1个选项	选中第1个选项	
5	选中第2个选项	选中第2个选项	选中第2个选项	
6				
7				

图3-94

第4章　Excel VBA函数与图表

Excel中常用的函数有SUM、IF、LOOKUP等，如果这些函数不能满足日常工作需要，就可以使用Excel VBA来创建自定义函数。除此之外，Excel VBA函数还可以解决公式过长的问题。

Chart对象代表工作簿中的图表，本章也会介绍如何使用VBA代码对Chart对象进行操作。在Excel中可以根据已知表格数据源使用“图表”功能创建各种类型的图表，在VBA中也可以使用相关方法及属性根据已知表格数据源自动创建指定类型的图表。

4.1 自定义函数的技巧

运行Excel VBA函数是执行计算并返回一个值的过程，用户可以在VBA代码或工作表公式中使用这些函数。同Excel的工作表函数和VBA的内置函数一样，自定义函数过程也是可以使用参数的。对于使用VBA编写自定义函数，需要牢记的是：在执行结束前，至少对函数赋值一次。

1．自定义函数过程中包含的元素

自定义函数过程中包含的元素如下：

- Public（可选）：表明所有活动的Excel VBA工程中的所有模块的所有过程都可以访问函数过程。
- Private（可选）：表明只有同一个模块中的过程才能访问函数过程。
- Static（可选）：在两次调用之间，保留在函数过程中的变量值。
- Function（必需）：表明返回一个值或其他数据的函数过程的开头。
- Name（必需）：代表任何有效的函数过程的名称，它必须遵循与变量名称一样的规则。
- Arglist（可选）：代表一个或多个变量的列表，这些变量是传递给函数过程的参数。这些参数用括号括起来，并用逗号隔开每对参数。
- Type（可选）：是函数过程返回的数据类型。
- Instructions（可选）：任意数量的有效VBA指令。
- Exit Function（可选）：强制在结束之前从函数过程中立即退出的语句。
- End Function（可选）：表明函数过程结束的关键字。

2. 调用函数的条件

函数的作用域决定了在其他模块或工作表中是否可以调用该函数。

- 如果不声明函数的作用域，那么默认作用域为Public。
- 声明为Private的函数不会出现在Excel的“插入函数”对话框中，所以在创建只用在某个VBA过程中的函数时，应将其声明为Private，这样用户就不能在公式中使用它了。
- 如果VBA代码需要调用在另一个工作簿中定义的某个函数，可以设置对其他工作簿的引用，方法是在VBE中选择“工具→引用”菜单命令。
- 如果函数在加载项中定义，则不必建立引用。这样定义的函数可以用在所有工作簿中。

3. 执行函数过程的方式

虽然用户可以采用多种方式执行子过程，但是只能通过以下4种方式执行函数过程：

- 从另一个过程调用。
- 在工作表公式中使用。
- 在用来指定条件格式的公式中使用。
- 从VBE的“立即窗口”中调用。

4.1.1 根据条件创建自定义函数

函数的参数要注意以下几点：

- 参数可以是变量、常量、字面量或表达式。
- 某些函数是没有参数的。
- 某些函数有固定数量的必需的参数。
- 某些函数既有必需的参数，又有可选的参数。

表4-1是某公司设定的不同销售额对应的标准奖金率，我们可以创建自定义函数计算每位销售员的业绩奖金。业务员的奖金除销售额外还和工龄挂钩，参与计算的奖金提成率等于标准奖金率加上一半工龄的百分数，比如某人工龄为5年，标准奖金率为10%，则其奖金提成率为“10%+(5/2)%”。

表4-1 不同销售额对应的标准奖金率

销售额	标准奖金率
0～10000	5%
10000～30000	8%
30000～60000	10%
60000～90000	12%
90000以上	15%

下面通过编写计算奖金的代码，根据销售额和工龄数据快速统计出每位业务员的业绩奖金。操作步骤如下：

01 打开工作簿，启动VBE环境，然后选择“插入→模块”菜单命令，在打开的代码编辑窗口中输入如下代码：

```
Function 计算奖金(Sales, years) As Double
Const r1 As Double = 0.05
Const r2 As Double = 0.08
Const r3 As Double = 0.1
Const r4 As Double = 0.12
Const r5 As Double = 0.15
Select Case Sales
Case Is <= 10000
计算奖金 = Sales * (r1 + years / 200)
Case Is <= 30000
计算奖金 = Sales * (r2 + years / 200)
Case Is <= 60000
计算奖金 = Sales * (r3 + years / 200)
Case Is <= 90000
计算奖金 = Sales * (r4 + years / 200)
Case Is > 90000
计算奖金 = Sales * (r5 + years / 200)
End Select
End Function
```

02 保存该段代码，然后在表格的D2单元格中输入公式“=计算奖金(B2,C2)”，按回车键后，即可得到第一位员工的业绩奖金，如图4-1所示。

03 向下复制公式即可得到每位销售员的业绩奖金，如图4-2所示。

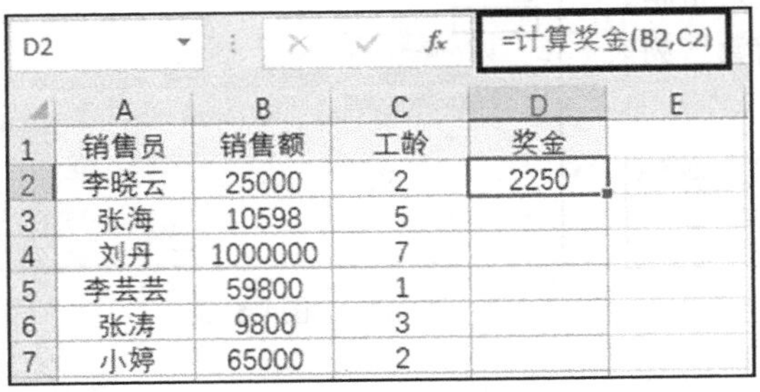

D2　=计算奖金(B2,C2)

	A	B	C	D	E
1	销售员	销售额	工龄	奖金	
2	李晓云	25000	2	2250	
3	张海	10598	5		
4	刘丹	1000000	7		
5	李芸芸	59800	1		
6	张涛	9800	3		
7	小婷	65000	2		

图4-1

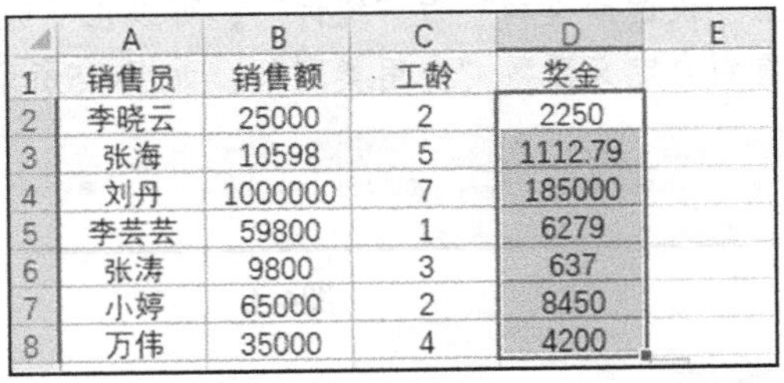

	A	B	C	D	E
1	销售员	销售额	工龄	奖金	
2	李晓云	25000	2	2250	
3	张海	10598	5	1112.79	
4	刘丹	1000000	7	185000	
5	李芸芸	59800	1	6279	
6	张涛	9800	3	637	
7	小婷	65000	2	8450	
8	万伟	35000	4	4200	

图4-2

4.1.2 自定义返回数组的函数

如果要在表格中返回多个值，可以使用Array函数自定义返回数组的函数。操作步骤如下：

01 打开工作簿，启动VBE环境，然后选择“插入→模块”菜单命令，在打开的代码编辑窗口中输入如下代码：

```
Function 费用类别()
    费用类别 = Array("差旅费", "办公费", "餐饮费", "研发费", "福利费")
End Function
```

02 保存之后返回工作表，选中A1:E1单元格区域，输入公式"=费用类别()"，按Ctrl+Shift+Enter组合键，即可返回费用类别名称，如图4-3所示。

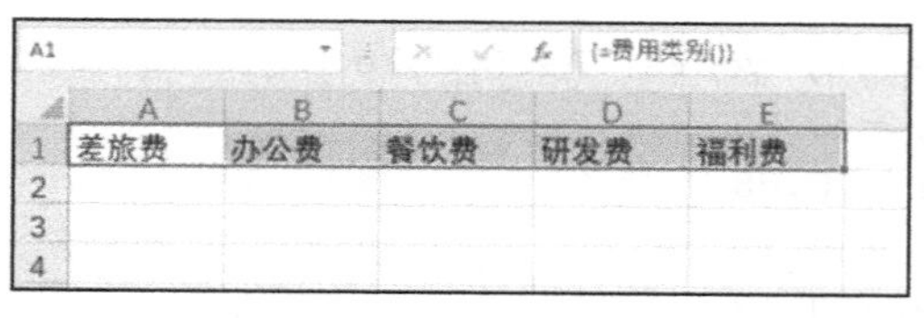

图4-3

4.1.3 分类自定义函数

用户可以在设置自定义函数之后为其分类，以便在"插入函数"对话框中快速找到自定义函数的名称。操作步骤如下：

01 打开工作簿，启动VBE环境，然后选择"插入→模块"菜单命令，在打开的代码编辑窗口中输入如下代码：

```
Function 费用类别()
    费用类别 = Array("差旅费", "办公费", "餐饮费",
"研发费", "福利费")
End Function
```

02 打开"立即窗口"，为自定义函数添加信息说明并归类为"用户定义类"函数，输入完毕按回车键即可，如图4-4所示。

03 保存代码并返回工作表，打开"插入函数"对话框，设置"或选择类别"为"统计"，可以在"选择函数"列表中看到自定义函数"费用类别"，如图4-5所示。

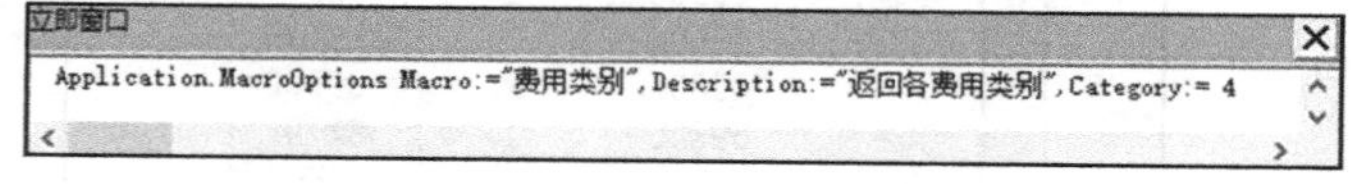

图4-4

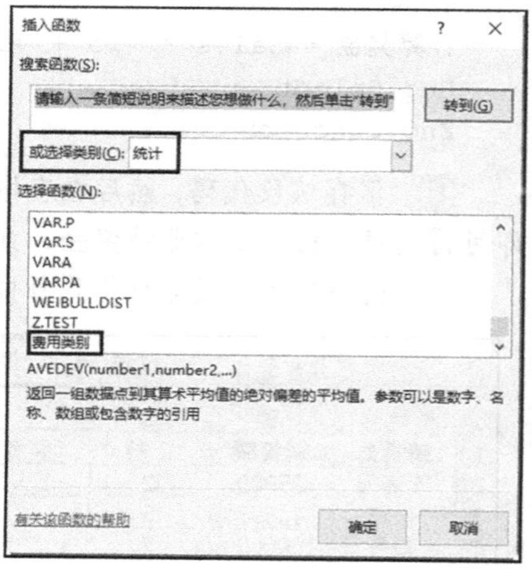

图4-5

4.1.4 创建行、列标题

数组是在程序设计中把具有相同类型的若干变量按有序的形式组织起来的一种形式。应用数组可以提高日常工作中数据计算和处理的效率。

本小节将介绍如何使用Array创建一维数组，再使用Transpose转置函数将行标题转为列标题。操作步骤如下：

01 打开工作簿，启动VBE环境，然后选择"插入→模块"菜单命令，在打开的代码编辑窗口中输入如下代码：

```
Public Sub 创建行列标题()
Dim myArray As Variant
myArray = Array("工号", "部门", "姓名", "工资")
```

```
Range("A1:D1") = myArray                                        '创建列标题
Range("A1:A4") = WorksheetFunction.Transpose (myArray)          '创建行标题
End Sub
```

02 按F5键运行代码即可得到如图4-6所示的行列标题。

	A	B	C	D
1	工号	部门	姓名	工资
2	部门			
3	姓名			
4	工资			
5				

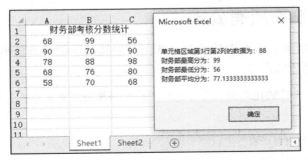

Sheet1

图4-6

4.1.5 查看指定单元格区域中的数据

本小节介绍如何利用二维数组快速查看指定单元格区域中的数据，比如在员工考核表中快速提取最高分、最低分和平均分等。操作步骤如下：

01 打开工作簿，启动VBE环境，然后选择“插入→模块”菜单命令，在打开的代码编辑窗口中输入如下代码：

```
Public Sub 查看指定单元格区域中的数据()
    Dim myArray As Variant
    myArray = Range("A2:C6").Value        '将单元格区域中的数据保存到数组
    MsgBox "单元格区域第3行第2列的数据为: " & myArray(3, 2) _
        & vbCrLf & "财务部最高分为: " & WorksheetFunction.Max(myArray) _
        & vbCrLf & "财务部最低分为: " & WorksheetFunction.Min(myArray) _
        & vbCrLf & "财务部平均分为: " & WorksheetFunction.Average(myArray)
End Sub
```

02 按F5键运行代码后即可获取指定单元格区域中的数据，效果如图4-7所示。

	A	B	C
1	财务部考核分数统计		
2	68	99	56
3	90	70	90
4	78	88	98
5	68	76	80
6	58	70	68

Microsoft Excel

单元格区域第3行第2列的数据为：88
财务部最高分为：99
财务部最低分为：56
财务部平均分为：77.1333333333333

确定

Sheet1 Sheet2

图4-7

4.2 公式的应用

在Excel中输入公式都是以“=”开始的，再输入函数、运算符以及参数等元素，最后按回车键得到计算结果。

4.2.1 输入并填充普通公式

本例要在表格中统计每一位业务员上半年和下半年的业绩，要求使用代码快速填充公式，计算出每位业务员的全年业绩，可以调用字符串方法。操作步骤如下：

01 打开工作簿，启动VBE环境，然后选择“插入→模块”菜单命令，在打开的代码编辑窗口中输入如下代码：

```
Public Sub 输入并填充普通公式()
    Dim i As Long
    For i = 2 To 9
        Range("D" & i) = "=sum(B" & i & ":C" & i & ")"
    Next i
End Sub
```

02 按F5键运行代码，即可使用公式“=SUM(B2:C2)”计算出每位业务员的全年业绩，效果如图4-8所示。

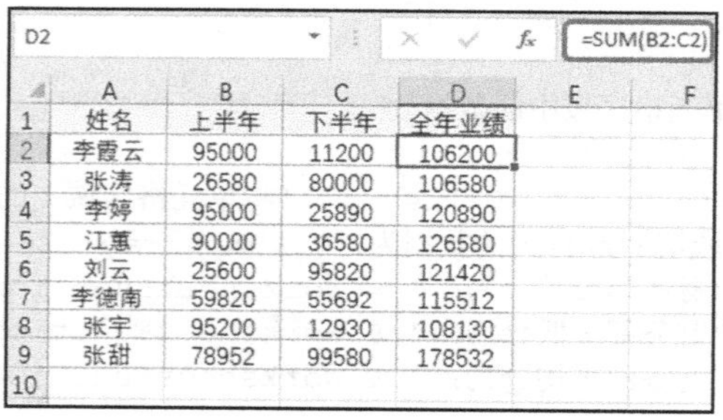

D2 =SUM(B2:C2)

	A	B	C	D	E	F
1	姓名	上半年	下半年	全年业绩		
2	李霞云	95000	11200	106200		
3	张涛	26580	80000	106580		
4	李婷	95000	25890	120890		
5	江蕙	90000	36580	126580		
6	刘云	25600	95820	121420		
7	李德南	59820	55692	115512		
8	张宇	95200	12930	108130		
9	张甜	78952	99580	178532		
10						

图4-8

4.2.2 一次性查看所有公式

如果要快速显示当前工作表中的所有公式，可以按照下面的方法编写代码将所有公式显示在指定区域。操作步骤如下：

01 打开工作簿，启动VBE环境，然后选择“插入→模块”菜单命令，在打开的代码编辑窗口中输入如下代码：

```
Public Sub 一次性查看所有公式()
    Dim ws1 As Worksheet
    Dim ws2 As Worksheet
    Dim myRange As Range
    Dim myCell As Range
    Dim i As Long
    Set ws1 = Worksheets.Add    '添加一个用于存放公式的工作表
    ws1.Range("A1:B1") = Array("单元格地址", "公式")
    i = 1
    For Each ws2 In Worksheets
        If ws2.Name <> ws1.Name Then
```

```
            Set myRange = Nothing
            On Error Resume Next
            Set myRange = ws2.Cells.SpecialCells(xlCellTypeFormulas)
            On Error GoTo 0
            If Not myRange Is Nothing Then
              '在新建工作表的A列和B列分别显示单元格地址和公式
              For Each myCell In myRange.Cells
                  i = i + 1
                  ws1.Cells(i, 1).Resize(, 2).Value = _
                      Array(myCell.Address, "'" & myCell.Formula)
              Next
            End If
        End If
    Next
    Set myRange = Nothing
    Set ws1 = Nothing
    Set ws2 = Nothing
End Sub
```

02 按F5键运行代码后即可新建工作表，并分别将单元格地址和对应的公式显示在A列和B列，效果如图4-9所示。

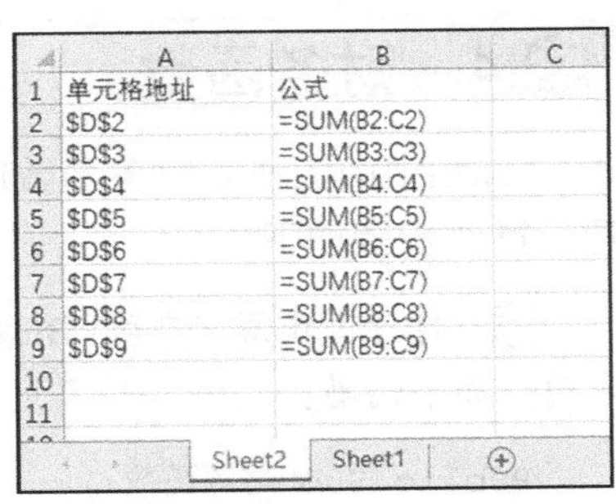

	A	B	C
1	单元格地址	公式	
2	$D$2	=SUM(B2:C2)	
3	$D$3	=SUM(B3:C3)	
4	$D$4	=SUM(B4:C4)	
5	$D$5	=SUM(B5:C5)	
6	$D$6	=SUM(B6:C6)	
7	$D$7	=SUM(B7:C7)	
8	$D$8	=SUM(B8:C8)	
9	$D$9	=SUM(B9:C9)	
10			
11			

图4-9

4.2.3 日期与时间函数

在VBA中调用工作表函数的方法是利用“WorksheetFunction.工作表函数名称”这一语法结构。但是，并非所有的工作表函数都可以在VBA中被调用，这种情况下就可以调用VBA函数，其中有些VBA函数的名称和工作表函数名称相同，但是两者的性质是不同的。下面将介绍在VBA中调用工作表函数及VBA函数的技巧。

Excel为用户提供了大量的工作表日期与时间函数以及VBA日期与时间函数，由于各自的性质不同，可以满足用户不同的需求。操作步骤如下：

01 打开工作簿，启动VBE环境，然后选择“插入→模块”菜单命令，在打开的代码编辑窗口中输入如下代码：

```
Public Sub 日期与时间函数应用()
    MsgBox "2021年5月1日与2021年10月1日相隔的天数（按实际天数计算）为："  _
        & DateDiff("d", #5/1/2021#, #10/1/2021#)
& "天"
End Sub
```

02 按F5键运行代码即可调用VBA函数DateDiff按实际天数计算出两段日期间的相隔天数，效果如图4-10所示。

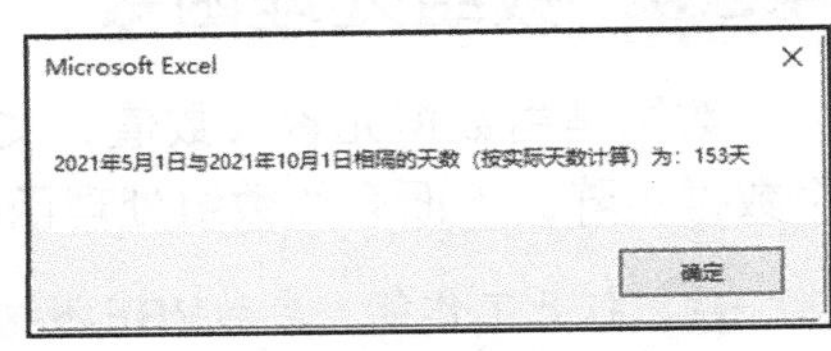

图4-10

03 继续在打开的代码编辑窗口中输入第二段代码：

```
Public Sub 日期与时间函数应用1()
    MsgBox "2021年5月1日与2021年10月1日相隔的天数（按"30天/月"计算）为："  _
        & WorksheetFunction.Days360("2021-5-1", "2021-10-1") & "天"
End Sub
```

04 按F5键运行代码即可调用工作表函数Days360按月计算出两段日期间的相隔天数，如图4-11所示。

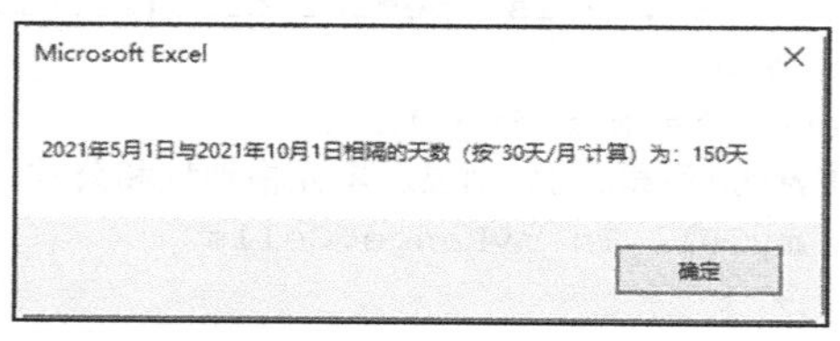

图4-11

4.2.4 财务函数

Excel中的工作表财务函数Pmt与VBA财务函数Pmt是相同的，本例介绍Pmt函数的调用技巧。操作步骤如下：

01 打开工作簿，启动VBE环境，然后选择"插入→模块"菜单命令，在打开的代码编辑窗口中输入如下代码：

```
Public Sub 财务函数()
  '调用工作表函数Pmt
  MsgBox "月支付额为(工作表函数)：" &
WorksheetFunction.Pmt(0.48 / 12, 35 * 12, -50000000)
End Sub
```

02 按F5键运行代码即可调用工作表函数Pmt计算出月支付额，如图4-12所示。

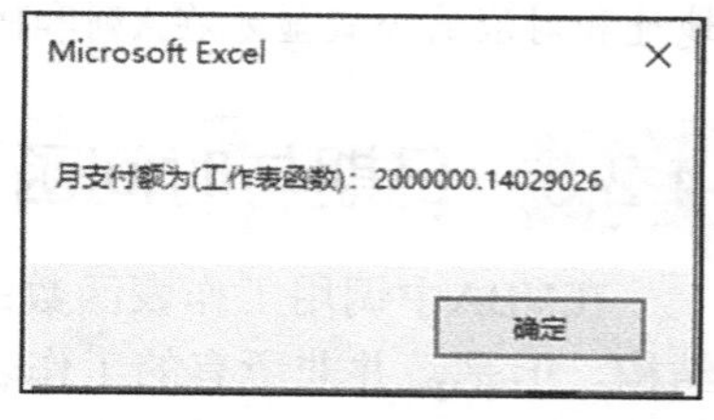

图4-12

03 继续输入第二段代码：

```
Public Sub 财务函数1()
  '调用VBA函数Pmt
  MsgBox "月支付额为(VBA函数)：" & Pmt(0.48 / 12, 35
* 12, -50000000)
End Sub
```

04 按F5键运行代码即可调用VBA函数Pmt计算出月支付额，如图4-13所示。

图4-13

4.2.5 数组处理函数

数组是由数据元素（数值、文本、日期、逻辑、错误值等）以行和列的形式组织构成一个数据矩阵。下面介绍数组处理函数的应用，操作步骤如下：

01 打开工作簿，启动VBE环境，然后选择"插入→模块"菜单命令，在打开的代码编辑窗口中输入如下代码：

```
Public Sub 数组处理函数()
Dim myArray As Variant
Dim i As Integer
```

```
myArray = Array("招聘职位", "姓名", "性别", "学历", "工作年限")
For i = LBound(myArray) To UBound(myArray)
   Cells(2, i + 3) = myArray(i)          '指定数组开始的行和列
Next i
End Sub
```

02 按F5键运行代码，结果如图4-14所示。

	B	C	D	E	F	G
1						
2		招聘职位	姓名	性别	学历	工作年限
3						
4						
5						
6						
7						
8						

Sheet1

图4-14

高手点拨

这里的代码表示使用Array、LBound、UBound这3个VBA数组处理函数在工作表中添加一个指定数据元素的数组。

4.2.6 类型转换函数

将指定表达式转换成某种特定类型的函数就是类型转换函数，下面将介绍CInt、CStr、CDate这3个常用的VBA类型转换函数的调用技巧。操作步骤如下：

01 打开工作簿，启动VBE环境，然后选择“插入→模块”菜单命令，在打开的代码编辑窗口中输入如下代码：

```
Public Sub 类型转换函数()
Dim A As Single
MsgBox "将265.559更改为整数: " & CInt(265.559) & vbCrLf _
      & "将ab569.000更改为字符串: " & CStr(569#) & vbCrLf _
      & "将5/11/2021转换为Date型日期: " & CDate("2021/5/11")
End Sub
```

02 按F5键运行代码即可弹出显示结果的信息对话框，如图4-15所示。

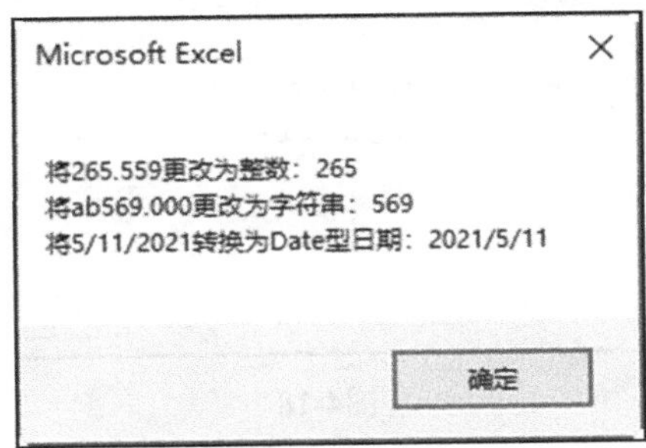

图4-15

4.2.7 常用函数类型

Excel中内置了强大的公式计算功能，利用该功能不仅可以快速地实现数值的计算与分析，还可以省略大量的时间与过程。下面将介绍几个比较常用的函数：IF函数、OFFSET函数、COUNTA函数、COUNTIF函数。

1. IF函数

IF函数用于执行真假值判断，根据逻辑计算的真假值返回不同结果。

语法形式：IF(logical_test,value_if_true,value_if_false)

- logical_test：可以返回True（真）或False（假）的条件判断表达式，如A>B。
- value_if_true：表示当logical返回真时所采用的计算或表达式。
- value_if_false：表示当logical返回假时所采用的计算或表达式。

本例将介绍如何调用IF函数实现A1与B1单元格值的对比，根据对比结果选择相应的计算公式。操作步骤如下：

01 图4-16所示是在当前工作簿的Sheet1工作表中的A1、B1单元格中输入的数据。

02 选中C1单元格，单击“公式”选项卡，在“函数库”选项组中单击“插入函数”按钮，如图4-17所示。

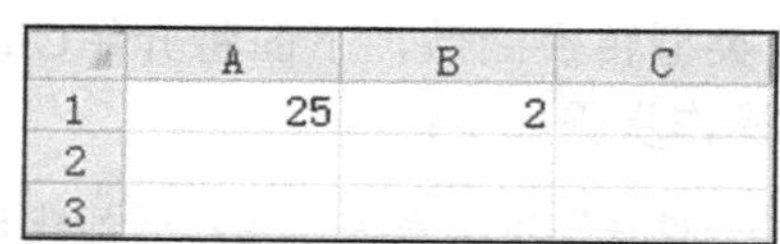

图4-16

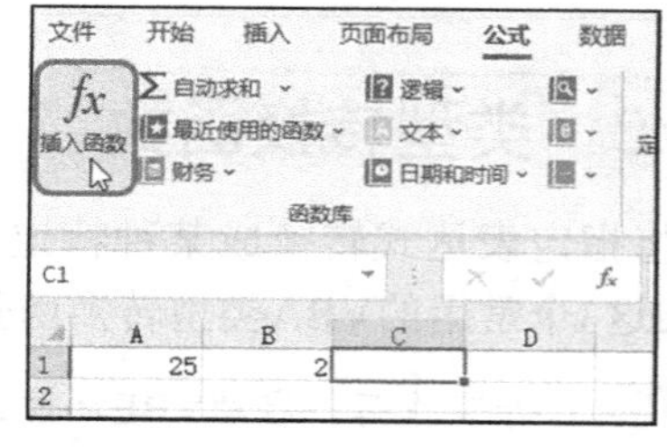

图4-17

03 打开“插入函数”对话框，在“选择函数”列表框中选中“IF函数”选项，然后单击“确定”按钮。

04 打开“函数参数”对话框，分别在各个输入框中输入相应的文本，如图4-18所示。

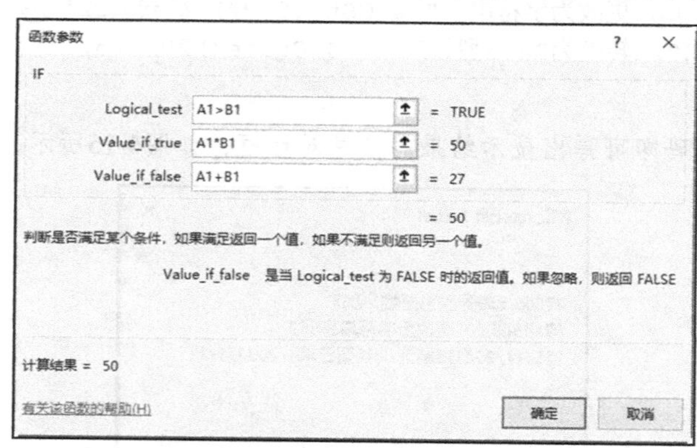

图4-18

05 单击“确定”按钮，即可在C1单元格中显示设置的公式与值，如图4-19所示。

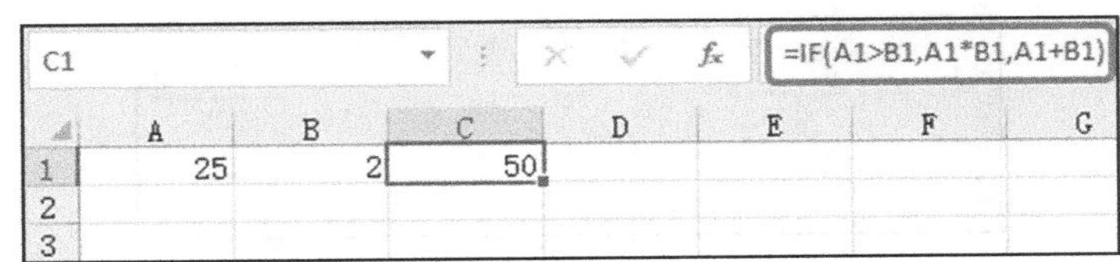

图4-19

2．OFFSET函数

OFFSET函数用于得到相对引用单元格特定位置的数据区域。

语法形式：OFFSET(reference, rows, cols, height, width)

- reference：表示引用区域的起始单元格。
- rows：表示相对引用起始单元格偏移的行数。
- cols：表示相对引用起始单元格偏移的列数。
- height：表示引用区域的行数高度。
- width：表示引用区域的列数宽度。

例如，OFFSET(A1,2,1,1,2)，表示以A1单元格为基准单元格，以向下偏移2行并向右偏移1列的B3单元格作为返回单元格区域中左上角的起始单元格，然后以再向下偏移1行并向右偏移2列的D4单元格作为返回单元格区域中右下角的终止单元格，得到B3:D4的选择区域。

3．COUNTA函数

调用COUNTA函数可以计算单元格区域或数组中包含数据的单元格个数。如果不需要统计逻辑值、文字或错误值，请调用COUNTA函数。

语法形式：COUNTA(value1,value2,...)

- logical_test：可以返回True或False的条件判断表达式，如A>B。
- value_if_true：表示当logical返回真时所采用的计算或表达式。
- value_if_false：表示当logical返回假时所采用的计算或表达式。

本例将介绍如何调用COUNTA函数快速计算出指定单元格区域中包含数据的单元格个数。操作步骤如下：

01 图4-20所示是在Sheet2工作表的A1:D5单元格区域中输入的数据。

02 选中F1单元格，输入公式“=COUNTA(A1:D5)”，如图4-21所示。

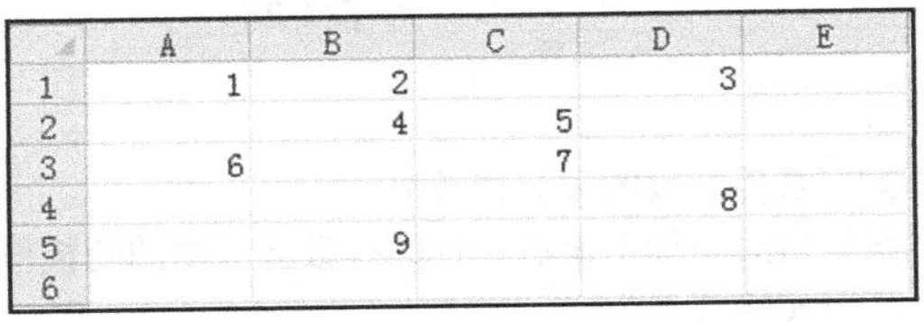

	A	B	C	D	E
1	1	2		3	
2		4	5		
3	6		7		
4				8	
5		9			
6					

图4-20

IF　=COUNTA(A1:D5)

	A	B	C	D	E	F
1	1	2		3		A1:D5)
2		4	5			
3	6		7			
4				8		
5		9				
6						

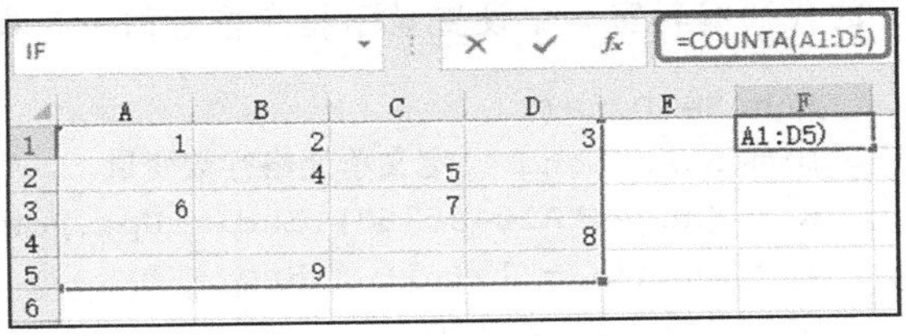

图4-21

03 按回车键即可计算出A1:D5单元格区域中包含数据的单元格个数为9，如图4-22所示。

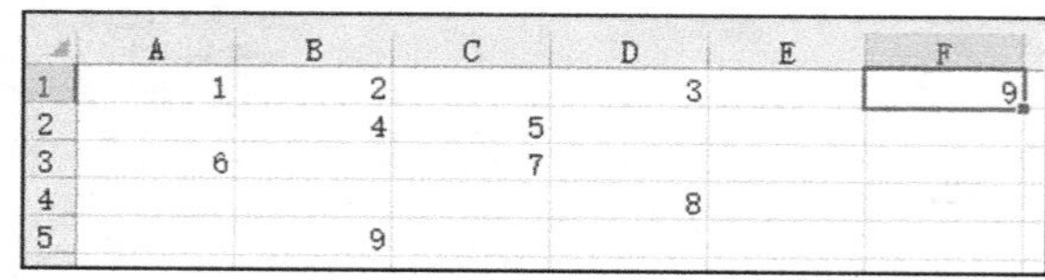

	A	B	C	D	E	F
1	1	2		3		9
2		4	5			
3	6		7			
4				8		
5		9				

图4-22

4．COUNTIF函数

COUNTIF函数用于在特定区域中查询满足给定条件的单元格个数。

语法形式：COUNTIF(range, criteria)

- range：表示进行查询的数据区域。
- criteria：表示查询数据的条件。

本例将介绍如何调用COUNTIF函数统计员工迟到次数。操作步骤如下：

01 图4-23所示是在Sheet3工作表的A1:B10单元格区域中输入的数据源，以及D1:E2单元格区域中设置的查询条件。

02 选中E2单元格，输入公式“=COUNTIF(A2:B10,D2)”，然后按回车键，即可计算出员工“王梅”的迟到次数为3次，如图4-24所示。

	A	B	C	D	E
1	日期	姓名		姓名	迟到次数
2	7.1	王梅		王梅	
3	7.2	李佳佳			
4	7.8	王梅			
5	7.1	林婷			
6	7.11	林婷			
7	7.15	李佳佳			
8	7.16	王梅			
9	7.24	赵东健			
10	7.31	张子强			

图4-23

E2 =COUNTIF(A2:B10,D2)

	A	B	C	D	E	F	G
1	日期	姓名		姓名	迟到次数		
2	7.1	王梅		王梅	3		
3	7.2	李佳佳					
4	7.8	王梅					
5	7.1	林婷					
6	7.11	林婷					
7	7.15	李佳佳					
8	7.16	王梅					
9	7.24	赵东健					
10	7.31	张子强					

图4-24

5．随机函数

本例将介绍如何在整个A列数据区域随机选择单元格。操作步骤如下：

01 在Sheet2工作表的A1:A10单元格区域中输入相应内容，如图4-25所示。

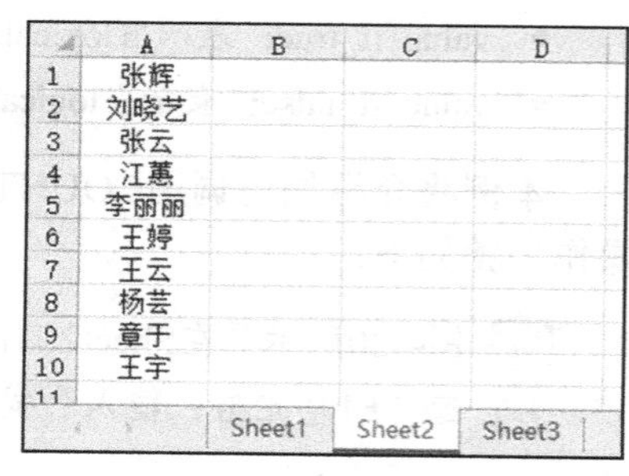

	A	B	C	D
1	张辉			
2	刘晓艺			
3	张云			
4	江蕙			
5	李丽丽			
6	王婷			
7	王云			
8	杨芸			
9	章于			
10	王宇			

Sheet1 Sheet2 Sheet3

图4-25

02 启动VBE环境，选择“插入→模块”菜单命令，在打开的代码编辑窗口中设置显示指定信息的消息框的代码如下：

```
Sub SelData()
Dim R As Long  '定义单元格行数变量
R = Range("A1048576").End(xlUp).Row    '得到数据区域的最大行数值
i = Int((R - 1 + 1) * Rnd + 1)         '获得自第一行至最后一行的行数区域中的随机值
Cells(i, 1).Select                     '该单元格被选中
MsgBox "A" & i & "为随机中奖者，该中奖者姓名为：" & Cells(i, 1)  '显示所选择单元格中的值
End Sub
```

03 按F5键运行代码，即可从指定单元格区域中随机选中单元格并弹出显示单元格值的消息框，如图4-26所示。

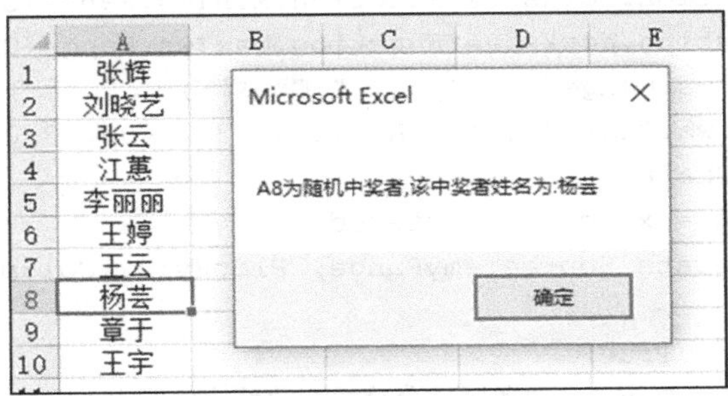

图4-26

4.3 图表对象的应用

在Excel中，由于图表能够直观地显示数据的对比关系，因而在日常工作中的使用频率非常高。但是工作过程中每次创建图表都需要重复地操作，这对于大量的数据而言是非常烦琐的。对于这种情况，可以利用VBA实现图表的自动生成。

4.3.1 创建营业额图表

在VBA中，通常利用“ActiveSheet.Shapes.AddChart. Select”语法来生成图表。操作步骤如下：

01 图4-27所示为创建图表的数据源表格。

	A	B	C	D
1	区域	上半年（万元）	下半年（万元）	
2	北京	50	78	
3	上海	100	89	
4	南京	56	150	
5	深圳	48	30	
6	芜湖	36	60	
7	广州	71	66	
8	长沙	33	78	
9				

Sheet1

图4-27

02 在工作簿中启动VBE环境，然后选择“插入→模块”菜单命令，插入“模块1”，在打开的代码编辑窗口中输入如下代码：

```
Public Sub 创建营业额图表()
    Dim ws As Worksheet
    Dim Range As Range
    Dim myChart As ChartObject
    Dim N As Integer
    Dim xmin As Single, xmax As Single, ymin As Single, ymax As Single
    Dim sj As String, X As String, Y As String, A As String, B As String
    Set ws = ThisWorkbook.Worksheets("Sheet1")          '指定数据源工作表
    N = ws.Range("A65536").End(xlUp).Row                '获取数据个数
    X = "区域"                                          'X坐标轴标题
    Y = "营业额"                                        'Y坐标轴标题
    B = "B" & 2 & ":B" & N                              'X坐标轴数据源
    C = "C" & 2 & ":C" & N                              'Y坐标轴数据源
```

```
xmin = Application.WorksheetFunction.Min(ws.Range(B))         'X坐标轴最小值
xmax = Application.WorksheetFunction.Max(ws.Range(B))         'X坐标轴最大值
ymin = Application.WorksheetFunction.Min(ws.Range(C))         'Y坐标轴最小值
ymax = Application.WorksheetFunction.Max(ws.Range(C))         'Y坐标轴最大值
Set myRange = ws.Range("B" & 1 & ":C" & N)                    '图表数据源
Set myChart = ws.ChartObjects.Add(100, 30, 400, 250)          '创建一个新图表
With myChart.Chart
    .ChartType = xlColumnClustered                            '指定图表类型
    .SetSourceData Source:=myRange, PlotBy:=xlColumns         '指定图表数据源和
绘图方式
    .HasTitle = True                                          '图表标题
    .ChartTitle.Text = "各区域分公司营业额比较图表"
    With .ChartTitle.Font                                     '设置标题的字体
        .Size = 20
        .ColorIndex = 11
        .Name = "等线"
      End With
      .Axes(xlCategory, xlPrimary).HasTitle = True            'X坐标轴有图表标题
      .Axes(xlCategory, xlPrimary).AxisTitle.Characters.Text = X
      .Axes(xlValue, xlPrimary).HasTitle = True               'Y坐标轴有图表标题
      .Axes(xlValue, xlPrimary).AxisTitle.Characters.Text = Y
   With .Axes(xlValue)
      .MinimumScale = xmin                                    'X坐标轴最小刻度
      .MaximumScale = xmax                                    'X坐标轴最大刻度
   End With
   With .Axes(xlValue)
      .MinimumScale = ymin                                    'Y坐标轴最小刻度
      .MaximumScale = ymax                                    'Y坐标轴最大刻度
   End With
   With .ChartArea.Interior                                   '设置图表区颜色
      .ColorIndex = 2
      .PatternColorIndex = 1
      .Pattern = xlSolid
   End With
   With .PlotArea.Interior                                    '设置绘图区颜色
      .ColorIndex = 35
      .PatternColorIndex = 1
      .Pattern = xlSolid
   End With
   With .SeriesCollection(1)
      With .Border                                  '设置第一个数据系列的格式
         .ColorIndex = 4
         .Weight = xlThin
         .LineStyle = xlDot
      End With
      .MarkerStyle = xlCircle
      .MarkerSize = 5
```

```
        End With
    End With
    Set myRange = Nothing
    Set myChart = Nothing
    Set ws = Nothing
End Sub
```

高手点拨

该段代码比较长，下面摘取部分代码进行详细解释：

- Set myChart = ws.ChartObjects.Add(100, 30, 400, 250)，表示创建的图表的具体尺寸，包括图表的高度、宽度，以及距离表格顶端和左侧的距离等，一般可以设置为标准尺寸。
- 代码中调用了Add方法添加指定尺寸的图表。
- 代码中调用了SetSourceData方法指定图表的引用数据源和绘图方式。
- .ChartType = xlColumnClustered 这段代码用来指定图表的类型为簇状柱形图。这里的ChartType方法用来设置图表类型。

03 按F5键运行代码后即可看到创建好的图表，如图4-28所示。

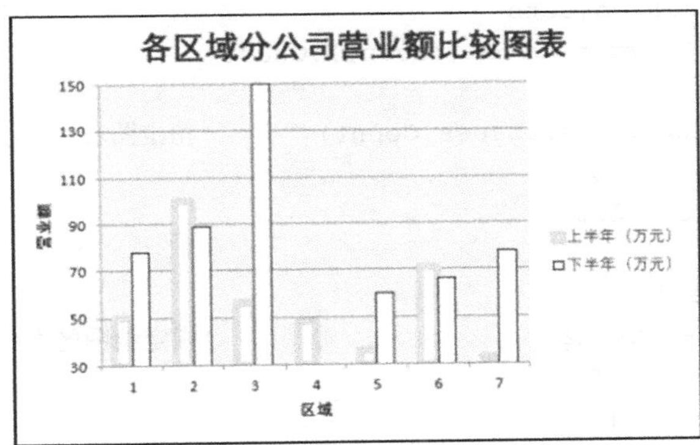

图4-28

4.3.2 按区域创建多张图表

如果需要将数据源表格创建为多个图表，可以事先调整好数据源表格，再调用相关的VBA方法设置代码。操作步骤如下：

01 在工作簿中启动VBE环境，然后选择“插入→模块”菜单命令，插入“模块1”，在打开的代码编辑窗口中输入如下代码：

```
Public Sub 按区域创建多张图表()
    Dim myChart As Chart
    Dim myChartobj As ChartObject
    Dim ws As Worksheet
    Dim myRangeX As Range, myRangeY As Range, myRangeName As Range
    Dim i As Integer
```

```
Set ws = Worksheets("Sheet1")                    '指定数据源工作表
Set myRangeX = ws.Range("B1:E1")                 '指定X坐标轴数据源
Set myRangeY = ws.Range("B2:E2")                 '指定Y坐标轴数据源
Set myRangeName = ws.Range("A2")
For Each myChartobj In ws.ChartObjects
   myChartobj.Delete
Next
For i = 1 To 4
   Set myChart = Charts.Add
   With myChart
      .ChartType = xlColumnClustered             '指定图表类型
      .SetSourceData Source:=ws.Range("B1"), PlotBy:=xlRows
      With .SeriesCollection(1)
         .XValues = myRangeX
         .Values = myRangeY.Offset(i - 1)
         .Name = myRangeName.Offset(i - 1)
         .ApplyDataLabels AutoText:=True, ShowValue:=True
      End With
      .Location Where:=xlLocationAsObject, Name:=ws.Name
   End With
   With ws.ChartObjects
      Set myChart = .Item(.Count).Chart
   End With
   With ws.Shapes(ws.Shapes.Count)               '指定图表区大小
      .Width = 200
      .Height = 200
   End With
   With myChart
      With .PlotArea                             '指定绘图区大小
         .Left = 8
         .Top = 1
         .Width = 180
         .Height = 180
         With .Interior                          '指定图表区与绘图区颜色
            .ColorIndex = 6
            .PatternColorIndex = 2
            .Pattern = xlSolid
         End With
      End With
      With .ChartTitle                           '设置图表标题的字体与位置
         .Left = 75
         .Top = 1
         .Font.Size = 12
         .Font.Name = "等线"
      End With
      With .Axes(xlValue)                        '设置Y坐标轴格式
         .MinimumScale = 0
```

```
                .MaximumScale = 300
                .MinorUnitIsAuto = True
                .MajorUnitIsAuto = True
            End With
            .HasLegend = False
        End With
    Next i
    ws.Range("A1").Activate
    Set myRangeX = Nothing
    Set myRangeY = Nothing
    Set myRangeName = Nothing
    Set ws = Nothing
    Set myChart = Nothing
    Set myChartobj = Nothing
End Sub
```

02 按F5键运行代码后即可看到创建好的图表，如图4-29所示。

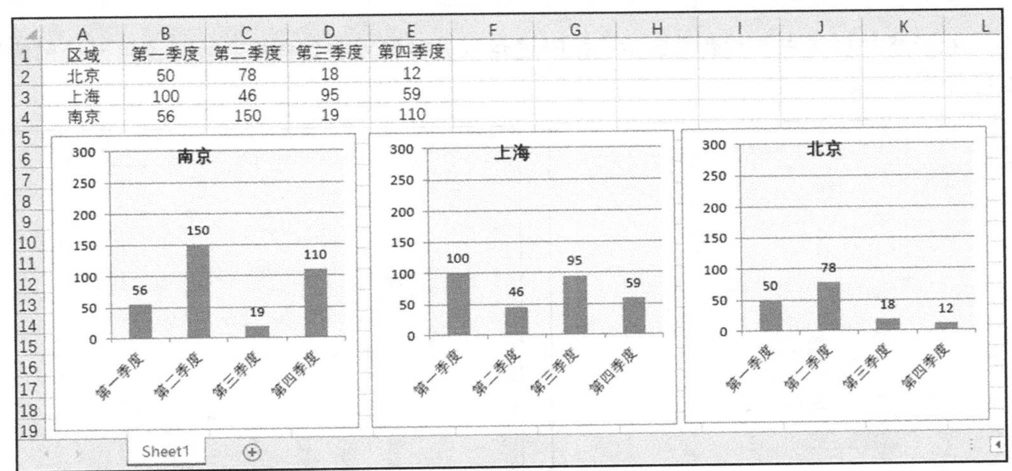

图4-29

4.3.3 重新设置图表数据源

我们可以通过XValues属性和Values属性指定Range对象来更改图表的数据源，以得到新的图表。操作步骤如下：

01 图4-30所示为创建好的柱形图图表。

02 启动VBE环境，然后选择“插入→模块”菜单命令，插入“模块1”，在打开的代码编辑窗口中输入如下代码：

```
Public Sub重新设置图表数据源()
    Dim myChart As Chart
    Dim myChartObj  As ChartObject
    Dim ws As Worksheet
    Dim myRange1 As Range
```

```
    Dim myRange2 As Range
    Set ws = Worksheets(1)                          '指定含有图表的工作表
    '获取原来的数据源区域
    Set myRange1 = ws.Range("A2:A7")
    Set myRange2 = ws.Range("F2:F7")
    Set myChart = ws.ChartObjects(1).Chart          '指定图表
    With myChart.SeriesCollection(1)                '更改数据源区域
        .XValues = myRange1.Resize(10)
        .Values = myRange2.Resize(10)
    End With
    ws.Range("A1").Activate
    Set myRange1 = Nothing
    Set myRange2 = Nothing
    Set ws = Nothing
    Set myChart = Nothing
    Set myChartObj = Nothing
End Sub
```

03 在表格数据源中添加新数据后，按F5键运行代码即可看到根据新数据源重新绘制的图表，如图4-31所示。

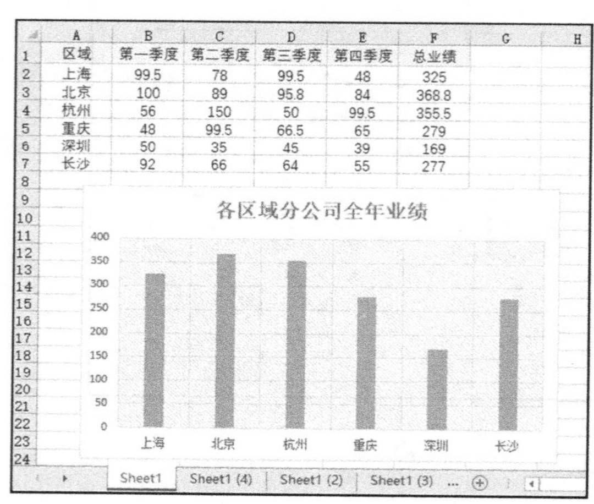

区域	第一季度	第二季度	第三季度	第四季度	总业绩
上海	99.5	78	99.5	48	325
北京	100	89	95.8	84	368.8
杭州	56	150	50	99.5	355.5
重庆	48	99.5	66.5	65	279
深圳	50	35	45	39	169
长沙	92	66	64	55	277

图4-30

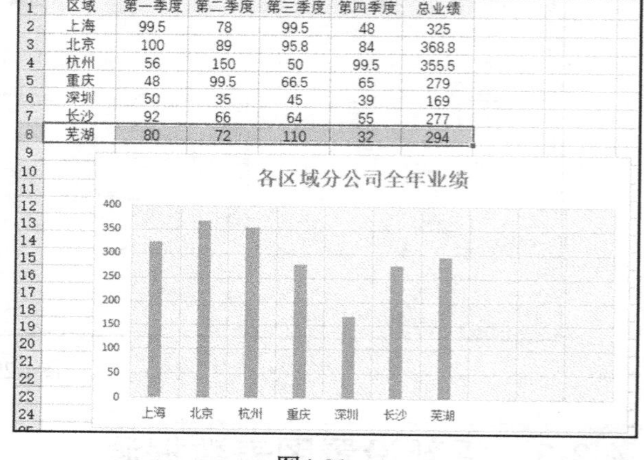

区域	第一季度	第二季度	第三季度	第四季度	总业绩
上海	99.5	78	99.5	48	325
北京	100	89	95.8	84	368.8
杭州	56	150	50	99.5	355.5
重庆	48	99.5	66.5	65	279
深圳	50	35	45	39	169
长沙	92	66	64	55	277
芜湖	80	72	110	32	294

图4-31

4.3.4 将图表保存为图片格式

如果需要将创建好的图表保存为图片，可以在VBA中调用Chart对象的Export方法将图表导出，再将其保存为JPG格式。操作步骤如下：

01 打开工作簿，启动VBE环境，然后选择“插入→模块”菜单命令，插入“模块1”，在打开的代码编辑窗口中输入如下代码：

```
Public Sub 将图表保存为图片格式()
    Dim myChart As Chart
    Dim ws As Worksheet
```

```
    Dim myFileName As String
    Set ws = ThisWorkbook.Worksheets(1)        '指定含有图表的工作表
    Set myChart = ws.ChartObjects(ws.ChartObjects.Count).Chart
    myFileName = "图片文件.jpg"                 '指定图片文件名及格式
    On Error Resume Next
    Kill ThisWorkbook.Path & "\" & myFileName
    On Error GoTo 0
    myChart.Export Filename:=ThisWorkbook.Path & "\" & myFileName,
Filtername:="JPG"
    MsgBox "图表已保存为图片形式！"
    Set ws = Nothing
    Set myChart = Nothing
End Sub
```

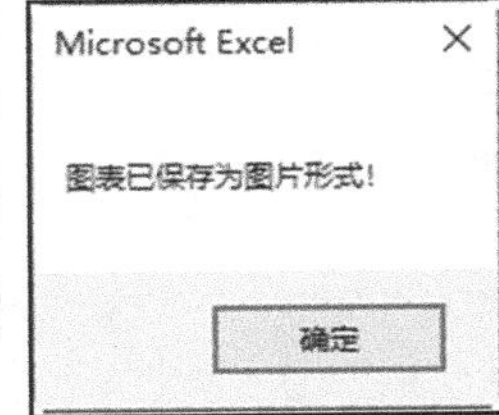

图4-32

02 按F5键运行代码后即可看到弹出的消息提示框（见图4-32），单击“确定”按钮，即可将图表保存为图片且文件名为“图片文件.jpg”，如图4-33所示。

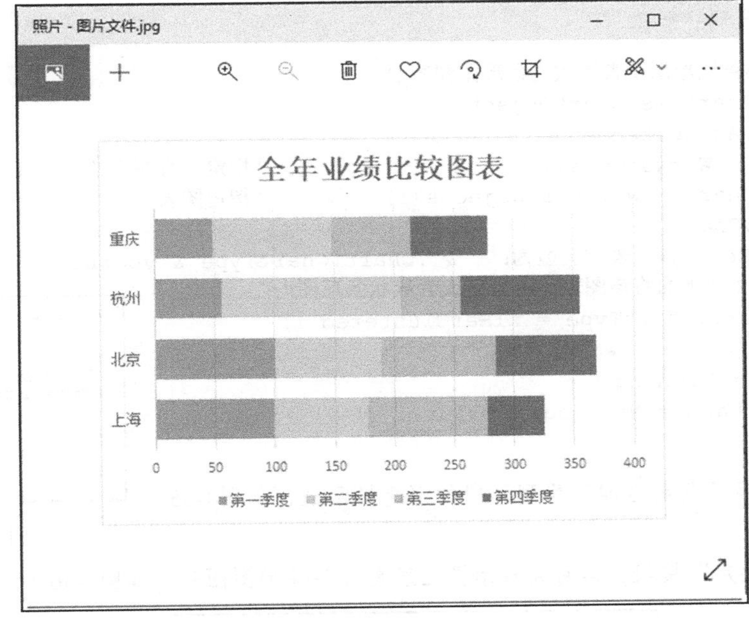

图4-33

4.3.5 将柱形图图表更改为条形图图表

如果要将柱形图图表更改为条形图图表，可以在VBA中使用ChartType属性设置代码。操作步骤如下：

01 图4-34所示为分析全年业绩数据的簇状柱形图图表。

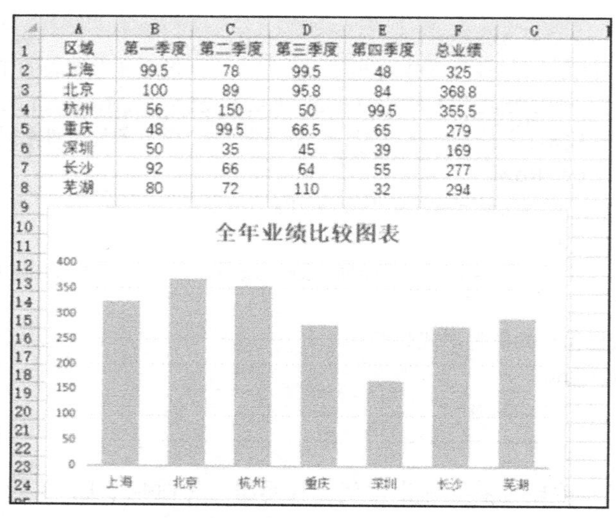

	A	B	C	D	E	F	G
1	区域	第一季度	第二季度	第三季度	第四季度	总业绩	
2	上海	99.5	78	99.5	48	325	
3	北京	100	89	95.8	84	368.8	
4	杭州	56	150	50	99.5	355.5	
5	重庆	48	99.5	66.5	65	279	
6	深圳	50	35	45	39	169	
7	长沙	92	66	64	55	277	
8	芜湖	80	72	110	32	294	

图4-34

02 启动VBE环境，然后选择“插入→模块”菜单命令，插入“模块1”，在打开的代码编辑窗口中输入如下代码：

```
Public Sub将柱形图图表更改为条形图图表()
    Dim myChart As ChartObject
    Dim ws As Worksheet
    Set ws = Worksheets(1)                    '指定含有图表的工作表
    Set myChart = ws.ChartObjects(1)          '指定图表
    With myChart
        MsgBox "该图表的类型为: " & .Chart.ChartType & vbCrLf _
            & "下面将该图表的类型更改为簇状条形图"
        .Chart.ChartType = xlBarClustered
    End With
    Set ws = Nothing
    Set myChart = Nothing
End Sub
```

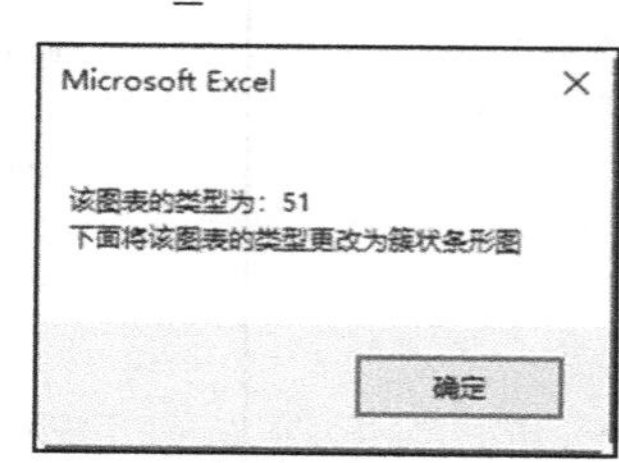

图4-35

03 按F5键运行代码后即可看到弹出的消息提示框，如图4-35所示。

04 单击“确定”按钮，即可将柱形图图表更改为条形图图表，如图4-36所示。

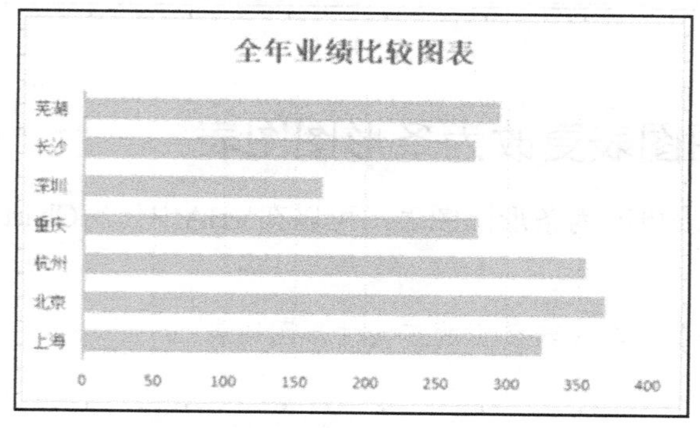

图4-36

4.3.6 更改图表尺寸

根据表格数据源创建图表后，图表的尺寸大小都是默认的。下面介绍如何使用相关方法更改图表的大小。操作步骤如下：

01 打开工作簿，启动VBE环境，然后选择“插入→模块”菜单命令，插入“模块1”，在打开的代码编辑窗口中输入如下代码：

```
Public Sub 更改图表尺寸()
    Dim myChart As ChartObject
    Dim myHeight As Single, myWidth As Single
    Dim ws As Worksheet
    Set ws = Worksheets(1)                    '指定含有图表的工作表
    Set myChart = ws.ChartObjects(1)          '指定图表
    With myChart
        myHeight = .Height
        myWidth = .Width
        MsgBox "重新更改图表的大小为200*450（高*宽）"
        .Height = 200
        .Width = 450
    End With
    Set ws = Nothing
    Set myChart = Nothing
End Sub
```

02 按F5键运行代码后即可看到弹出的消息提示框，如图4-37所示。

03 单击“确定”按钮，即可将图表更改为指定大小，如图4-38所示。

图4-37

区域	第一季度	第二季度	第三季度	第四季度	总业绩
上海	99.5	78	99.5	48	325
北京	100	89	95.8	84	368.8
杭州	56	150	50	99.5	355.5
重庆	48	99.5	66.5	65	279
深圳	50	35	45	39	169
长沙	92	66	64	55	277
芜湖	80	72	110	32	294

图4-38

4.3.7 快速排列多张图表

在利用VBA生成多个图表时，Excel默认对代码产生的多个图表按层叠的方式进行排列，这不便于图表的使用和查看。对此可在生成图表时加入图表排列代码，使产生的图表自动地按顺序进行排列。

图表排列设计思想主要基于图表的坐标位置，即距离屏幕顶部、左侧及图表本身高度与宽度的大小建立数据关系。如现有A与B两张图表，高度与宽度同为20和30，以并排方式排列，A距离顶部为50，距离左侧为30，则B距离顶部为50，距离左侧为30+30＝60（若图表间还有间隔，则需要再加上间隔值）。操作步骤如下：

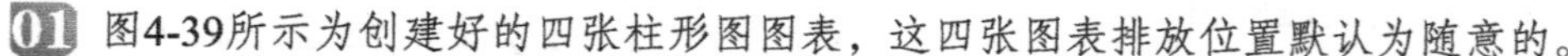

01 图4-39所示为创建好的四张柱形图图表，这四张图表排放位置默认为随意的。

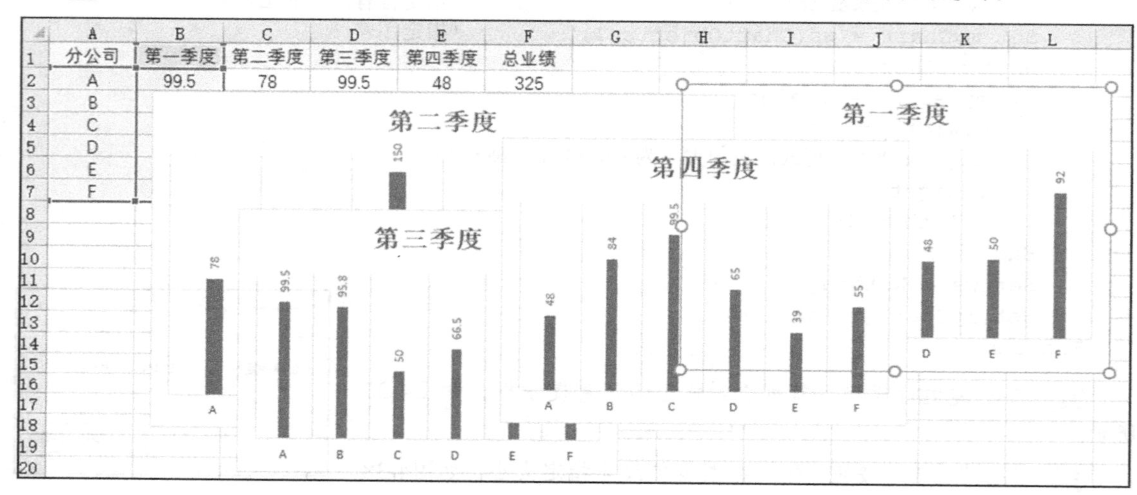

图4-39

02 启动VBE环境，然后选择“插入→模块”菜单命令，插入“模块1”，在打开的代码编辑窗口中输入如下代码：

```
Public Sub 快速排列多张图表()
    Dim myChartObj  As ChartObject
    Dim myChart As Worksheet
    Dim i As Integer
    Set myChart = ThisWorkbook.Worksheets(1)          '指定工作表
    For i = 1 To myChart.ChartObjects.Count
        Set myChtObj = myChart.ChartObjects(i)        '循环各个图表
        With myChtObj                                 '设置各个图表(间)的位置
            .Top = ((i - 1) \ 2 + 2) * 200 - 350
            .Left = (((i - 1) Mod 2) + 2) * 200 - 100
        End With
    Next i
End Sub
```

03 按F5键运行代码后即可看到四张图表按指定要求重新排列整齐，如图4-40所示。

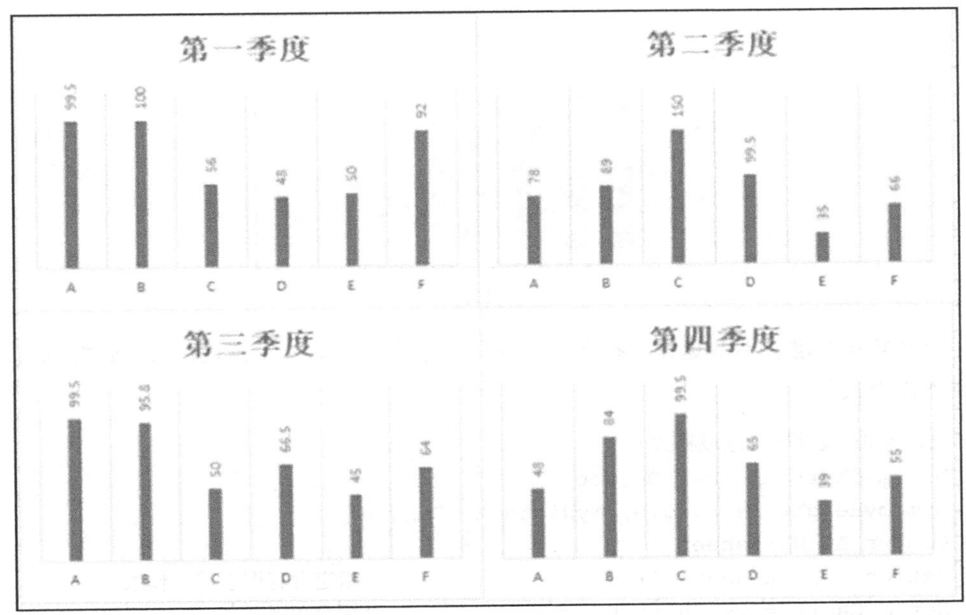

图4-40

4.3.8 快速删除所有图表

工作表中创建了多张图表，若要设置代码一次性地删除所有图表，可以调用Delete 方法。操作步骤如下：

01 打开工作簿，启动VBE环境，然后选择“插入→模块”菜单命令，在打开的代码编辑窗口中输入如下代码：

```
Public Sub 删除所有图表()
   ActiveSheet.ChartObjects.Delete
End Sub
```

02 按F5键运行代码后即可删除所有图表。

4.4 设置图表格式

本节将介绍如何设置图表格式。

4.4.1 设置图表区格式

本小节将介绍如何使用VBA代码设置图表对象的格式。Chart对象代表工作簿中的图表，本例使用ChartArea属性为图表的区域设置填充格式。操作步骤如下：

01 图4-41所示为创建好的图表，该图标的区域无填充效果。

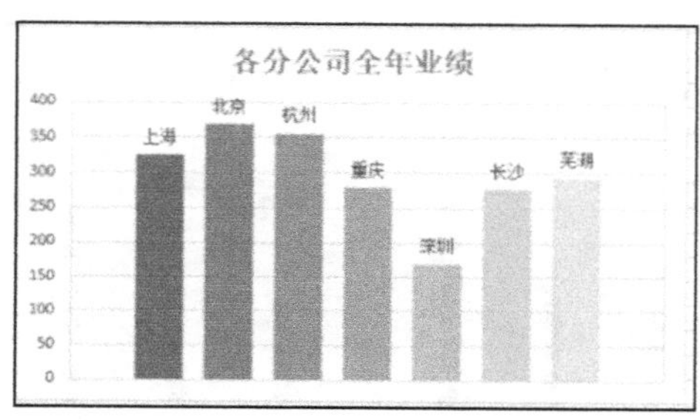

图4-41

02 启动VBE环境，然后选择“插入→模块”菜单命令，插入“模块1”，在打开的代码编辑窗口中输入如下代码：

```
Public Sub 设置图表区域格式()
    Dim myChart As ChartObject
    Dim myHeight As Single, myWidth As Single
    Dim ws As Worksheet
    Set ws = Worksheets(1)                    '指定含有图表的工作表
    Set myChart = ws.ChartObjects(1)          '指定图表
    With myChart.Chart.ChartArea
        MsgBox "下面将重新设置图表区的格式！"
        With .Font                            '设置图表区的字体格式
            .Size = 14
            .Name = "等线"
            .ColorIndex = 4
        End With
        .Interior.ColorIndex = 15             '设置图表区的填充色
    End With
    Set ws = Nothing
    Set myChart = Nothing
End Sub
```

Microsoft Excel

下面将重新设置图表区的格式!

确定

图4-42

03 按F5键运行代码后即可看到弹出的消息提示框，如图4-42所示。

04 单击“确定”按钮即可看到重新设置的图表效果，如图4-43所示。

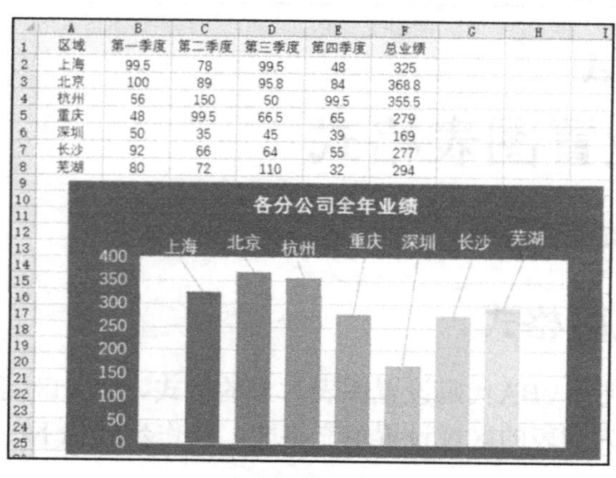

区域	第一季度	第二季度	第三季度	第四季度	总业绩
上海	99.5	78	99.5	48	325
北京	100	89	95.8	84	368.8
杭州	56	150	50	99.5	355.5
重庆	48	99.5	66.5	65	279
深圳	50	35	45	39	169
长沙	92	66	64	55	277
芜湖	80	72	110	32	294

图4-43

4.4.2 重新设置绘图区格式

创建图表后的绘图区有其默认的格式，绘图区是以坐标轴为界限并包含所有数据系列的区域，可以使用PlotArea属性重新设置该区域的格式。操作步骤如下：

01 图4-44所示为创建好的图表格式。

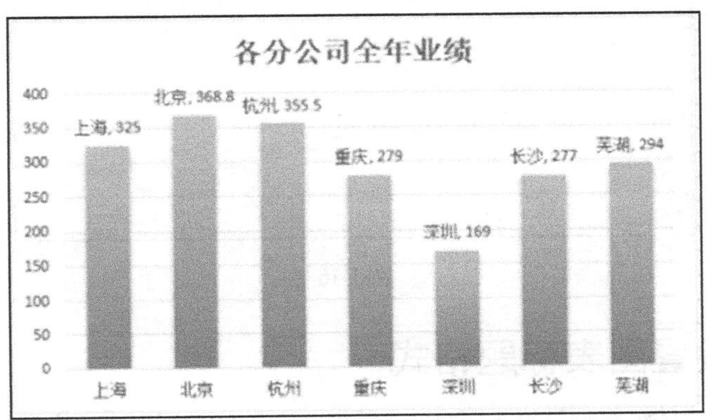

图4-44

02 启动VBE环境，然后选择“插入→模块”菜单命令，插入“模块1”，在打开的代码编辑窗口中输入如下代码：

```
Public Sub 重新设置绘图区域格式()
    Dim myChart As ChartObject
    Dim myHeight As Single, myWidth As Single
    Dim ws As Worksheet
    Set ws = Worksheets(1)                         '指定含有图表的工作表
    Set myChart = ws.ChartObjects(1)               '指定图表
    With myChart.Chart.PlotArea
        MsgBox "下面将重新设置绘图区的格式！"
        With .Border                               '设置绘图区的边框格式
            .LineStyle = xlDash
            .Weight = xlThin
            .ColorIndex = 6
        End With
        .Height = 150
        .Width = 300
        .Interior.ColorIndex = 28                  '设置绘图区的填充色
    End With
    Set ws = Nothing
    Set myChart = Nothing
End Sub
```

03 按F5键运行代码后即可看到弹出的消息提示框，如图4-45所示。

04 单击“确定”按钮即可看到重新设置的图表格式，如图4-46所示。

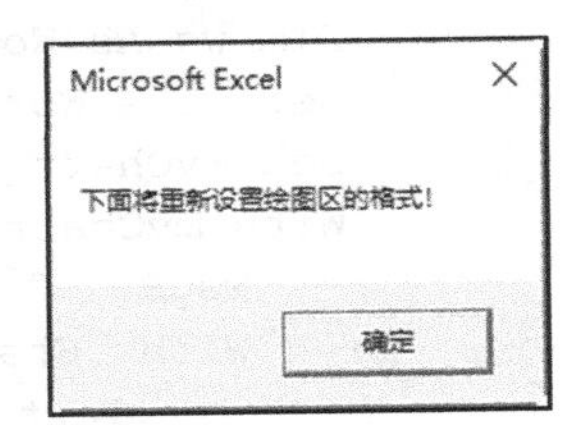

图4-45

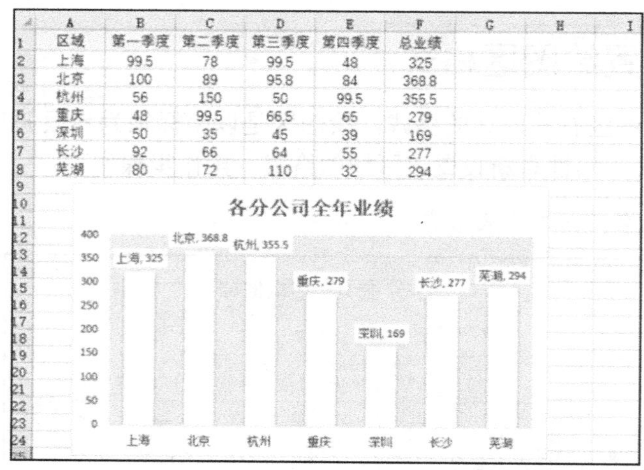

区域	第一季度	第二季度	第三季度	第四季度	总业绩
上海	99.5	78	99.5	48	325
北京	100	89	95.8	84	368.8
杭州	56	150	50	99.5	355.5
重庆	48	99.5	66.5	65	279
深圳	50	35	45	39	169
长沙	92	66	64	55	277
芜湖	80	72	110	32	294

图4-46

4.4.3 重新设置图表标题格式

Excel中创建的图表都有默认的标题格式，下面介绍如何使用ChartTitle属性重新设置图表标题的格式，包括字体格式、颜色以及位置等。操作步骤如下：

01 图4-47所示为创建好的图表格式。

02 启动VBE环境，然后选择“插入→模块”菜单命令，插入“模块1”，在打开的代码编辑窗口中输入如下代码：

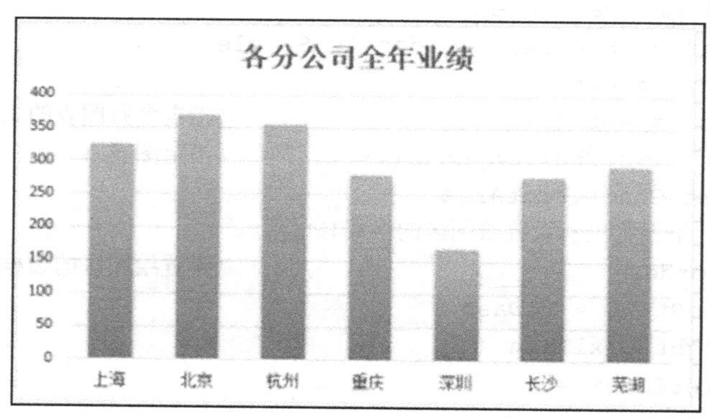

图4-47

```
Public Sub 重新设置图表标题格式()
    Dim myChart As ChartObject
    Dim ws As Worksheet
    Set ws = Worksheets(1)                    '指定含有图表的工作表
    Set myChart = ws.ChartObjects(1)          '指定图表
    With myChart
        MsgBox "下面将重新设置图表标题的格式！"
        With .Chart.ChartTitle
            .Text = "2021年各分公司业绩比较图表"
            .Font.Name = "等线"
```

```
            .Font.Size = 18
            .Font.ColorIndex = 5
            .Top = 5
            .Left = 100
        End With
    End With
    Set ws = Nothing
    Set myChart = Nothing
End Sub
```

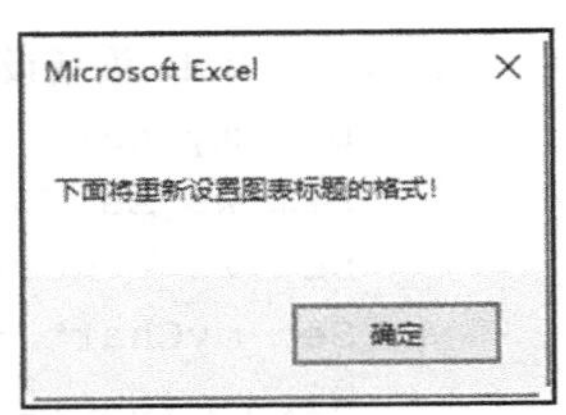

图4-48

03 按F5键运行代码后即可看到弹出的消息提示框，如图4-48所示。

04 单击“确定”按钮即可看到重新设置的图表标题格式，如图4-49所示。

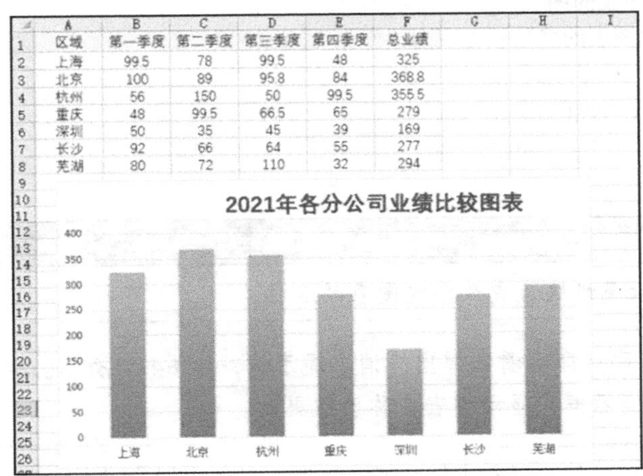

区域	第一季度	第二季度	第三季度	第四季度	总业绩
上海	99.5	78	99.5	48	325
北京	100	89	95.8	84	368.8
杭州	56	150	50	99.5	355.5
重庆	48	99.5	66.5	65	279
深圳	50	35	45	39	169
长沙	92	66	64	55	277
芜湖	80	72	110	32	294

图4-49

4.4.4 重新设置图表的名称

Excel中创建的图表都有默认的名称，下面介绍如何使用代码快速更改指定图表的名称。操作步骤如下：

01 图4-50所示为创建好的图表格式。

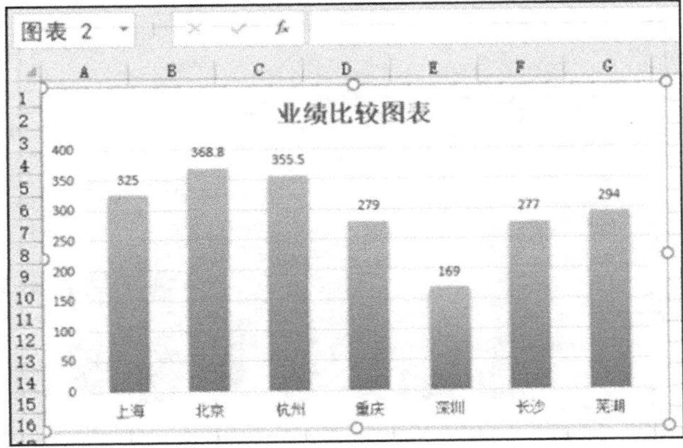

图4-50

02 启动VBE环境，然后选择“插入→模块”菜单命令，插入“模块1”，在打开的代码编辑窗口中输入如下代码：

```
Public Sub 重新设置图表的名称()
    Dim myChart As ChartObject
    Dim ws As Worksheet
    Set ws = Worksheets(1)                     '指定含有图表的工作表
    Set myChart = ws.ChartObjects(1)           '指定图表
    With myChart
        MsgBox "图表默认名称为：" & .Name & vbCrLf & vbCrLf _
            & "下面将图表名称改为 我的图表"
        .Name = "我的图表"
        MsgBox "图表的名称被更改为：" & .Name
    End With
    Set ws = Nothing
    Set myChart = Nothing
End Sub
```

高手点拨

代码中使用了Name属性快速更改指定图表的名称。

03 按F5键运行代码后即可看到弹出的消息提示框，如图4-51所示。单击“确定”按钮即可弹出如图4-52所示的消息提示框，显示图表名称已被更改。

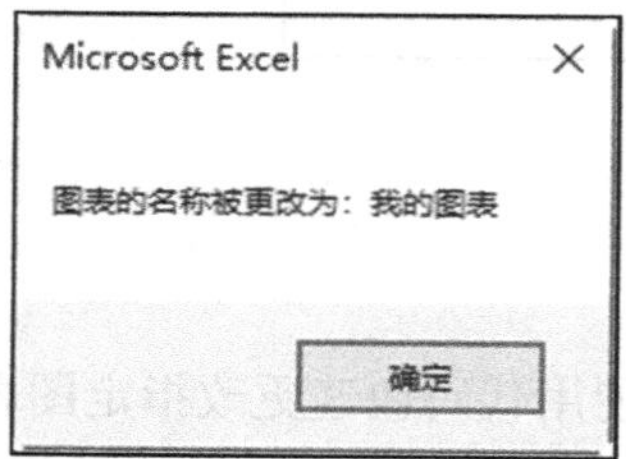

图4-51

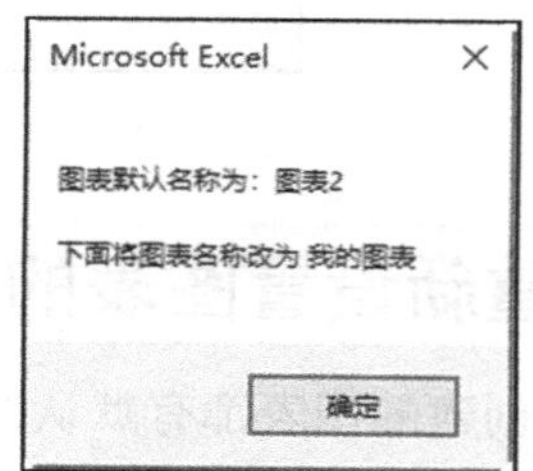

图4-52

04 单击“确定”按钮，更改图表名称为“我的图表”，如图4-53所示。

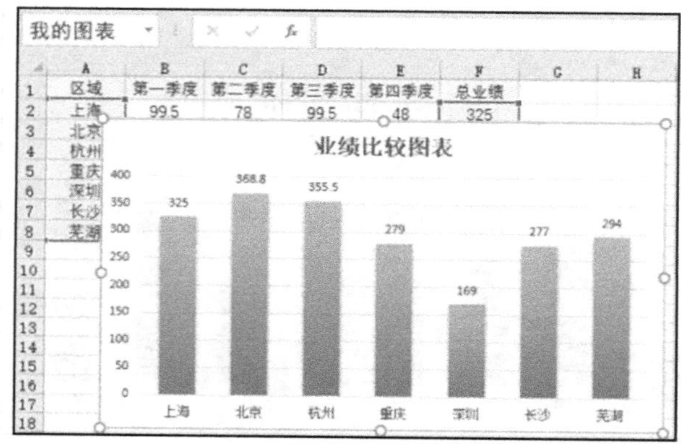

图4-53

第5章 员工信息管理系统

员工信息管理系统具有较为特殊的系统结构，主要是因为企业中每个人都具有大量的数据与相关的信息。因此，在员工信息管理系统中采用基于多页的结构模式进行定制开发。

本章将利用第3章中介绍的用户窗体设计、图像控件等基础知识，创建员工信息窗体和控件，并依次定义，最终完成员工信息管理系统的设计。

5.1 创建员工信息管理系统窗体

员工信息管理系统主要用于HR（人事）部门进行人员相关信息的记录与查询。

信息记录功能记录员工的基本信息（如姓名、工号、性别、学历等）和工作职务信息（如入职时间、合同续签时间、现供职部门及职务、工作调动记录等相关信息）。

信息查询功能能够以姓名查询（通过输入姓名查询相关参数）和以工号查询（通过输入工号查询相关参数）。在姓名查询系统中需要具备一个特殊功能，即输入姓名后，如果在公司内有重名，则提供一个所有重名人员的列表项，方便选择；如果没有重名，则直接显示相应人员信息。

在明确系统的具体需求后，为规范系统的定制过程，可按如下功能需求设计系统界面：

- 信息记录功能：主要用于新员工入职时信息登记，填写相应数据。
- 信息更新功能：主要用于当在职员工因事项变动而导致相应数据发生改变时进行数据更新。如移动电话、在职部门等，但也有部分数据是不可改变的，如姓名、性别、工号等。
- 信息查询功能：主要用于员工信息查询，可采用以姓名方式或以工号方式进行查询。姓名方式的查询结果若无重名，则直接显示相应数据；若有重名，则出现列表，由查询人员手动选择相应人员查询。
- 信息删除功能：主要用于员工离职后，将员工信息由在职人员表转移至离职人员表内。

5.1.1 创建员工信息管理系统界面

为使程序更友好地显示数据，通过创建窗口界面，将员工相关信息集成在同一界面的相应控件中。在创建窗体过程中，为便于对窗体及相应的控件进行区分，需要对窗体及各控件进行相应的属性设定。操作步骤如下：

01 启动VBE环境，选择“插入→用户窗体”菜单命令，创建大小合适的用户窗体，在属性窗口中设置Caption为“员工信息管理系统”，如图5-1所示。

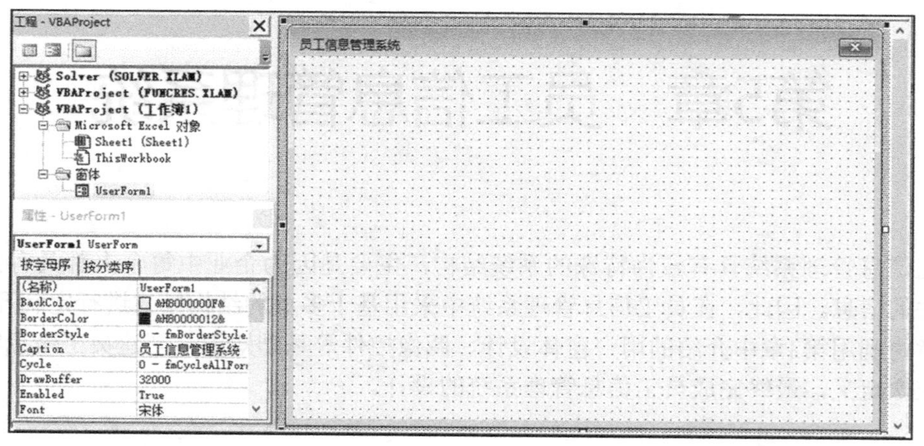

图5-1

02 单击“工具箱”中的“多页”控件，在窗体中拖动鼠标至合适大小，创建一个多页控件，并把它的名称设置为“w_MS”，如图5-2所示。

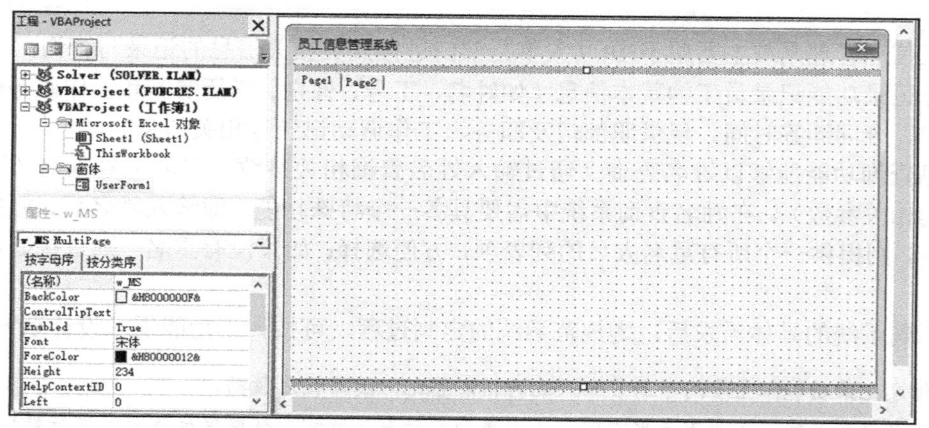

图5-2

Page1和Page2的属性设置如表5-1所示。

表5-1 Page1和Page2的属性设置

页名	属性	值
Page1	Caption	员工基本信息
	名称	w_BaseInfo
Page2	Caption	工作职务信息
	名称	w_Working

03 单击工具箱中的“图像”控件，在“员工基本信息”页中拖动鼠标至合适大小，设置其名称为“w_b_Image”，PictureSizeMode为“3－fmPictureSizeModeZoom”，如图5-3所示。

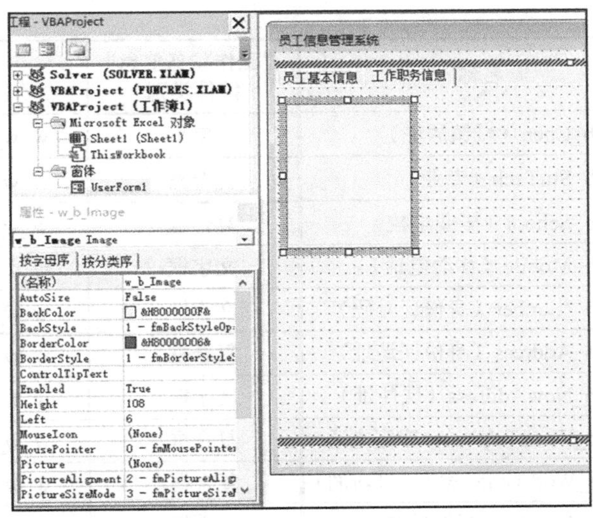

图5-3

04 按同样的操作过程创建其他相应的控件，完成后的效果如图5-4、图5-5所示。

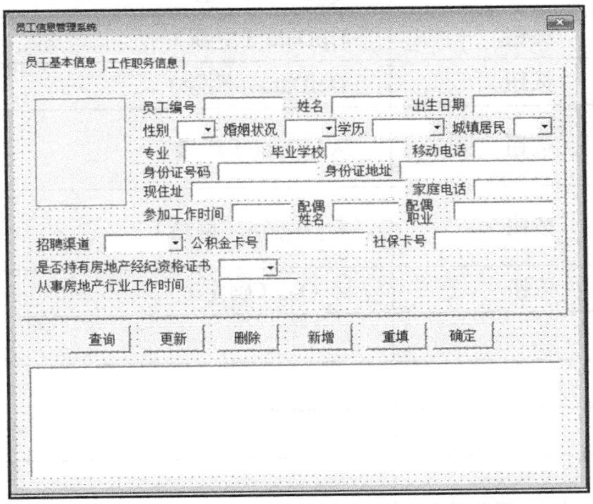

图5-4

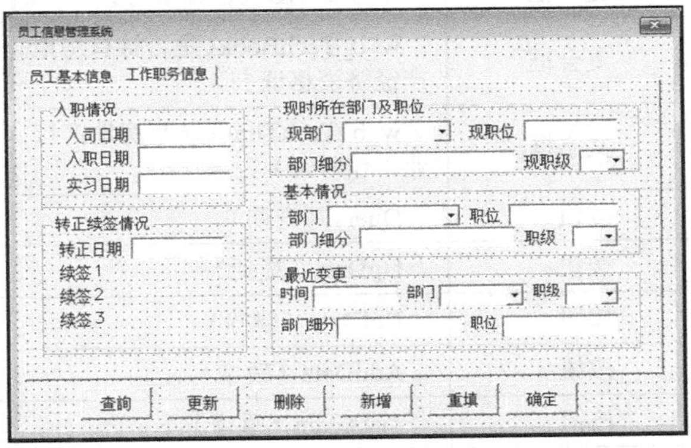

图5-5

各控件名称设置如表5-2所示。

表5-2　各控件名称设置

"员工基本信息"控件类别	名称	"工作职务信息"控件类别	名称
文字框	w_b_WorkerID（员工编号）	文字框	w_w_Time（入司日期）
文字框	w_b_WorkerName（姓名）	文字框	w_w_WorkTime（入职日期）
文字框	w_b_BirthDay（出生日期）	文字框	w_w_WorkStu（实习日期）
复合框	w_b_Sex（性别）	文字框	w_w_WorkingTime（转正日期）
复合框	w_b_Marry（婚姻状况）	复合框	w_w_Dep（现部门）
复合框	w_b_Stu（学历）	文字框	w_w_Worker（现职位）

（续）

“员工基本信息”控件类别	名称	“工作职务信息”控件类别	名称
复合框	w_b_Chen（城镇居民）	文字框	w_w_DepS（部门细分）
文字框	w_b_StuTech（专业）	复合框	w_w_WorkID（现职级）
文字框	w_b_School（毕业学校）	复合框	w_w_BaseDep（部门）
文字框	w_b_Mobile（移动电话）	文字框	w_w_BaseWorker（职位）
文字框	w_b_Number（身份证号码）	文字框	w_w_BaseDeps（部门细分）
文字框	w_b_Address（身份证地址）	复合框	w_w_BaseID（职级）
文字框	w_b_NowAddress（现住址）	文字框	w_w_ChangeTime（时间）
文字框	w_b_HomeTelphone（家庭电话）	复合框	w_w_ChangeDep（部门）
文字框	w_b_WorkTime（参加工作时间）	复合框	w_w_ChangeWorkID（职级）
文字框	w_b_FName（配偶姓名）	文字框	w_w_ChangeDepS（部门细分）
文字框	w_b_FWork（配偶职业）	文字框	w_w_ChangeWorker（职位）
复合框	w_b_Type（招聘渠道）	按钮	Query（查询）
文字框	w_b_HouseCarID（公积金卡号）	按钮	UpData（更新）
文字框	w_b_CarID（社保卡号）	按钮	DelData（删除）
复合框	w_b_TechBook（是否持有房地产经济资格证书）	按钮	AddData（新增）
文字框	w_b_TechTime（从事房地产行业工作时间）	按钮	TryAgain（重填）
按钮	Query（查询）	按钮	w_OK（确定）
按钮	UpData（更新）		
按钮	DelData（删除）		
按钮	AddData（新增）		
按钮	TryAgain（重填）		
按钮	w_OK（确定）		
列表框	w_UserList		

5.1.2 设置代码运行管理系统

完成系统界面的设计后，即可进行系统中各个功能控件的代码编辑。操作步骤如下：

01 双击窗体空白区域，在打开的代码编辑窗口中输入如下代码：

```
Private Sub UserForm1_Initialize()
'定义窗体高度
UserForm1.Height = 330
'设置列表框列为6列，并隐藏起来
With w_UserList
```

```
    .ColumnCount = 6
    .Visible = False
End With
'对各个控件设置初始化为空
w_b_Address.Text = ""
w_b_BorthDay.Text = ""
w_b_CarID.Text = ""
w_b_Chen.Text = ""
w_b_FName.Text = ""
w_b_FWork.Text = ""
w_b_HomeTelphone.Text = ""
w_b_HouseCarID.Text = ""
w_b_Marry.Text = ""
w_b_Mobile.Text = ""
w_b_NowAddress.Text = ""
w_b_Number.Text = ""
w_b_School.Text = ""
w_b_Sex.Text = ""
w_b_Stu.Text = ""
w_b_StuTech.Text = ""
w_b_TechBook.Text = ""
w_b_TechTime.Text = ""
w_b_Type.Text = ""
w_b_WorkerID.Text = ""
w_b_WorkerName.Text = ""
w_b_WorkTime.Text = ""
w_w_ChangeDep.Text = ""
w_w_ChangeDepS.Text = ""
w_w_ChangeTime.Text = ""
w_w_ChangeWorker.Text = ""
w_w_ChangeWorkID.Text = ""
w_w_Dep.Text = ""
w_w_DepS.Text = ""
w_w_Time.Text = ""
w_w_Worker.Text = ""
w_w_WorkID.Text = ""
w_w_WorkingTime.Text = ""
w_w_WorkTime.Text = ""
w_b_Image.Picture = LoadPicture()
'定义"性别"复合框值
With w_b_Sex
    .Clear
    .AddItem "男"
    .AddItem "女"
End With
'定义"婚姻状况"复合框值
With w_b_Marry
    .Clear
    .AddItem "已婚"
    .AddItem "未婚"
```

```
        .AddItem "离异"
    End With
    '定义“学历”复合框值
    With w_b_Stu
        .Clear
        .AddItem "专科"
        .AddItem "本科"
        .AddItem "研究生"
        .AddItem "博士生"
    End With
    '定义“城镇居民”复合框值
    With w_b_Chen
        .Clear
        .AddItem "是"
        .AddItem "否"
    End With
    '定义“招聘渠道”复合框值
    With w_b_Type
        .Clear
        .AddItem "网站"
        .AddItem "人才市场"
        .AddItem "推荐"
        .AddItem "报纸"
    End With
    '定义“是否持有房地产经纪资格证书”复合框值
    With w_b_TechBook
        .Clear
     .AddItem "有"
        .AddItem "无"
    End With
    '定义“现部门”复合框值
    With w_w_Dep
        .Clear
        .AddItem "总经办"
        .AddItem "策划中心"
        .AddItem "商业中心"
        .AddItem "HR及行政部"
        .AddItem "IT部"
        .AddItem "企划外联部"
    End With
    '定义“现职级”复合框值
    With w_w_WorkID
        .Clear
        For i = 1 To 9
        .AddItem i & "级"
        Next
    End With
    '定义“基本情况”中“部门”复合框值
    With w_w_BaseDep
        .Clear
```

```
    .AddItem "总经办"
    .AddItem "策划中心"
    .AddItem "商业中心"
    .AddItem "HR及行政部"
    .AddItem "IT部"
    .AddItem "企划外联部"
End With
'定义“基本情况”中“职级”复合框值
With w_w_BaseID
    .Clear
    For i = 1 To 9
    .AddItem i & "级"
    Next
End With
'定义“最近变更”中“部门”复合框值
With w_w_ChangeDep
    .Clear
    .AddItem "总经办"
    .AddItem "策划中心"
    .AddItem "商业中心"
    .AddItem "HR及行政部"
    .AddItem "IT部"
    .AddItem "企划外联部"
End With
'定义“最近变更”中“职级”复合框值
With w_w_ChangeWorkID
    .Clear
    For i = 1 To 9
    .AddItem i & "级"
    Next
End With
End Sub
```

02 按F5键运行代码后即可弹出如图5-6所示的员工信息管理系统窗体界面。

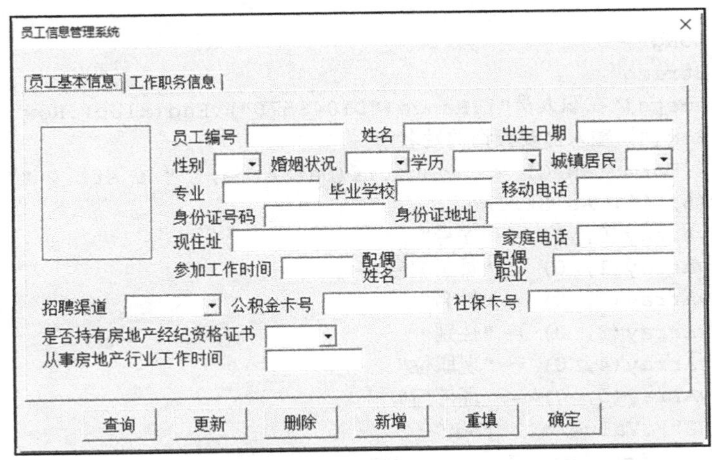

图5-6

5.2 创建员工信息管理系统功能

员工信息管理系统功能包括信息查询、信息更新、信息新增、信息删除、确定与重填功能。

5.2.1 创建信息查询系统

信息查询系统根据员工姓名进行查询，如果输入的姓名在公司内无重名，则直接显示该人员的相关信息，但如果出现重名则必须显示所有符合条件的人员，由系统操作者根据需要选择相应的项进行查询。

在得到所有的重名人员后，列表框中显示重名人员的员工编号、姓名、性别、部门等信息，当操作者单击列表中的某个人员时，系统中显示该员工的所有相关信息。操作步骤如下：

01 将Sheet1工作表重命名为“在职人员”，输入各项列标题及相关内容，如图5-7所示。

	A	B	C	D	E	F	AF	AG	AH	AI	AJ	AK	AL	AM	AN	AO	AP	AQ	AR
1	序号	照片	员工编号	姓名	出生日期	性别	现部门	现职位	部门细分	现职级	部门	职位	部门细分	职级	时间	部门	职级	部门细分	职位
2	1	image1.jpg	A1	李敏		女	IT部	工程师											
3	2	image4.jpg	A4	王佳佳	1986.2.9	女													
4	3	image3.jpg	A5	林婷		女													
5	4	image6.jpg	A6	田蕊		女													
6	5	image5.jpg	A7	宋子强		男													
7	6	image1.jpg	A8	李敏		女	财务部	会计											
8	7	image7.jpg	A10	王伟		男													
9	8	image8.jpg	A11	马海涛		男													
10	9	image1.jpg	A12	李敏		女													

在职人员 | Sheet2 | Sheet3

图5-7

02 启动VBE环境，双击窗体中的“查询”按钮，在代码编辑窗口中输入如下代码：

```
Private Sub Query_Click()
 Worksheets("在职人员").Select
Dim i As Integer
i = 0
Dim num As Long
Dim str As String
num = Worksheets("在职人员").Range("D1048576").End(xlUp).Row
str = InputBox("请输入需要查询的姓名")
Range("AS2").FormulaR1C1 = "=countif(DataArea,""" & str & """)"
Dim MyArray(6, 10) As String
            MyArray(0, 0) = "序号"
            MyArray(1, 0) = "员工编号"
            MyArray(2, 0) = "姓名"
            MyArray(3, 0) = "性别"
            MyArray(4, 0) = "现职位"
            MyArray(5, 0) = "现部门"
If Range("AS2").Value > 1 Then
    UserForm1.Height = 447
    w_UserList.Visible = True
```

```
    With Worksheets(1).Range("DataArea")
    Set c = .Find(str, LookIn:=xlValues)
    If Not c Is Nothing Then
        firstAddress = c.Address
        Do
            i = i + 1
            MyArray(0, i) = Cells(c.Row, 1)
            MyArray(1, i) = Cells(c.Row, 3)
            MyArray(2, i) = Cells(c.Row, 4)
            MyArray(3, i) = Cells(c.Row, 6)
            MyArray(4, i) = Cells(c.Row, 33)
            MyArray(5, i) = Cells(c.Row, 32)
            Set c = .FindNext(c)
        Loop While Not c Is Nothing And c.Address <> firstAddress
    End If
    End With
    w_UserList.Column() = MyArray
    Exit Sub
End If
With Worksheets(1).Range("DataArea")
    Set c = .Find(str, LookIn:=xlValues)
    If Not c Is Nothing Then
        firstAddress = c.Address
        Do
w_b_Address.Text = Cells(c.Row, 14)
w_b_BirthDay.Text = Cells(c.Row, 5)
w_b_CarID.Text = Cells(c.Row, 22)
w_b_Chen.Text = Cells(c.Row, 9)
w_b_FName.Text = Cells(c.Row, 18)
w_b_FWork.Text = Cells(c.Row, 19)
w_b_HomeTelphone.Text = Cells(c.Row, 16)
w_b_HouseCarID.Text = Cells(c.Row, 21)
w_b_Marry.Text = Cells(c.Row, 7)
w_b_Mobile.Text = Cells(c.Row, 12)
w_b_NowAddress.Text = Cells(c.Row, 15)
w_b_Number.Text = Cells(c.Row, 13)
w_b_School.Text = Cells(c.Row, 11)
w_b_Sex.Text = Cells(c.Row, 6)
w_b_Stu.Text = Cells(c.Row, 8)
w_b_StuTech.Text = Cells(c.Row, 10)
w_b_TechBook.Text = Cells(c.Row, 23)
w_b_TechTime.Text = Cells(c.Row, 24)
w_b_Type.Text = Cells(c.Row, 20)
w_b_WorkerID.Text = Cells(c.Row, 3)
w_b_WorkerName.Text = Cells(c.Row, 4)
w_b_WorkTime.Text = Cells(c.Row, 17)
w_w_Dep.Text = Cells(c.Row, 32)
w_w_DepS.Text = Cells(c.Row, 34)
w_w_Time.Text = Cells(c.Row, 25)
```

```
w_w_Worker.Text = Cells(c.Row, 33)
w_w_WorkID.Text = Cells(c.Row, 35)
w_w_WorkingTime.Text = Cells(c.Row, 28)
w_w_WorkTime.Text = Cells(c.Row, 26)
w_w_WorkStu = Cells(c.Row, 27)
w_b_Image.Picture = LoadPicture _
("D:\VBA实例2021版本\数据源\第5章 公司员工信息管理\素材文件\" & Cells(c.Row, 2))
          cs = c.Row
          Set c = .FindNext(c)
      Loop While Not c Is Nothing And c.Address <> firstAddress
   End If
   End With
End Sub
```

03 双击“查询”按钮下方的列表框控件，在代码编辑窗口中输入如下代码：

```
Private Sub w_UserList_Click()
Dim i As Long
i = Val(w_UserList.Column(0, w_UserList.ListIndex)) + 1
If w_UserList.ListIndex = 0 Then
   MsgBox "Again"
   Exit Sub
   Else
 Worksheets("在职人员").Select
   w_b_Address.Text = Cells(i, 14)
   w_b_BirthDay.Text = Cells(i, 5)
   w_b_CarID.Text = Cells(i, 22)
   w_b_Chen.Text = Cells(i, 9)
   w_b_FName.Text = Cells(i, 18)
   w_b_FWork.Text = Cells(i, 19)
   w_b_HomeTelphone.Text = Cells(i, 16)
   w_b_HouseCarID.Text = Cells(i, 21)
   w_b_Marry.Text = Cells(i, 7)
   w_b_Mobile.Text = Cells(i, 12)
   w_b_NowAddress.Text = Cells(i, 15)
   w_b_Number.Text = Cells(i, 13)
   w_b_School.Text = Cells(i, 11)
   w_b_Sex.Text = Cells(i, 6)
   w_b_Stu.Text = Cells(i, 8)
   w_b_StuTech.Text = Cells(i, 10)
   w_b_TechBook.Text = Cells(i, 23)
   w_b_TechTime.Text = Cells(i, 24)
   w_b_Type.Text = Cells(i, 20)
   w_b_WorkerID.Text = Cells(i, 3)
   w_b_WorkerName.Text = Cells(i, 4)
   w_b_WorkTime.Text = Cells(i, 17)
   w_w_Dep.Text = Cells(i, 32)
   w_w_DepS.Text = Cells(i, 34)
```

```
    w_w_Time.Text = Cells(i, 25)
    w_w_Worker.Text = Cells(i, 33)
    w_w_WorkID.Text = Cells(i, 35)
    w_w_WorkingTime.Text = Cells(i, 28)
    w_w_WorkTime.Text = Cells(i, 26)
    w_w_WorkStu = Cells(i, 27)
    w_b_Image.Picture = LoadPicture _
    ("D:\VBA实例2021版本\数据源\第5章 公司员工信息管理\素材文件\" & Cells(i, 2))
    cs = i
End If
End Sub
```

04 按F5键运行代码后即可弹出员工信息管理系统界面，单击“查询”按钮，在弹出的消息提示框中输入需要查询的员工姓名，如图5-8所示。

05 单击“确定”按钮后即可在“查询”按钮下方显示列表框，在其中显示了重名的员工信息，如图5-9所示。

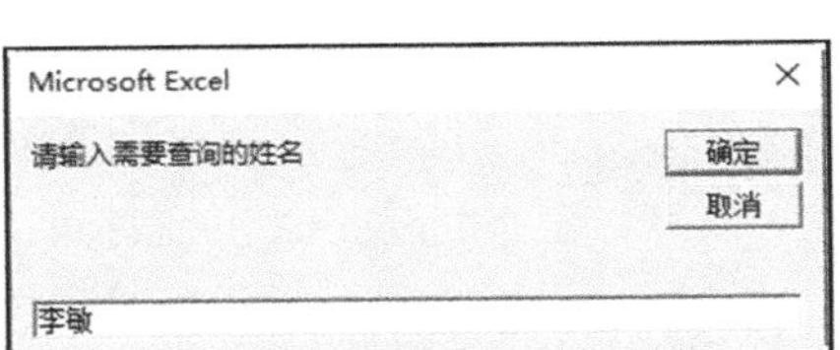

图5-8

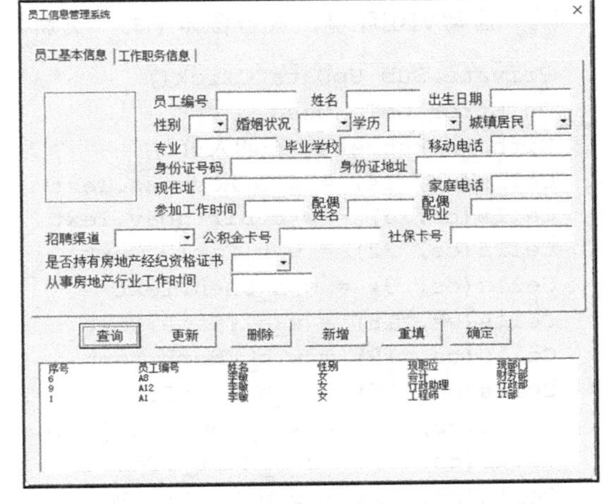

图5-9

06 选中其中任一选项，即可将该员工信息填入相应的文字框或复合框中，如图5-10、图5-11所示。

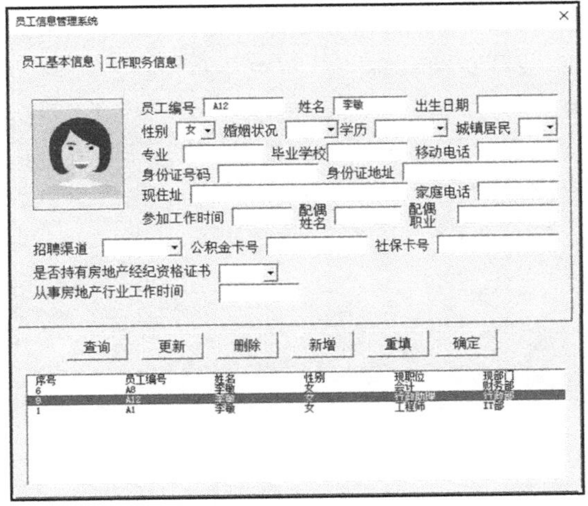

图5-10

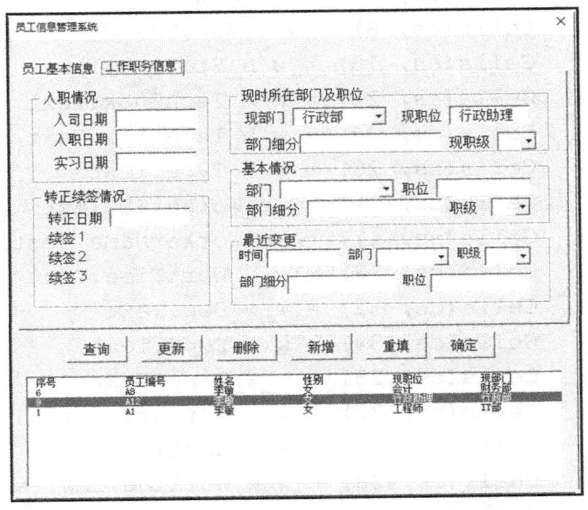

图5-11

5.2.2 创建信息更新系统

信息更新系统的设计原理：首先查询出某个人的信息数据，然后根据变化调整其中变更的数据，确认完成，即数据更新是基于原数据发生的改变。因此实现该功能关键要完成以下两个过程：

1）获得当前数据所在位置：由于更新系统需要经过查询后才能进行操作，而查询的结果之一就是要获得符合查询条件的项所存放于单元格的行值，因此对于存在关联的数据项，通过定义全局变量，实现关联数据的传递。

2）将系统界面中填写的数据写入单元格：在得到当前数据所在位置后，可直接编辑代码将数据写入单元格。

操作步骤如下：

01 启动VBE环境，双击窗体中的“更新”按钮，在代码编辑窗口中输入如下代码：

```
Private Sub UpData_Click()
On Error GoTo Mesg
With Worksheets("在职人员")
Cells(cs, 14) = w_b_Address.Text
Cells(cs, 5) = w_b_BirthDay.Text
Cells(cs, 22) = w_b_CarID.Text
Cells(cs, 9) = w_b_Chen.Text
Cells(cs, 18) = w_b_FName.Text
Cells(cs, 19) = w_b_FWork.Text
Cells(cs, 16) = w_b_HomeTelphone.Text
Cells(cs, 21) = w_b_HouseCarID.Text
Cells(cs, 7) = w_b_Marry.Text
Cells(cs, 12) = w_b_Mobile.Text
Cells(cs, 15) = w_b_NowAddress.Text
Cells(cs, 13) = w_b_Number.Text
Cells(cs, 11) = w_b_School.Text
Cells(cs, 6) = w_b_Sex.Text
Cells(cs, 8) = w_b_Stu.Text
Cells(cs, 10) = w_b_StuTech.Text
Cells(cs, 23) = w_b_TechBook.Text
Cells(cs, 24) = w_b_TechTime.Text
Cells(cs, 20) = w_b_Type.Text
Cells(cs, 3) = w_b_WorkerID.Text
Cells(cs, 4) = w_b_WorkerName.Text
Cells(cs, 17) = w_b_WorkTime.Text
Cells(cs, 32) = w_w_Dep.Text
Cells(cs, 34) = w_w_DepS.Text
Cells(cs, 25) = w_w_Time.Text
Cells(cs, 33) = w_w_Worker.Text
Cells(cs, 35) = w_w_WorkID.Text
Cells(cs, 28) = w_w_WorkingTime.Text
Cells(cs, 26) = w_w_WorkTime.Text
```

```
Cells(cs, 27) = w_w_WorkStu
End With
Mesg:
    MsgBox "信息更新完毕！"
End Sub
```

02 按F5键运行代码，打开系统界面，单击“查询”按钮，在弹出的消息框中输入要查询的员工姓名，如图5-12所示。

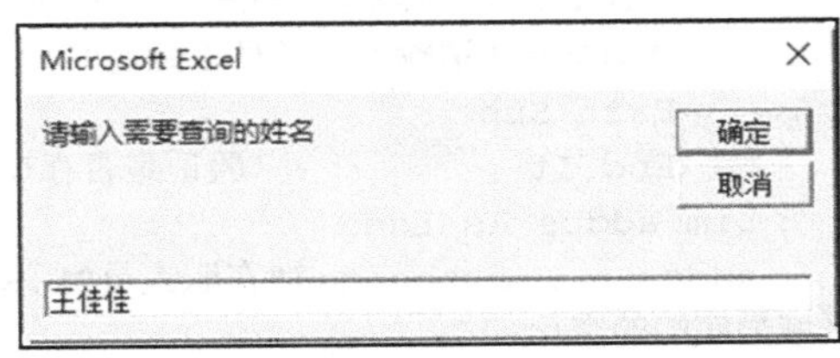

图5-12

03 单击“确定”按钮即可将指定员工的信息填入窗体中。对其中的某一项信息直接进行修改，完成后单击“更新”按钮，如图5-13所示。

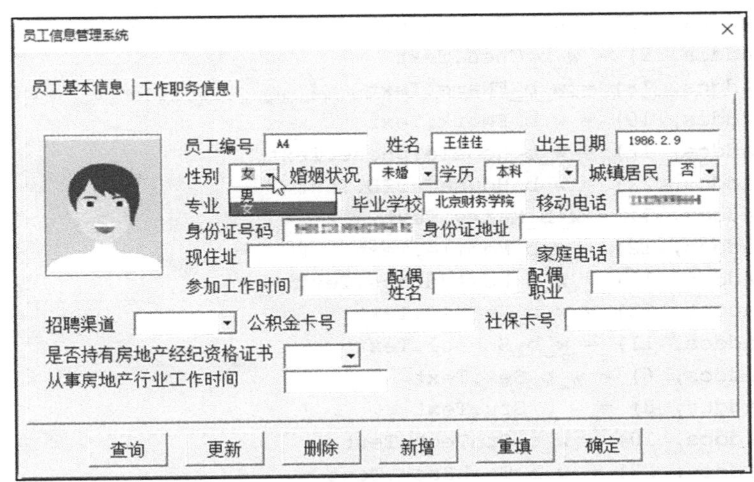

图5-13

04 此时，即可看到指定的信息被更新为修改后的内容，并弹出如图5-14所示的消息提示框。

	A	B	C	D	E	F	AF	AG	AH	AI	AJ	AK
1	序号	照片	员工编号	姓名	出生日期	性别	现部门	现职位	部门细分	现职级	部门	职
2	1	image1.jpg	A1	李敏		女	IT部	工程师				
3	2	image4.jpg	A4	王佳佳	1986.2.9	女						
4	3	image3.jpg	A5	林婷		女						
5	4	image6.jpg	A6	田蕊		女						
6	5	image5.jpg	A7	宋子强		男						
7	6	image1.jpg	A8	李敏		女	财务部	会计				
8	7	image7.jpg	A10	王伟		男						
9	8	image8.jpg	A11	马海涛		男						
10	9	image1.jpg	A12	李敏		女						

Microsoft Excel

信息更新完毕！

确定

图5-14

5.2.3 创建信息新增系统

新增功能主要用于实现新来员工登记过程中验证数据完整性。

创建信息新增系统的操作步骤如下：

01 启动VBE环境，双击窗体中的“新增”按钮，在代码编辑窗口中输入如下代码：

```
Private Sub AddData_Click()
If w_b_WorkerName.Text = "" Then
    MsgBox "请输入新增员工姓名"
    Exit Sub
    End If              '验证是否存在用户姓名，若没有姓名，则出现消息提示框，并直接退出
Dim addcs As Long
addcs = Worksheets("在职人员").Range("D1048576").End(xlUp).Row + 1    '得到数据
区域最底端的空行
With Worksheets("在职人员")
    Cells(addcs, 1) = addcs - 1
    Cells(addcs, 14) = w_b_Address.Text
    Cells(addcs, 5) = w_b_BirthDay.Text
    Cells(addcs, 22) = w_b_CarID.Text
    Cells(addcs, 9) = w_b_Chen.Text
    Cells(addcs, 18) = w_b_FName.Text
    Cells(addcs, 19) = w_b_FWork.Text
    Cells(addcs, 16) = w_b_HomeTelphone.Text
    Cells(addcs, 21) = w_b_HouseCarID.Text
    Cells(addcs, 7) = w_b_Marry.Text
    Cells(addcs, 12) = w_b_Mobile.Text
    Cells(addcs, 15) = w_b_NowAddress.Text
    Cells(addcs, 13) = w_b_Number.Text
    Cells(addcs, 11) = w_b_School.Text
    Cells(addcs, 6) = w_b_Sex.Text
    Cells(addcs, 8) = w_b_Stu.Text
    Cells(addcs, 10) = w_b_StuTech.Text
    Cells(addcs, 23) = w_b_TechBook.Text
    Cells(addcs, 24) = w_b_TechTime.Text
    Cells(addcs, 20) = w_b_Type.Text
    Cells(addcs, 3) = w_b_WorkerID.Text
    Cells(addcs, 4) = w_b_WorkerName.Text
    Cells(addcs, 17) = w_b_WorkTime.Text
    Cells(addcs, 32) = w_w_Dep.Text
    Cells(addcs, 25) = w_w_DepS.Text
    Cells(addcs, 33) = w_w_Time.Text
    Cells(addcs, 35) = w_w_Worker.Text
    Cells(addcs, 28) = w_w_WorkID.Text
    Cells(addcs, 26) = w_w_WorkingTime.Text
    Cells(addcs, 27) = w_w_WorkTime.Text
    Cells(addcs, 30) = w_w_WorkStu                  '将系统中的数据写入相应单元格
    Cells(addcs, 2) = InputBox("请输入该员工相片文件全名")      '指定员工相片文件
End With
UserForm_Initialize                                  '重置窗体数据
End Sub
```

02 按F5键运行代码，打开窗体界面，输入需要新增的员工信息，如图5-15所示。

03 单击“新增”按钮，即可将输入的员工信息填入工作表中，并弹出提示输入相片文件名的消息框，在消息框中输入相片文件的全名，然后单击“确定”按钮，如图5-16所示。

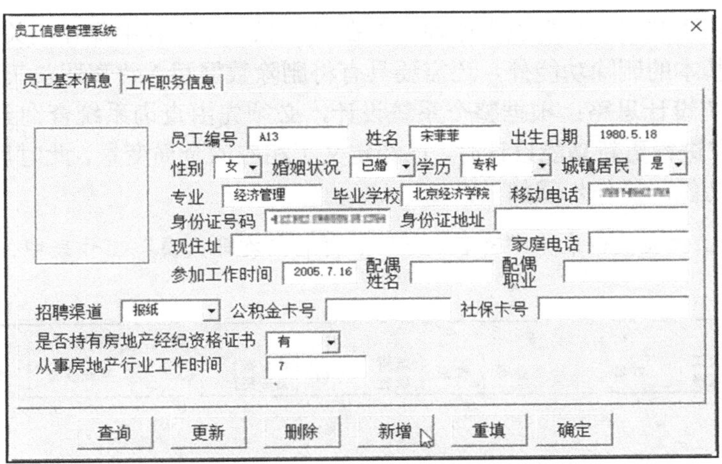

图5-15

	A	B	C	D	E	F	G	H	I	J	K	L
1	序号	照片	员工编号	姓名	出生日期	性别	婚姻状况	学历	是否城镇居民	专业	毕业学校	移动电话
2	1	image1.jpg	A1	李敏		女						
3	2	image4.jpg	A4	王佳佳	1986.2.9	女	未					
4	3	image3.jpg	A5	林婷		女						
5	4	image6.jpg	A6	田蕊		女						
6	5	image5.jpg	A7	宋子强		男						
7	6	image1.jpg	A8	李敏		女						
8	7	image7.jpg	A10	王伟		男						
9	8	image8.jpg	A11	马海涛		男						
10	9	image1.jpg	A12	李敏		女						
11	10		A13	宋菲菲	1980.5.18	女	已婚	本科	是	济管	京经济学	
12												
13												

Microsoft Excel
请输入该员工照片文件全名
确定
取消
image2.jpg

在职人员　离职人员　Sheet3

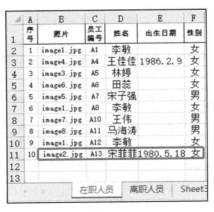

图5-16

04 此时，即可添加员工的相片文件，如图5-17所示。

	A	B	C	D	E	F
1	序号	照片	员工编号	姓名	出生日期	性别
2	1	image1.jpg	A1	李敏		女
3	2	image4.jpg	A4	王佳佳	1986.2.9	女
4	3	image3.jpg	A5	林婷		女
5	4	image6.jpg	A6	田蕊		女
6	5	image5.jpg	A7	宋子强		男
7	6	image1.jpg	A8	李敏		女
8	7	image7.jpg	A10	王伟		男
9	8	image8.jpg	A11	马海涛		男
10	9	image1.jpg	A12	李敏		女
11	10	image2.jpg	A13	宋菲菲	1980.5.18	女
12						
13						

在职人员　离职人员　Sheet3

图5-17

5.2.4 创建信息删除系统

删除功能主要用于对公司离职人员的数据进行删除。HR部门对信息删除系统的要求：能将离职员工信息从“在职人员”表中删除，但在“离职员工”表中保存相关记录。应此要求，删除功能在实现基本的删除功能外，还需要具有将删除数据写入“离职员工”表中的功能。

信息删除系统设计思路：根据整个系统设计，必须先由查询系统查询到相应人员后才能够进行删除，而在进行更新功能设计时，已经定义了相应的全局变量，此时可直接利用该变量完成删除及转移功能。操作步骤如下：

01 将Sheet2工作表重命名为“离职人员”，并将“在职人员”工作表中的列标题复制过来，如图5-18所示。

	A	B	C	D	E	F	G	H	I	J	K	L	M
1	序号	照片	员工编号	姓名	出生日期	性别	婚姻状况	学历	是否城镇居民	专业	毕业学校	移动电话	身份证号码
2													
3													
4													
5													
6													

在职人员　离职人员　Sheet3

图5-18

02 启动VBE环境，双击窗体中的“删除”按钮，在代码编辑窗口中输入如下代码：

```
Private Sub DelData_Click()
On Error GoTo Mesg
Dim dcs As Long
dcs = Worksheets("离职人员").Range("A1048576").End(xlUp).Row + 1   '得到离职人员工作表中底端的空行
Range("" & cs & ":" & cs & "").Copy Destination:=Worksheets("离职人员").Range("" & dcs & ":" & dcs & "")
Range("" & cs & ":" & cs & "").Delete shift:=xlUp
UserForm_Initialize
Mesg:
    MsgBox "信息删除完毕！"
End Sub
```

03 按F5键运行代码，打开窗体界面，单击“查询”按钮，在弹出的消息框中输入需要删除的员工姓名，如图5-19所示。

图5-19

04 单击“确定”按钮，将输入的员工信息填入窗体后，单击“删除”按钮，如图5-20所示。

05 此时，即可将指定的员工信息删除，并弹出消息提示框，如图5-21所示。

06 单击“确定”按钮，切换至“离职人员”工作表中，即可看到删除的员工信息被移至其中，按实际情况再删除其他离职员工信息即可，如图5-22所示。

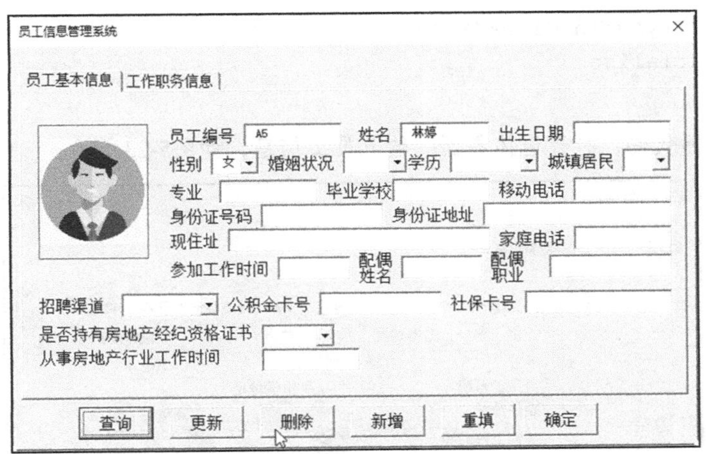

图5-20

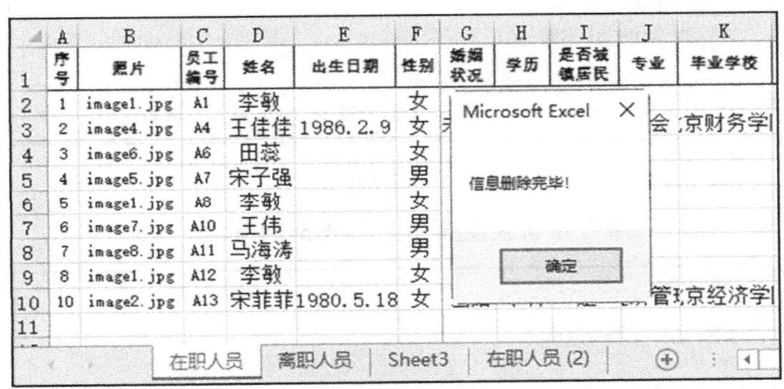

	A	B	C	D	E	F	G	H	I	J	K
1	序号	照片	员工编号	姓名	出生日期	性别	婚姻状况	学历	是否城镇居民	专业	毕业学校
2	1	image1.jpg	A1	李敏		女					
3	2	image4.jpg	A4	王佳佳	1986.2.9	女				会	京财务学
4	3	image6.jpg	A6	田蕊		女					
5	4	image5.jpg	A7	宋子强		男					
6	5	image1.jpg	A8	李敏		女					
7	6	image7.jpg	A10	王伟		男					
8	7	image8.jpg	A11	马海涛		男					
9	8	image1.jpg	A12	李敏		女					
10	10	image2.jpg	A13	宋菲菲	1980.5.18	女				管	京经济学
11											

图5-21

	A	B	C	D	E	F	G	H	I	J	K
1	序号	照片	员工编号	姓名	出生日期	性别	婚姻状况	学历	是否城镇居民	专业	毕业学校
2	1	image3.jpg	A5	林婷		女					
3	2	image2.jpg	A9	刘霞飞		女					
4											
5											
6											

在职人员 | 离职人员 | Sheet ...

图5-22

5.2.5 创建“确定”与“重填”功能系统

“确定”按钮主要用于关闭系统窗口界面，而“重填”按钮主要用于实现窗口各控件的初始化。操作步骤如下：

01 启动VBE环境，双击窗体中的“确定”按钮，在代码编辑窗口中输入如下代码：

```
Private Sub w_OK_Click()
Unload Me
End Sub
```

02 双击窗体中的“重填”按钮，在代码编辑窗口中输入如下代码：

```
Private Sub TryAgain_Click()
UserForm_Initialize
End Sub
```

03 按F5键运行代码，打开窗体界面，输入员工信息，如图5-23所示。

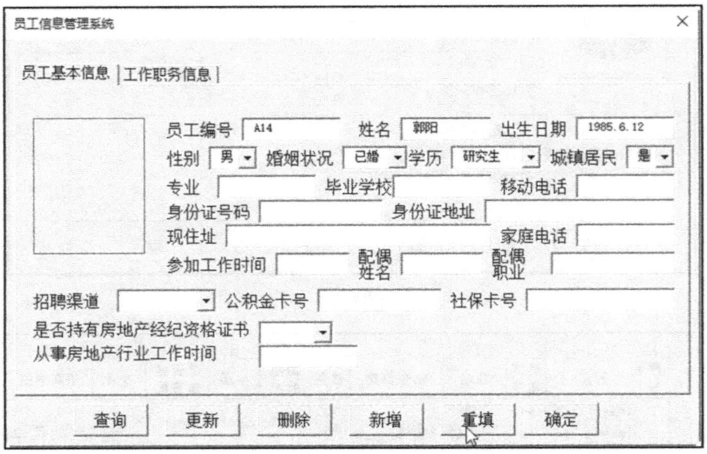

图5-23

04 单击“重填”按钮，即可重新恢复窗体，如图5-24所示。

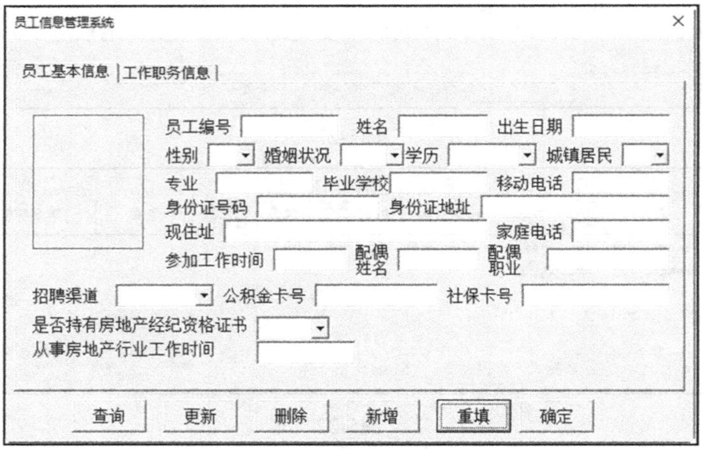

图5-24

05 单击“确定”按钮，即可关闭窗体。

高手点拨

函数复合运用：Excel中的每个公式都具有强大的计算能力，在实际工作中为了解决一些较为复杂的计算问题，通常需要将多个函数组合使用。

在人事系统中，经常需要输入如出生年月、身份证号码等数据项。传统的输入方式是各数据项直接输入，这种方式非常烦琐、复杂，但利用Excel中各种不同函数进行组合后可实现各数据关联后自动输入，有效地减少大量的数据的手动输入工作。

高手点拨（续）

身份证号码有18位字符，首先实现18位身份证号码与出生年份及月份关联。

例如：510123198610124532（注：此号码为虚拟身份证号码）

此身份证号码中的出生年月为：198610。可通过Left、Right函数进行组合来获得出生年月。具体如下：

Left("510123198610124532",10)　　得到 5101231986　　A

对A再次进行取值：

Right("5101231986",4)　　得到 1986　　B

即得到出生年份

Left("510123198610124532",12)　　得到 510123198610　　C

对C再次进行取值：

Right("510123198610",2)　　得到 10　　D

即得到出生月份

通过将A、B、C、D进行组合表示，可得到完整的计算公式：

Right(left("510123198610124532",10),4)& "年"&
Right(Left("510123198610124532",12),2)& "月"　　E

得到结果为：1986年10月。

1）Right函数：根据指定的字符数返回文本字符串中最后一个或多个字符。

语法形式：Right(text,num_chars)
具体代码为：Right("abcd", 2)

例如，图5-25所示为输入的公式，按回车键，即可获取A1单元格内容中自右向左的3个字符，如图5-26所示。

	A	B	C
1	公式设置	=RIGHT(A1, 3)	
2			
3			

图5-25

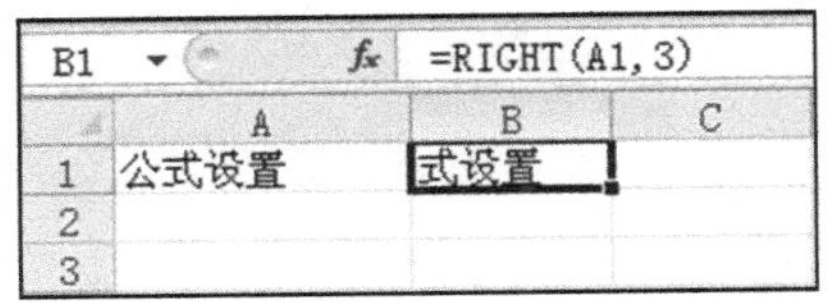

图5-26

如何区分Right与RightB函数？

与Right功能相似的函数为RightB，RightB函数表示根据所指定的字节数返回文本字符串中最后一个或多个字符。

2）Left函数：返回文本字符串中第一个字符或前几个字符。

语法形式：Left(text,num_chars)
具体代码为：Left("abcd", 2)

高手点拨（续）

例如，图5-27所示为输入的公式，按回车键，即可获取A1单元格内容中自左向右的3个字符，如图5-28所示。

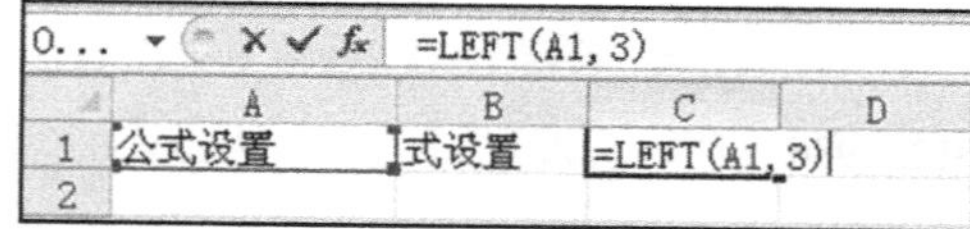

图5-27

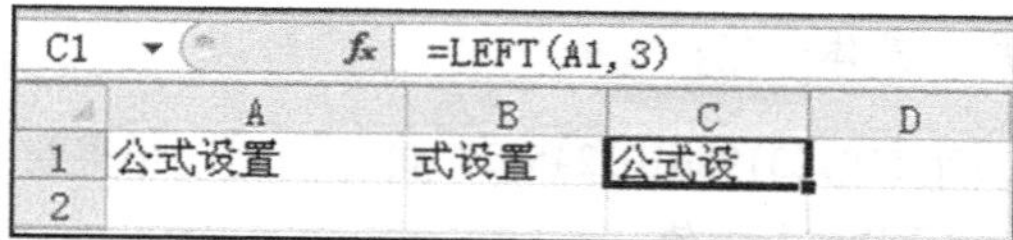

图5-28

3）Month函数：返回以序列号表示的日期中的月份。月份是介于 1（一月）到 12（十二月）之间的整数。

语法形式：MONTH(serial_number)

例如，图5-29所示为输入的公式，按回车键，即可获取系统日期的当前月份，如图5-30所示。

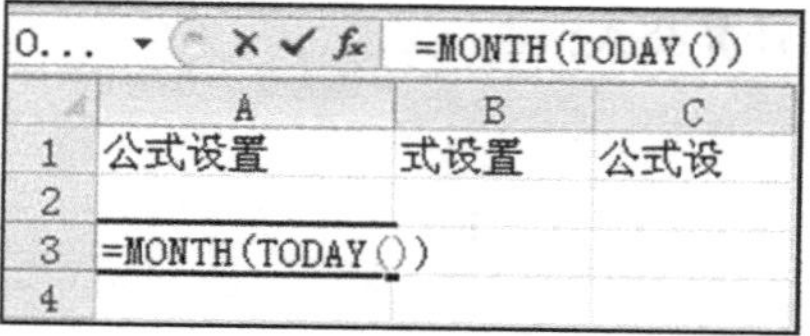

图5-29

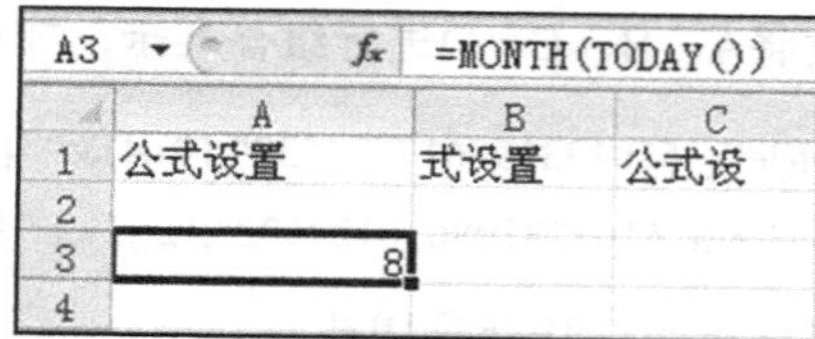

图5-30

第6章　销售分析管理系统

在销售数据管理中，通常需要复杂的数据输入、烦琐的统计与分析，同时还要求保证数据的及时与准确。

本章将通过演示销售分析管理系统的制作方法来详细介绍数据录入过程界面化、数据及时备份、自动统计分析、数据图表的自动生成等功能，以有效地解决销售数据管理中的各种问题。

创建公司销售分析管理系统需要包含以下几大系统模块：

- 产品管理系统：该系统模块主要用于对各系列产品的管理，包括新产品增加、产品信息更新、产品查询。各系统需要包含产品名称、产品编号、型号、类别、单价及备注说明文本。
- 销售登记系统：该系统模块主要用于对产品销售登记的管理。由于公司工作体系及工作的需要，在本模块中还需要具有生成销售填写单据并打印功能；同时，在销售数据清单中保留相关数据，以用于对数据进行分析。
- 销售统计分析系统：该系统模块主要用于按不同的采购商、日期（月）、产品名称对销售量及销售总金额进行统计分析，因此本模块需要具有分析结果数据及分析图表的功能。
- 自动分类保存：该功能主要用于实现文稿的自动命名，并自动分类保存在特定的目录中。

系统结构大致包含如图6-1所示的内容。

图6-1

6.1 产品管理系统设计

建立产品管理系统，首先要创建产品管理系统界面。

6.1.1 创建产品管理系统界面

产品管理系统主要用于产品的新增、查询与信息更新。相关信息主要存放于“产品列表”工作表中。

- 新增产品：该功能主要用于新产品登记。在新增数据时，需要验证输入的数据是否完整，主要验证产品编号是否为空，若为空，则提醒输入。
- 产品查询：该功能主要用于产品信息查询，主要是通过输入产品编号的方式进行查询。
- 产品信息更新：主要对某些产品信息进行部分更新，更新操作前提是要通过查询得到相应的产品信息。

为使程序更友好地显示数据，可以通过创建窗口界面，将产品相关信息集成在同一界面的相应控件中。在创建窗体过程中，为便于对窗体及相应控件进行区分，需要对窗体及各控件进行相应的属性设定。具体操作步骤如下：

01 新建Excel工作簿，将Sheet1工作表重命名为“产品列表”，并输入相关的列标题，如图6-2所示。

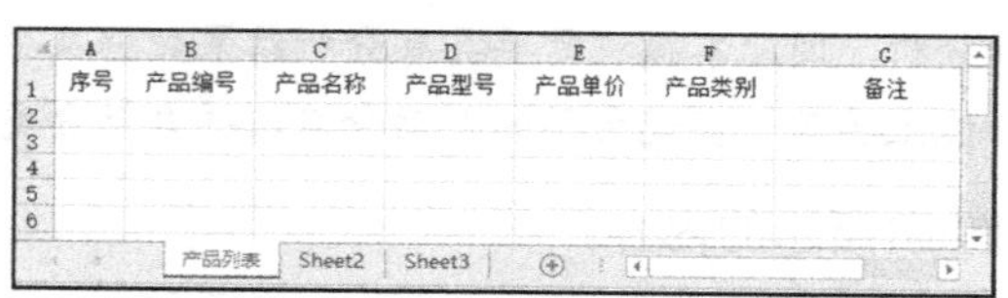

图6-2

02 启动VBE环境，选择“插入→用户窗体”菜单命令，创建大小合适的用户窗体，并把它的Caption属性值设置为“产品管理”，如图6-3所示。

03 通过“工具箱”在窗体中创建多个标签及文字框等控件，如图6-4所示。

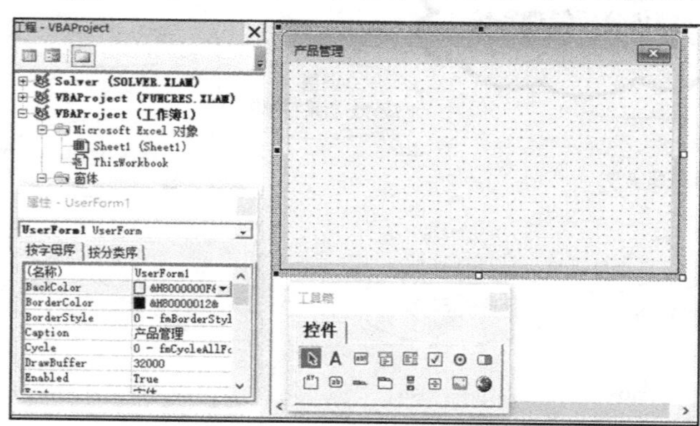

图6-3

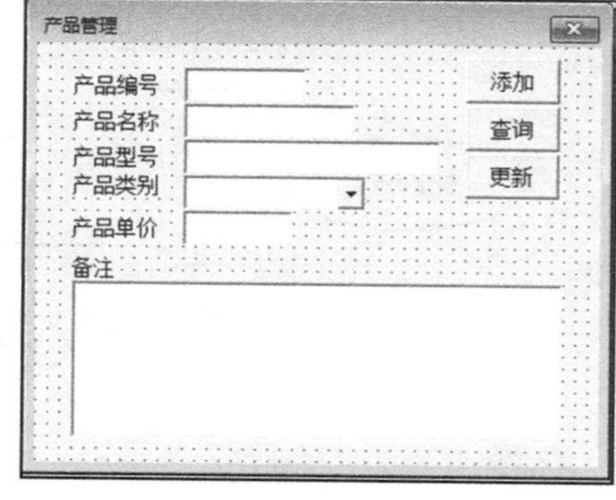

图6-4

窗体中各控件的属性值设置如表6-1所示。

表6-1 窗体中各控件的属性值设置

控件类型	控件名称	控件属性	属性值
标签	Label1	Caption	产品编号
标签	Label2	Caption	产品名称
标签	Label3	Caption	产品型号
标签	Label4	Caption	产品类别
标签	Label5	Caption	产品单价
标签	Label6	Caption	备注
文字框	p_ID	/	/
文字框	p_Name	/	/
文字框	p_Model	/	/
复合框	p_Category	/	/
文字框	p_Price	/	/
文字框	p_Notes	MultiLine	True
按钮	p_comAdd	Caption	添加
按钮	p_comQuery	Caption	查询
按钮	p_Update	Caption	更新

6.1.2 设置产品功能块代码

完成界面设计后，接着对各对象相应的控件进行事件设置。在功能块中，各命令间存在关联性操作，比如更新操作必须是在查询到数据后才可进行。对这种情况，需要在编辑代码前定义整体功能块的全局变量。

在Application对象中包含了众多的属性设置，程序通过这些属性值影响着Excel环境。属性设置的操作步骤如下：

01 启动VBE环境，双击窗体空白区域，在打开的代码编辑窗口中输入如下代码：

```
Private Sub UserForm_Initialize()
p_ID.Text = ""
p_Category.Text = ""
p_Model.Text = ""
p_Name.Text = ""
p_Notes = ""
p_Price.Text = ""                    '对各控件进行初始化为空
With p_Category
.Clear                               '清空复合框
    .AddItem "办公文具"
    .AddItem "办公耗材"
    .AddItem "办公设备"
```

```
        .AddItem "电脑周边"              '定义“产品类别”下的选项。可继续向复合框中写入数据
    End With
    End Sub
```

02 双击“添加”按钮，在打开的代码编辑窗口中输入如下代码：

```
    Private Sub p_comAdd_Click()
    With Worksheets("产品列表")
    rs = Range("C1048576").End(xlUp).Row + 1  '得到“产品列表”工作表中数据区域的最底端的空行
        .Cells(rs, 1) = rs - 1
        .Cells(rs, 2) = p_ID.Text
        .Cells(rs, 3) = p_Name.Text
        .Cells(rs, 4) = p_Model.Text
        .Cells(rs, 5) = p_Price.Text
        .Cells(rs, 6) = p_Category.Text
        .Cells(rs, 7) = p_Notes.Text          '将控件值写到单元格中
    End With
    UserForm_Initialize                       '初始化控件
    End Sub
```

03 按照同样的操作过程设置“查询”和“更新”按钮的功能实现代码。

```
    Private Sub p_comQuery_Click()
    If p_ID.Text = "" Then
    MsgBox "请输入需要查询产品的编号"
    '当“产品编号”控件为空时出现消息提示框，并退出
        Exit Sub
        End If
    With Worksheets("产品列表")
     rs = Range("C1048576").End(xlUp).Row          '得到数据区域的最后一行
        For i = 2 To rs
            If .Cells(i, 2) = p_ID.Text Then
    '查看数据区域中数据是否与“产品编号”控件值相同，若相同，则将相应单元格值写至控件内
                p_Name.Text = .Cells(i, 3)
                p_Model.Text = .Cells(i, 4)
                p_Price.Text = .Cells(i, 5)
                p_Category.Text = .Cells(i, 6)
                p_Notes.Text = .Cells(i, 7)
               Exit For
            End If
        Next
    End With
    End Sub

    Private Sub p_Update_Click()
    If i = 0 Then
        MsgBox "请先查询数据"
        Exit Sub
```

```
    End If
    '判断是否有过查询操作，若没有进行查询，则出现消息提示框，并退出
With Worksheets("产品列表")
 .Cells(i, 3) = p_Name.Text
 .Cells(i, 4) = p_Model.Text
 .Cells(i, 5) = p_Price.Text
 .Cells(i, 6) = p_Category.Text
 .Cells(i, 7) = p_Notes.Text
End With
'将更改过的数据重新写到原来位置
End Sub
```

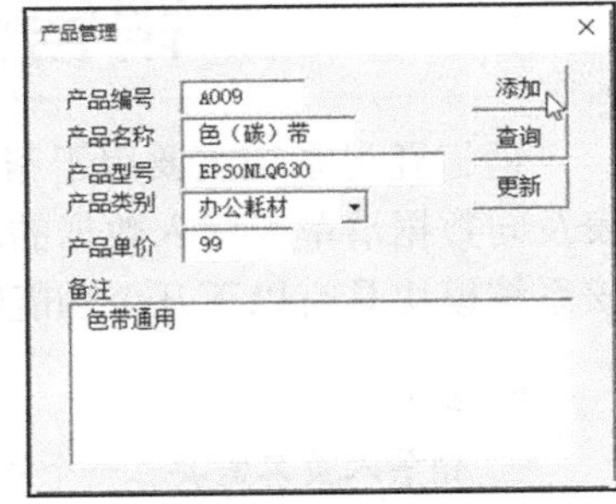

图6-5

04 按F5键运行代码，弹出创建的窗体界面，输入相应的产品信息，如图6-5所示。

05 单击“添加”按钮，即可将输入的产品信息填入“产品列表”工作表中，如图6-6所示。

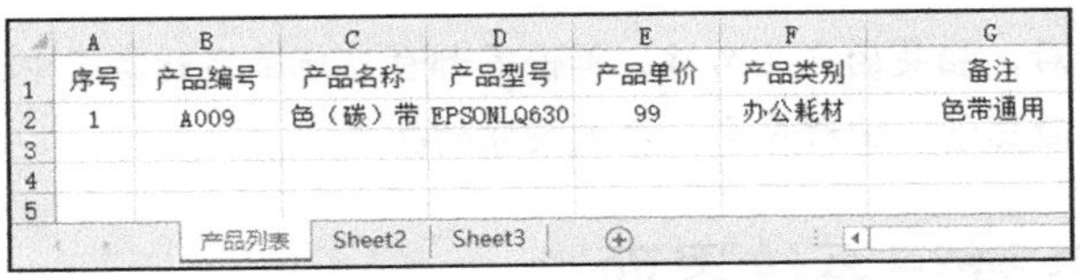

	A	B	C	D	E	F	G
1	序号	产品编号	产品名称	产品型号	产品单价	产品类别	备注
2	1	A009	色（碳）带	EPSONLQ630	99	办公耗材	色带通用
3							
4							
5							

图6-6

06 在工作表中输入大量的产品信息后再运行代码，在打开的窗体中输入要查询的产品编号，然后单击“查询”按钮，如图6-7所示。

07 此时，即可在窗体中显示出该产品的全部信息，如图6-8所示。

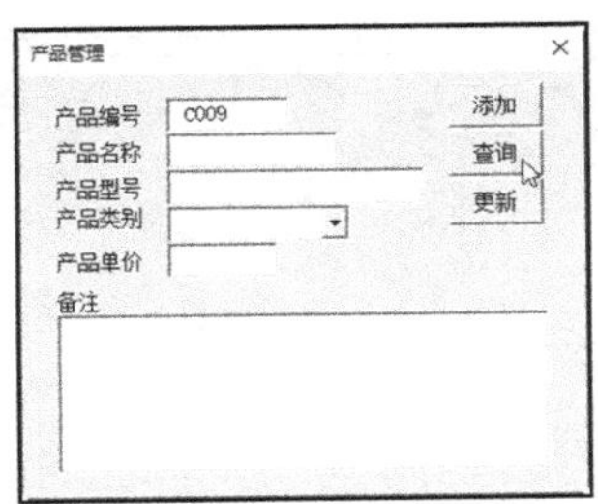

图6-7

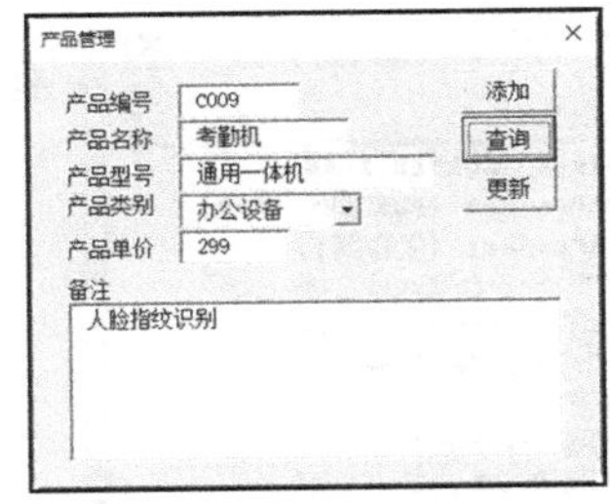

图6-8

08 在窗体中更改产品的信息，然后单击“更新”按钮，即可在工作表中显示更改过的信息，如图6-9所示。

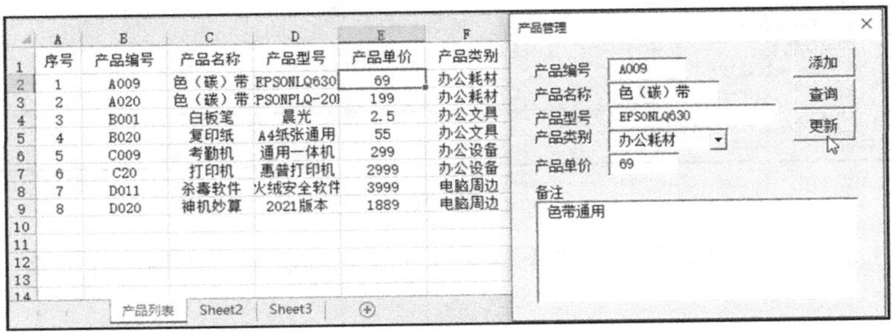

	A	B	C	D	E	F
1	序号	产品编号	产品名称	产品型号	产品单价	产品类别
2	1	A009	色（碳）带	EPSONLQ630	69	办公耗材
3	2	A020	色（碳）带	PSONPLQ-20I	199	办公耗材
4	3	B001	白板笔	晨光	2.5	办公文具
5	4	B020	复印纸	A4纸张通用	55	办公文具
6	5	C009	考勤机	通用一体机	299	办公设备
7	6	C20	打印机	惠普打印机	2999	办公设备
8	7	D011	杀毒软件	火绒安全软件	3999	电脑周边
9	8	D020	神机妙算	2021版本	1889	电脑周边

图6-9

6.2 销售登记系统设计

销售登记系统主要用于帮助销售人员进行销售订单登记，该系统需要同时具备打印订单表及向数据清单表写入数据的功能。为使程序更为人性化，可以借助相关控件完成辅助性输入。该系统模块具有以下几个功能特点：

- 批量输入

  销售人员只需要在一个界面中完成某个客户所有产品采购的数据输入。

- 提示性输入

  在日期输入中，销售人员可借助程序提供的日期输入控件完成日期的选择性输入。

- 自动输入

  如输入产品编号后，相关的产品名称、单价等都自动地填写到界面中。在输入产品时，为减少销售人员的输入数据量，由程序自动输入关联的数据。

6.2.1 创建销售登记系统界面

创建销售登记系统界面的操作步骤如下：

01 启动VBE环境，选择“插入→用户窗体”菜单命令创建UserForm2窗体，调整为合适的大小，并把该窗体的Caption属性值设置为“产品销售登记”，如图6-10所示。

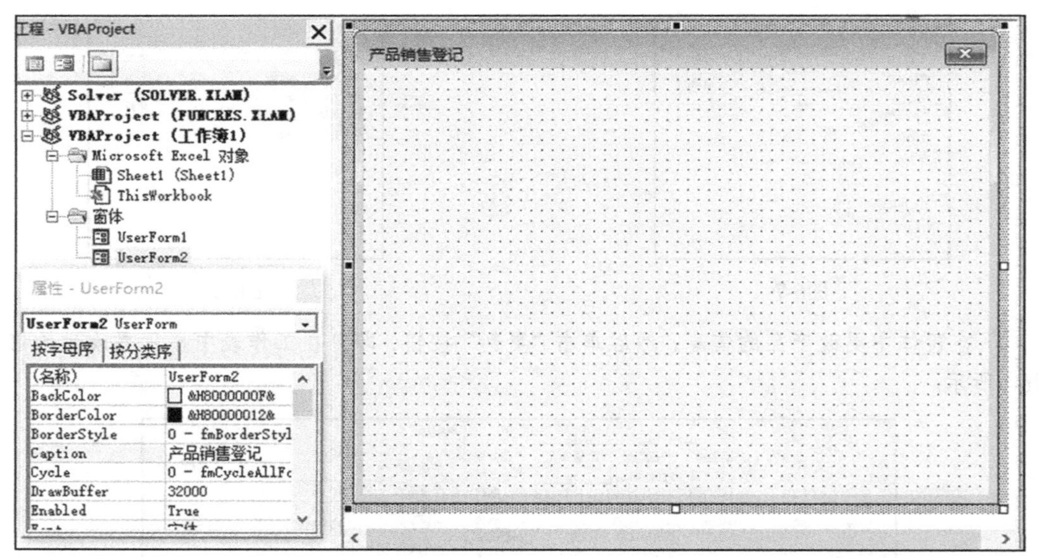

图6-10

02 通过“工具箱”在窗体中创建多个标签及文字框等控件，如图6-11所示。

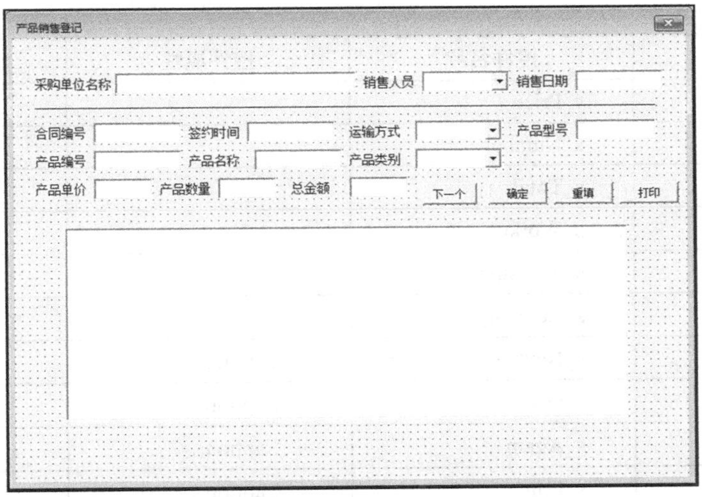

图6-11

窗体中各控件的属性值设置如表6-2所示。

表6-2 窗体中各控件的属性值设置

控件类型	控件名称	控件属性	属性值
标签	Label1	Caption	采购单位名称
标签	Label2	Caption	销售人员
标签	Label3	Caption	销售日期
标签	Label4	Caption	合同编号
标签	Label5	Caption	签约时间
标签	Label6	Caption	运输方式
标签	Label7	Caption	产品型号
标签	Label8	Caption	产品编号
标签	Label9	Caption	产品名称
标签	Label10	Caption	产品类别
标签	Label11	Caption	产品单价
标签	Label12	Caption	产品数量
标签	Label13	Caption	总金额
文字框	s_Object		
文字框	s_Date		
文字框	s_DcID		
文字框	s_MakeDate		
文字框	s_Model		
文字框	s_ID		
文字框	s_Name		

（续）

控件类型	控件名称	控件属性	属性值
文字框	s_Price		
文字框	s_Number		
文字框	s_Total		
复合框	s_Worker		
复合框	s_Transtport		
复合框	s_Category		
按钮	s_Next	Caption	下一个
按钮	s_OK	Caption	确定
按钮	s_Again	Caption	重填
按钮	s_Print	Caption	打印
列表框	s_ListData	ColumnCount	6
日历控件	s_MakeDateTime	Visible	False
日历控件	s_DateTime	Visible	False

6.2.2 设置代码定义事件

操作步骤如下：

01 将Sheet2和Sheet3工作表分别重命名为“销售人员”和“销售订货清单表”，并新建工作表“销售订货单据”，然后在这三个工作表中分别输入相关数据，如图6-12、图6-13、图6-14所示。

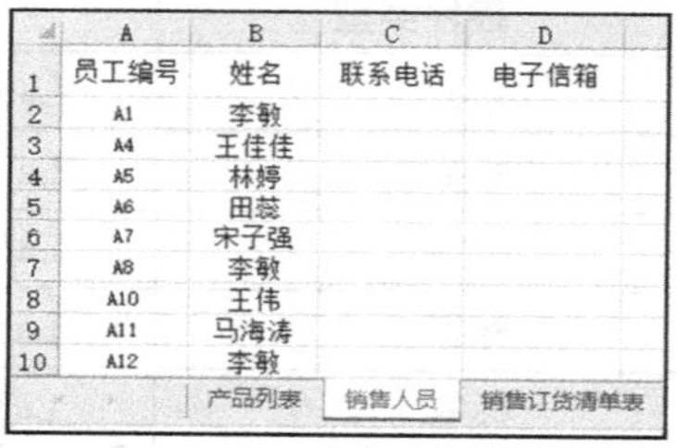
员工编号
姓名
联系电话
电子信箱
A1 李敏
A4 王佳佳
A5 林婷
A6 田蕊
A7 宋子强
A8 李敏
A10 王伟
A11 马海涛
A12 李敏
产品列表
销售人员
销售订货清单表

图6-12

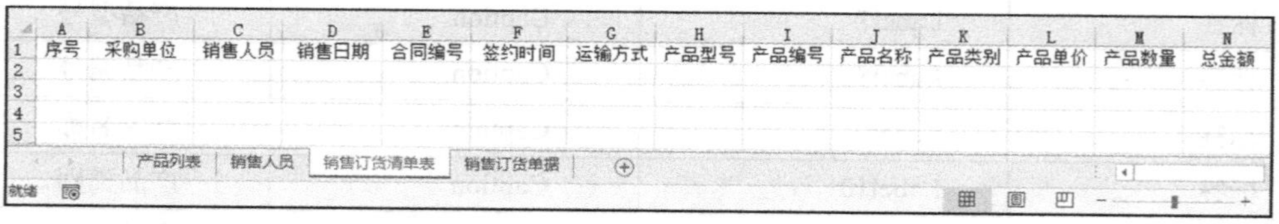
序号
采购单位
销售人员
销售日期
合同编号
签约时间
运输方式
产品型号
产品编号
产品名称
产品类别
产品单价
产品数量
总金额
产品列表
销售人员
销售订货清单表
销售订货单据
就绪

图6-13

销售清单表
采购单位名称
销售人员
销售日期
产品编号
产品名称
产品类别
产品型号
产品单价
产品数量
总金额
产品列表
销售人员
销售订货清单表
销售订货单据

图6-14

02 单击“公式”选项卡，在“定义的名称”选项组中单击“定义名称”按钮，如图6-15所示。

03 在打开的“新建名称”对话框中设置名称为“姓名”，引用位置为“=OFFSET(销售人员!$B$2,0,0,COUNTA(销售人员!$B:$B)-1,1)”，完成后单击“确定”按钮，如图6-16所示。

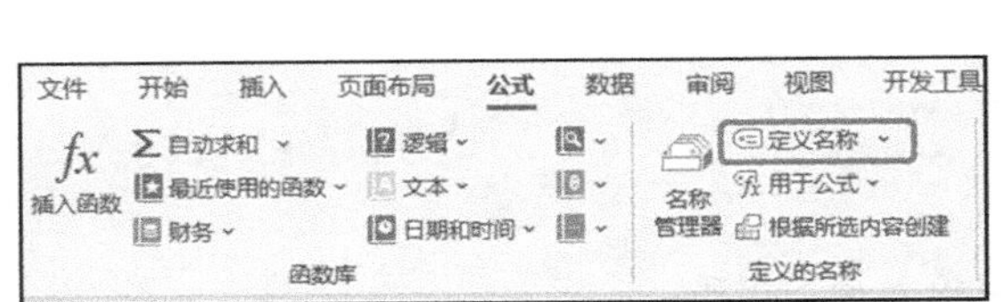

图6-15

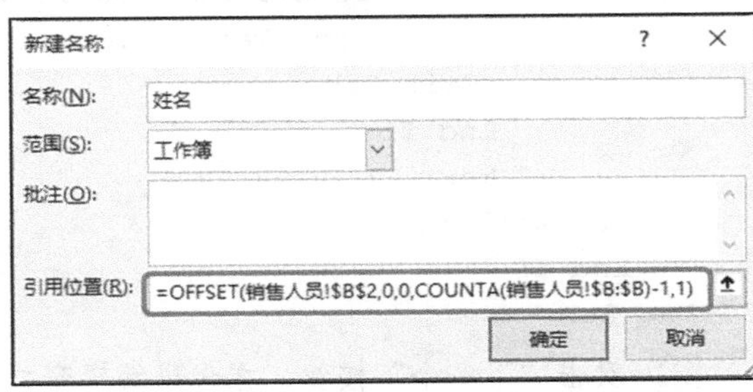

图6-16

04 启动VBE环境，双击窗体空白区域，在打开的代码编辑窗口中输入如下代码：

```
Public Sub UserForm_Initialize()
'设定“销售人员”复合框数据来源
s_Worker.RowSource = "姓名"
'定义“运输方式”复合框选项
With s_Transtport
    .Clear
    .AddItem "公路运输"
    .AddItem "铁路运输"
    .AddItem "水上运输"
    .AddItem "航空运输"
'定义“产品类别”复合框选项
With s_Category
     .Clear
    .AddItem "计算机耗材"
    .AddItem "计算机配件"
    .AddItem "PC整机"
    .AddItem "服务器"
End With
End With
End Sub
```

05 双击“产品编号”后的文字框，在代码编辑窗口中输入如下代码：

```
Private Sub s_ID_Exit(ByVal Cancel As MSForms.ReturnBoolean)
rs = Worksheets("产品列表").Range("B1048576").End(xlUp).Row
'当产品编号文字框为空时，出现消息提示框
If s_ID.Text = "" Then
    MsgBox "请输入产品编号"
    Else
    With Worksheets("产品列表")
           For i = 2 To rs
'判断在工作表中是否有与产品编号相同的数据，若有则直接将相关数据写入控件中
```

```
            If .Cells(i, 2) = s_ID.Text Then
                s_Name.Text = .Cells(i, 3)
                s_Category.Text = .Cells(i, 6)
                s_Price.Text = .Cells(i, 5)
                s_Model.Text = .Cells(i, 4)
             Exit Sub
            End If
            Next
    End With
    End If
End Sub
```

06 双击“下一个”按钮，在代码编辑窗口中输入如下代码：

```
Private Sub s_Next_Click()
Dim myarray() As String
Dim j As Long
Dim X As Integer
Static i As Long '定义变量
i = i + 1
ReDim Preserve myarray(6, i)
'设置列表框标题行文本
myarray(0, 0) = "产品编号"
myarray(1, 0) = "产品名称"
myarray(2, 0) = "产品类别"
myarray(3, 0) = "产品单价"
myarray(4, 0) = "销售数量"
myarray(5, 0) = "总金额"
'将每次填写的内容写入列表框中
myarray(0, i) = s_ID.Text
myarray(1, i) = s_Name.Text
myarray(2, i) = s_Category.Text
myarray(3, i) = s_Price.Text
myarray(4, i) = s_Number.Text
myarray(5, i) = s_Total.Text
s_ListData.Column = myarray
'初始化文字框
 s_ID.Text = ""
 s_Name.Text = ""
 s_Category.Text = ""
 s_Price.Text = ""
 s_Number.Text = ""
 s_Total.Text = ""
End Sub
```

07 双击“确定”按钮，在代码编辑窗口中输入如下代码：

```
Private Sub s_OK_Click()
On Error GoTo ss   '定义出错时程序执行过程
```

```
Dim rs1 As Long
Dim rs2 As Long
'获得"销售订货清单表"和"销售订货单据"数据区域的最后一行
rs1 = Worksheets("销售订货清单表").Range("B1048576").End(xlUp).Row + 1
rs2 = Worksheets("销售订货单据").Range("A1048576").End(xlUp).Row + 1
'从列表框中的第二行至列表框的最后一行依次读取
For i = 1 To s_ListData.ListCount
'将数据写入"销售订货清单表"工作表中
        With Worksheets("销售订货清单表")
                .Cells(rs1, 1) = rs1 - 1
                .Cells(rs1, 2) = s_Object.Text
                .Cells(rs1, 3) = s_Worker.Text
                .Cells(rs1, 4) = s_Date.Text
                .Cells(rs1, 5) = s_DcID.Text
                .Cells(rs1, 6) = s_MakeDate.Text
                .Cells(rs1, 7) = s_Transtport.Text
                .Cells(rs1, 8) = s_Model.Text
                .Cells(rs1, 9) = s_ListData.Column(0, i)
                .Cells(rs1, 10) = s_ListData.Column(1, i)
                .Cells(rs1, 11) = s_ListData.Column(2, i)
                .Cells(rs1, 12) = s_ListData.Column(3, i)
                .Cells(rs1, 13) = s_ListData.Column(4, i)
                .Cells(rs1, 14) = s_ListData.Column(5, i)
        End With
'将数据写入"销售订货单据"工作表中
        With Worksheets("销售订货单据")
            .Range("B2").Value = s_Object.Text
            .Range("B3").Value = s_Worker.Text
            .Range("f3").Value = s_Date.Text
                .Cells(rs2, 1) = s_ListData.Column(0, i)
                .Cells(rs2, 2) = s_ListData.Column(1, i)
                .Cells(rs2, 3) = s_Category.Text
                .Cells(rs2, 4) = s_ListData.Column(2, i)
                .Cells(rs2, 5) = s_ListData.Column(3, i)
                .Cells(rs2, 6) = s_ListData.Column(4, i)
                .Cells(rs2, 7) = s_ListData.Column(5, i)
                End With
        rs1 = rs1
        rs2 = rs2 + 1
        Next
ss:
    Exit Sub
End Sub
```

08 最后分别双击"重填"和"打印"按钮，在代码编辑窗口中分别输入如下代码：

```
'定义"重填"按钮
Private Sub s_Again_Click()
UserForm_Initialize
```

```
End Sub
'定义“打印”按钮
Private Sub s_Print_Click()
Worksheets("销售订货单据").PrintOut
End Sub
```

6.2.3 填写销售清单表

操作步骤如下：

01 程序代码输入完成后，按F5键运行代码，即可弹出“产品销售登记”界面，输入相应数据，如图6-17所示。

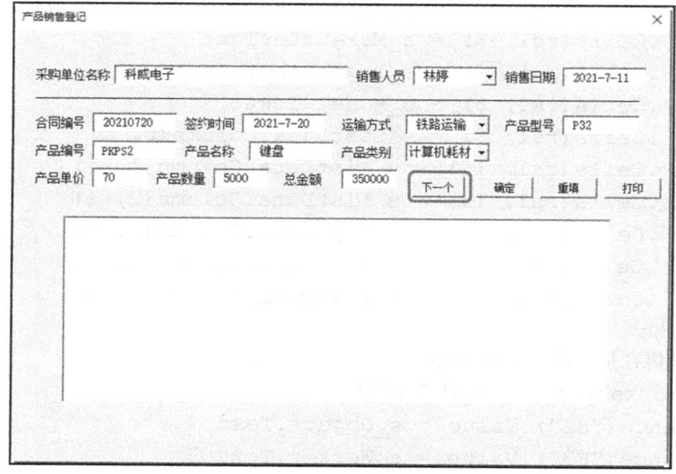

图6-17

02 单击“下一个”按钮，即可将输入的数据填至窗体下方的列表框中，选中该产品数据，单击“确定”按钮，如图6-18所示。

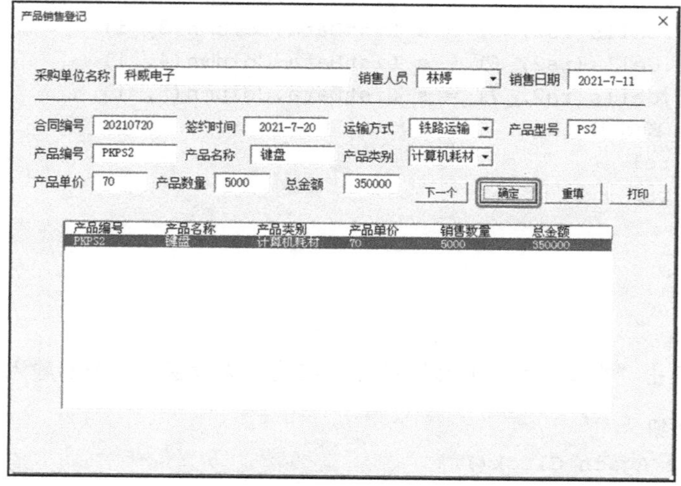

图6-18

03 此时在“销售订货清单表”和“销售订货单据”两个工作表中均可显示出输入的数据信息，如图6-19、图6-20所示。

	A	B	C	D	E	F	G	H	I	J	K	L	M	N
1	序号	采购单位	销售人员	销售日期	合同编号	签约时间	运输方式	产品型号	产品编号	产品名称	产品类别	产品单价	产品数量	总金额
2	1	科威电子	林婷	2021/7/11	20210720	2021/7/20	铁路运输	PS2	PKPS2	键盘	计算机耗材	70	5000	350000
3														
4														
5														

图6-19

	A	B	C	D	E	F	G
1	销售清单表						
2	采购单位名称	科威电子					
3	销售人员	林婷			销售日期	2021/7/11	
4							
5	产品编号	产品名称	产品类别	产品型号	产品单价	产品数量	总金额
6	PKPS2	键盘		计算机耗材	70	5000	350000
7							
8							
9							
10							
11							
12							
13							
14							
15							
16							
17							
18							
19							

产品列表　销售人员　销售订货清单表　销售订货单据

图6-20

04 单击“重填”和“打印”按钮，可分别进行重填数据和打印数据的操作。

6.3 销售统计分析系统设计

该系统模块主要用于对销售数据按不同的销售人员、日期（月）、产品名称、销售量及销售总金额进行统计分析，需要实现分析结果数据及分析图/表的功能。

统计分析表：是基于Excel中的数据透视表而创建的，并分别设置销售人员为分页项、日期为列项、产品名称与产品型号为行项、销售数据及总金额为计算项，使整个数据统计结果更加直观、明了。

统计分析图：是基于数据而创建的图表，分别设置销售产品名称为行数据，销售日期为列数据，销售数量为数据项。

6.3.1 生成统计分析表/图

当本系统中的数据量变得庞大时，定义过多的程序代码会使系统运行变得缓慢，因此将“销售订货清单表”中的数据定义为数据区域，程序通过调用该区域的方式来获得相应的数据，以减少程序代码的编写量。具体操作步骤如下：

01 通过“产品销售统计”窗体在“销售订货清单表”中生成多个销售清单，并新建名为“统计”的工作表，如图6-21所示。

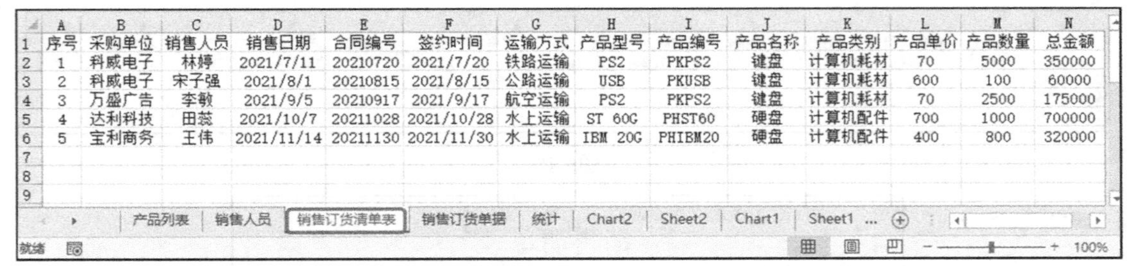

序号	采购单位	销售人员	销售日期	合同编号	签约时间	运输方式	产品型号	产品编号	产品名称	产品类别	产品单价	产品数量	总金额
1	科威电子	林婷	2021/7/11	20210720	2021/7/20	铁路运输	PS2	PKPS2	键盘	计算机耗材	70	5000	350000
2	科威电子	宋子强	2021/8/1	20210815	2021/8/15	公路运输	USB	PKUSB	键盘	计算机耗材	600	100	60000
3	万盛广告	李敏	2021/9/5	20210917	2021/9/17	航空运输	PS2	PKPS2	键盘	计算机耗材	70	2500	175000
4	达利科技	田蕊	2021/10/7	20211028	2021/10/28	水上运输	ST 60G	PHST60	硬盘	计算机配件	700	1000	700000
5	宝利商务	王伟	2021/11/14	20211130	2021/11/30	水上运输	IBM 20G	PHIBM20	硬盘	计算机配件	400	800	320000

图6-21

02 单击“公式”选项卡，在“定义的名称”选项组中单击“定义名称”按钮，在打开的“新建名称”对话框中设置名称为“DataArea”，引用位置为“=OFFSET(销售订货清单表!$A$1,0,0,COUNTA(销售订货清单表!$A:$A),14)”，完成后单击“确定”按钮，如图6-22所示。

新建名称

名称(N): DataArea

范围(S): 工作簿

批注(O):

引用位置(R): =OFFSET(销售订货清单表!$A$1,0,0,COUNTA(销售订货清单表!$A:$A),14)

确定 取消

图6-22

03 启动VBE环境，选择“插入→模块”菜单命令，在创建的“模块1”代码编辑窗口中输入如下代码：

```
'生成统计分析表
Sub TotalTable()
   Dim WSD As Worksheet
    Dim PT As PivotTable
    Set WSD = Worksheets("统计")
For Each PT In Worksheets("统计").PivotTables
'判断是否已经存在该透视表，若存在，则直接更新数据
           If PT.Name = "Total" Then
           PT.RefreshTable
           Exit Sub
           End If
          Next
  With ActiveSheet.PivotTableWizard(SourceType:=xlDatabase, _
         SourceData:=ThisWorkbook.Names("DataArea").RefersToRange, _
         TableDestination:=WSD.Range("A3"), TableName:="Total") '创建数据透视表
    'Add Row & Column fields
    .AddFields RowFields:=Array("产品名称", "产品型号"), _
```

```
        ColumnFields:="销售日期", PageFields:="销售人员"
      .PivotFields("产品数量").Orientation = xlDataField
      .PivotFields("总金额").Orientation = xlDataField  '定义数据透视表中的行、列及计算项
   .PivotFields("销售日期").LabelRange.Group Start:=True, End:=True, _
        Periods:=Array(False, False, False, False, True, False, True)  '对日期项进行组合，以月为单位进行显示
      End With
   End Sub
```

04 按F5键运行代码即可在“统计”工作表中生成统计分析表，如图6-23所示。

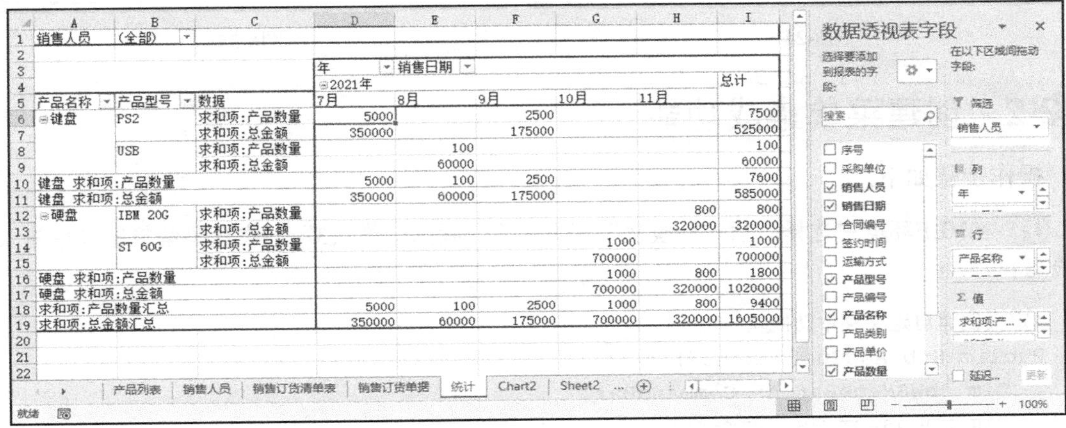

销售人员	(全部)						
			年 / 销售日期				
			2021年				总计
产品名称	产品型号	数据	7月	8月	9月	10月	11月	
键盘	PS2	求和项:产品数量	5000		2500			7500
		求和项:总金额	350000		175000			525000
	USB	求和项:产品数量		100				100
		求和项:总金额		60000				60000
键盘 求和项:产品数量			5000	100	2500			7600
键盘 求和项:总金额			350000	60000	175000			585000
硬盘	IBM 20G	求和项:产品数量					800	800
		求和项:总金额					320000	320000
	ST 60G	求和项:产品数量				1000		1000
		求和项:总金额				700000		700000
硬盘 求和项:产品数量						1000	800	1800
硬盘 求和项:总金额						700000	320000	1020000
求和项:产品数量汇总			5000	100	2500	1000	800	9400
求和项:总金额汇总			350000	60000	175000	700000	320000	1605000

图6-23

05 继续插入“模块2”，在代码编辑窗口中输入如下代码：

```
'创建图表
Sub CreatePivotChart()
  Dim PC As PivotCache
  Dim PT As PivotTable
  Dim Cht As Chart
  Set PC = Worksheets("统计").PivotTables(1).PivotCache
  Worksheets.Add After:=Worksheets(5)
 '创建新的工作表
  Set PT = PC.CreatePivotTable(TableDestination:=ActiveCell)
  Set Cht = Charts.Add(After:=Worksheets(5))
'生成图表
  With Cht.PivotLayout.PivotTable
    .PivotFields("产品名称").Orientation = xlRowField
    .PivotFields("销售日期").Orientation = xlColumnField
    .PivotFields("产品数量").Orientation = xlDataField        '设定行、列项
    End With
  End Sub
```

06 按F5键运行代码，即可在“统计”工作表后新建Chart1和Sheet1工作表，分别用于生成统计分析图和统计分析表，如图6-24、图6-25所示。

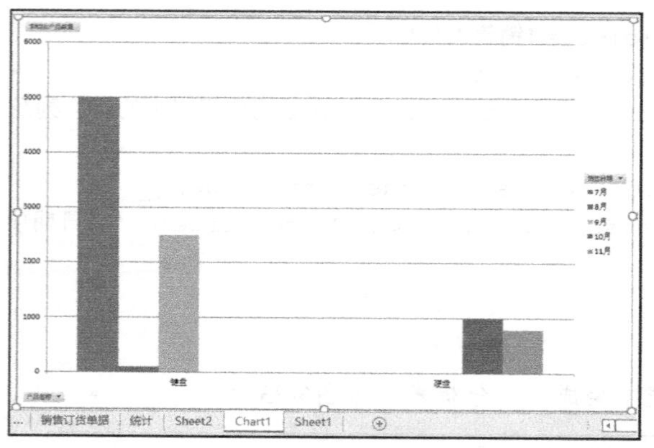

图6-24

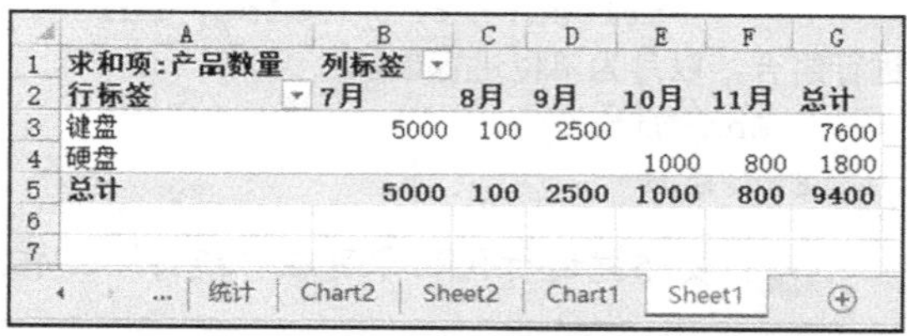

	A	B	C	D	E	F	G
1	求和项:产品数量	列标签					
2	行标签	7月	8月	9月	10月	11月	总计
3	键盘	5000	100	2500			7600
4	硬盘				1000	800	1800
5	总计	5000	100	2500	1000	800	9400
6							
7							

统计 Chart2 Sheet2 Chart1 Sheet1

图6-25

6.3.2 创建菜单集成功能

操作步骤如下：

01 在VBE环境中选择“插入→模块”菜单命令，插入“模块3”，在代码编辑窗口中输入如下代码：

```
'定义创建自定义菜单功能块
Public Sub AddCustomMenu()
   Dim cbWSMenuBar As CommandBar
   Dim muCustom As CommandBarControl
   Dim iHelpIndex As Integer
   Set cbWSMenuBar = Application.CommandBars("Worksheet Menu Bar")
      Set muCustom = cbWSMenuBar.Controls.Add(Type:=msoControlPopup)   '创建菜单栏
   With muCustom
     .Caption = "销售管理系统"                '定义显示名称
    '下面代码为菜单栏中显示的选项
      With .Controls.Add(Type:=msoControlButton)
         .Caption = "&产品管理"
           '菜单中按钮显示名称：产品管理 &产表示设定快捷键为“产”（下同）
         .OnAction = "productshow"
           '设置按钮对应的事件，即当单击该按钮时所执行的命令（下同）
      End With
      With .Controls.Add(Type:=msoControlButton)
         .Caption = "销售统计"
     .OnAction = "SaleDataShow"
      End With
      With .Controls.Add(Type:=msoControlButton)
         .Caption = "&创建统计分析图表"
         .BeginGroup = True
         .OnAction = "CreatePivotChart"
      End With
```

```
    End With
End Sub
'创建删除自定义菜单功能
Public Sub RemoveCustomMenu()
    Dim cbWSMenuBar As CommandBar
    On Error Resume Next
    Set cbWSMenuBar = CommandBars("Worksheet Menu Bar")
    cbWSMenuBar.Controls("销售管理系统").Delete
End Sub
'控制产品管理系统界面
Public Sub productshow()
UserForm1.Show
End Sub
'控制销售登记界面
Public Sub SaleDataShow()
UserForm2.Show
End Sub
Sub RestoreToolbarsAndWorksheetMenuBar()
    CommandBars("Worksheet Menu Bar").Enabled = True
    Application.OnKey "%-"
    CommandBars("Standard").Visible = True
    CommandBars("Formatting").Visible = True
End Sub
```

02 按F5键运行代码即可在工作表选项卡的最后添加“加载项”选项卡，单击该选项卡即可看到其中的菜单命令，如图6-26所示。

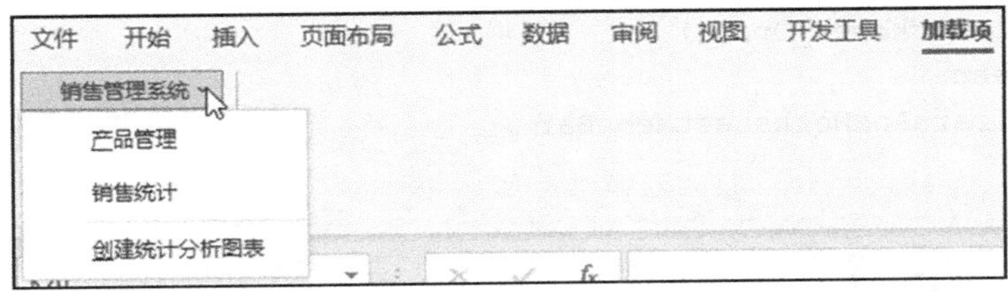

图6-26

03 选择“产品管理”菜单命令，即可显示出之前创建的“产品管理”窗体界面，如图6-27所示。

04 选择“销售统计”菜单命令，即可显示出之前创建的“产品销售登记”窗体界面，如图6-28所示。

05 选择“创建统计分析图表”菜单命令，即可生成产品统计分析图和分析表，如图6-29所示。

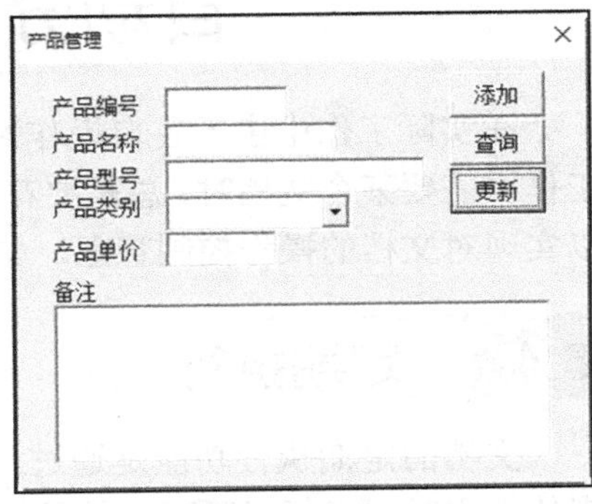

图6-27

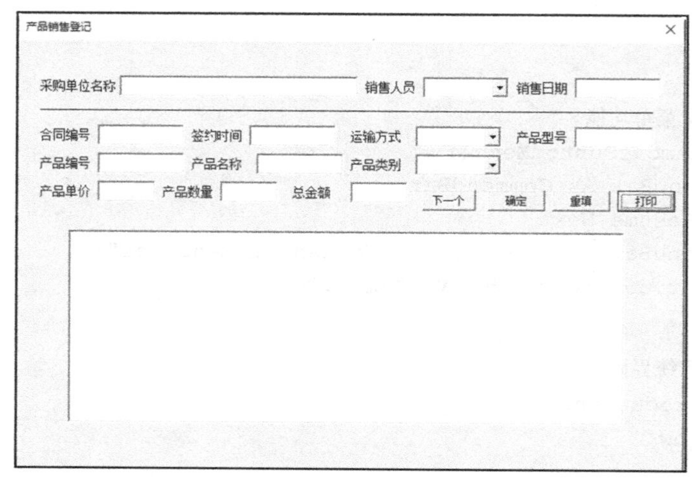

图6-28

... 销售订货单据 统计 Chart2 Sheet2 Chart1 Sheet1
就绪

图6-29

06 重新启动VBE环境，双击工程资源管理器中的ThisWorkbook，在打开的代码编辑窗口中定义工作簿打开与关闭事件，代码如下：

```
'定义文档关闭事件，移除菜单
Private Sub Workbook_BeforeClose(Cancel As Boolean)
RemoveCustomMenu
End Sub
'定义文档打开事件，创建菜单
Private Sub Workbook_Open()
AddCustomMenu
RestoreToolbarsAndWorksheetMenuBar
End Sub
```

6.4 自动分类保存设计

在实际工作中由于各自操作习惯的不同，导致在对文档进行设计及分类保存时也不同，工作中需要某个文档时，总是要花费大量时间查询该文档。通过设计文件自动分类保存功能可以实现对文档的操作控制管理，如定期执行、自动分类保存等。

6.4.1 定期执行

文档的定期执行功能是通过Application的OnTime方法实现的。该方法安排一个过程在将来的特定时间运行（既可以是具体指定的某个时间，也可以是指定的一段时间之后）。

语法形式：OnTime(EarliestTime, Procedure, LatestTime, Schedule)
参数说明：

- EarliestTime：表示希望此过程运行的时间。
- Procedure：表示要运行的过程名。
- LatestTime：表示过程开始运行的最晚时间。例如，如果LatestTime参数设置为EarliestTime + 30，且当到达EarliestTime时间时，由于其他过程处于运行状态而导致Microsoft Excel不能处于“就绪”“复制”“剪切”或“查找”模式，则Microsoft Excel将等待30秒，目的是让第一个过程先完成。如果Microsoft Excel不能在30秒内回到“就绪”模式，则不运行此过程。如果省略该参数，Microsoft Excel将一直等待直到可以运行该过程为止。
- Schedule：如果为True，则预定一个新的OnTime过程；如果为False，则清除先前设置的过程。默认值为True。

例如：

```
Application.OnTime TimeValue("17:00:00"), "my_Procedure"
```

表示在下午5点执行名为my_Procedure的宏。

```
Application.OnTime Now + TimeValue("00:00:15"), "my_Procedure"
```

表示以当前时间为基准，15秒后执行名为my_Procedure的宏。

6.4.2 文件自动分类保存

该功能主要是通过FileSystem实现的，FileSystem模块中的过程可用来执行文件、目录（或文件夹）以及系统的作业（在代码中为常数）。这些常数可以用在代码中的任何地方。在该模块中包含了Dir、MkDir、ChDir、Kill等多个与DOS操作系统功能接近的命令语句。

1. Dir命令

该命令用于返回一个String，用以表示一个文件名、目录名（或文件夹名）。必须与指定的模式、文件属性或磁盘卷标相匹配。

语法形式：Dir[(pathname[, attributes])]
参数说明：

- pathname：用来指定文件名的字符串表达式，可能包含目录（或文件夹）以及驱动器。如果没有找到pathname，则会返回零长度字符串 ("")。为可选参数。
- attributes：常数或数值表达式，其总和用来指定文件属性。如果省略，则会返回匹配pathname但不包含属性的文件。为可选参数。

attributes所包含的常数如表6-3所示。
例如，下列语句返回当前文件夹中第一个TEXT文件的名称。
具体代码为：Dir("SomePath", MacID("TEXT"))

表6-3　attributes所包含的常数及说明

常数	值	说明
vbNormal	0	（默认）指定没有属性的文件
vbReadOnly	1	指定无属性的只读文件
vbHidden	2	指定无属性的隐藏文件
VbSystem	4	指定无属性的系统文件，在Macintosh中不可用
vbVolume	8	指定卷标文件；如果指定了其他属性，则忽略vbVolume；在Macintosh中不可用
vbDirectory	16	指定无属性文件及其路径和文件夹
vbAlias	64	指定的文件名是别名，只在Macintosh中可用

2. MkDir命令

该命令用于创建一个新的目录或文件夹。

语法形式：MkDir path

3. ChDir命令

该命令用于改变当前的目录或文件夹。

语法形式：ChDir path

4. Kill命令

该命令用于从磁盘中删除文件。

语法形式：Kill pathname

例如，下列语句删除当前文件夹内的所有TEXT文件。
具体代码为：Kill MacID("TEXT")

5. RmDir命令

该命令用于删除当前的目录或文件。

语法形式：RmDir path

例如，MYDIR为一空的目录或文件夹，要将其删除。
具体代码为：RmDir "MYDIR"

6.4.3 文件自动保存实例

下面举例讲解如何将打开的文件按特定命名规则进行保存。操作步骤如下：

01 新建工作簿，启动VBE环境，选择“插入→模块”菜单命令，在打开的代码编辑窗口中输入如下代码：

```
'定义模块中的事件
Sub TEST()
Dim p As String
p = ThisWorkbook.Path                          '获得该文件所在目录
   Y1 = Format(Now, "YYYY-MM-DD-hh-mm-ss")     '定义文件命名内容为年-月-日-时-分-秒
      OUTFILENAME = Y1 + ".xls"                '组成Excel文档命名规则
Path = p                                       '设定目录名为年-月-日规则
  If Len(Dir(Path, vbDirectory)) = 0 Then
      MkDir Path                               '若目录不存在，则创建该命名目录
   End If
   ActiveWorkbook.SaveAs Filename:=Path & "\" & OUTFILENAME    '将文件存放至当
前目录下以年-月-日命名的子目录中
End Sub
```

02 按F5键运行代码即可按照指定名称和路径另存当前工作簿，如图6-30所示。

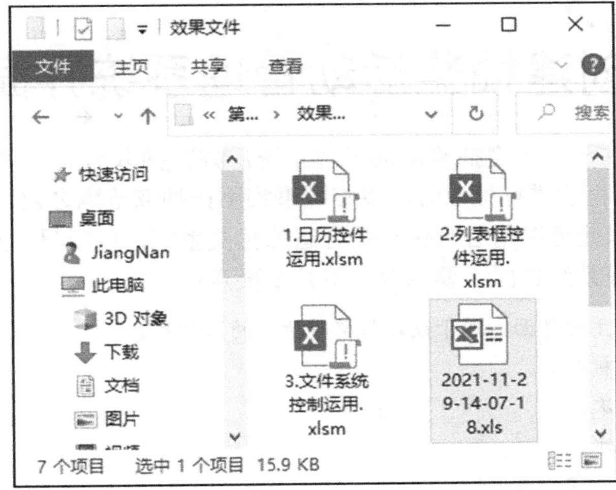

图6-30

第7章　抽奖活动管理系统

随机功能是企业活动组织（如抽奖活动）、数据分析（如概率分析）中常用的功能之一。本章将通过演示抽奖活动的效果实现详细介绍随机功能的发生及控制方法。

7.1 创建抽奖活动管理系统界面

假设公司需要建立一个年度抽奖活动管理系统，并在抽取后显示内容为“××同事，恭喜中奖！”的消息，且再次进行抽取时，中奖同事将不在抽取范围之内。由于此类活动可能每年都要举办好几次，因此可以用心制作一个合适的抽奖系统，便于日后重复使用。

创建抽奖活动管理系统界面主要包含以下几个要点：

- 必须拥有一个独立的界面，用于设计抽奖时所需的启动界面。
- 对数据必须是随机抽取。
- 每人只能中奖一次。
- 显示中奖消息提示。
- 该功能需要具有一定的通用性。
- 需要拥有一个在职员工名单表。

细节要点如下：

- 独立界面：最好是一个类似于对话框的界面，上面设有可以单击的按钮，用于进行抽奖的启动，并在界面中显示公司的Logo（标志）。
- 每人中奖一次：在抽取奖品时，若抽到前面已经被抽到过的同事，需要再次进行抽取，避免出现一人被抽中多次。
- 显示中奖消息框：当单击独立界面中的抽取按钮后，弹出显示内容为“××同事，恭喜中奖！”的提示框，字体要醒目。
- 通用性：有时在进行其他市场活动时，也有可能需要这样的系统，因此该系统最好能实现用于不同的场合。
- 在职员工名单表：可利用HR的员工资料数据库。

此类抽奖活动的设计一般有两种形式：一是利用滚动名单方式抽取（即在同一个文字框中不断显示随机抽取的数值或姓名），二是以翻转某张图片（类似于翻转扑克牌的游戏）的方式进行抽取。本案例将采用滚动名单的方式进行抽取。

抽奖活动通常用于公司或机构组织的活动中，所以在开发过程中要注意创建独立的显示界面以增加美观性。

7.1.1 导入公司员工姓名

在创建抽奖活动管理系统界面之前，需要将已有的“在职人员”表格中的公司员工姓名导入表格中。操作步骤如下：

01 新建Excel工作簿，在“数据”选项卡下的“获取和转换数据”选项组中单击“获取数据”下拉按钮，在打开的下拉列表中依次选择“自其他源→来自Microsoft Query”命令，弹出“选择数据源”对话框。

02 在默认的“数据库”选项卡下的列表中选中MS Access Database选项，然后单击“确定”按钮。

03 在弹出的“选择数据库”对话框中设置目录，找到相应的数据文件，然后单击“确定”按钮，如图7-1所示。

04 继续弹出“查询向导－选择列”对话框，在“可用的表和列”列表框中选中“在职人员”选项，单击“转移”按钮，将其中的列名称添加至右侧的“查询结果中的列”列表框中，再单击“下一页”按钮，如图7-2和图7-3所示。

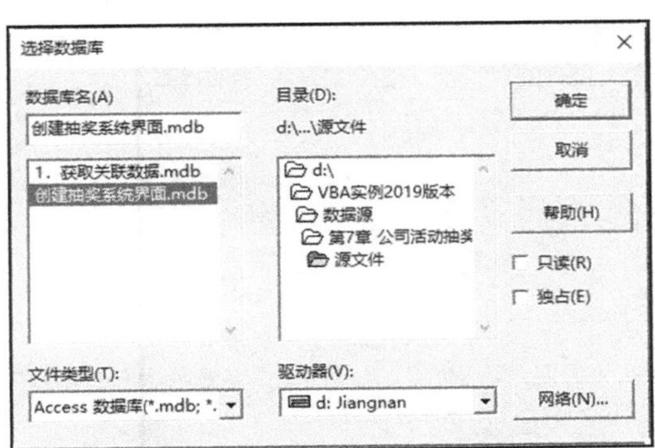

图7-1

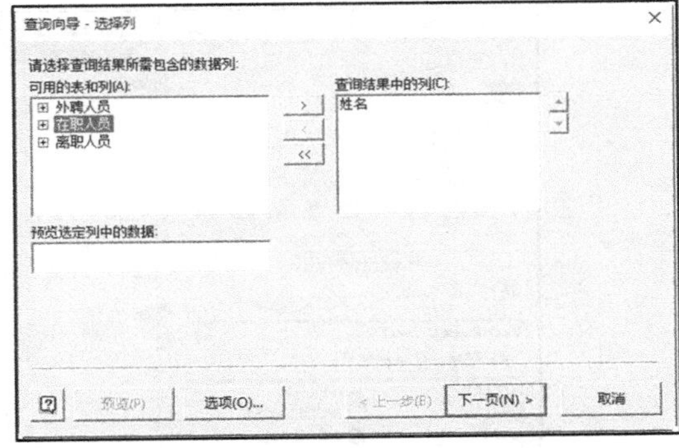

图7-2

05 在后续对话框中，依次单击“下一页”按钮，直到出现“查询向导－完成”对话框，如图7-4所示。单击“完成”按钮，在弹出的“导入数据”对话框中设置数据的放置位置，如图7-5所示。

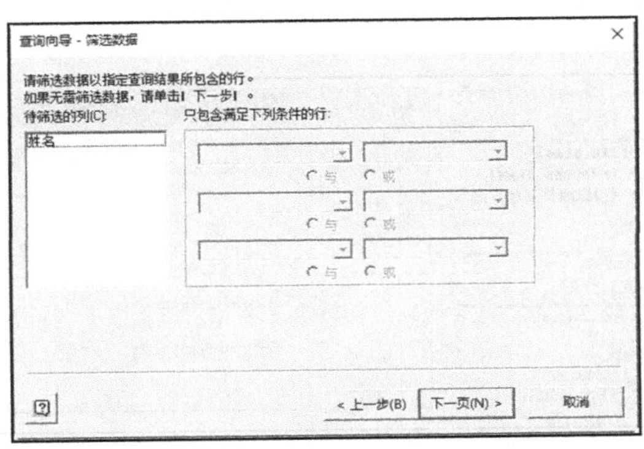

图7-3

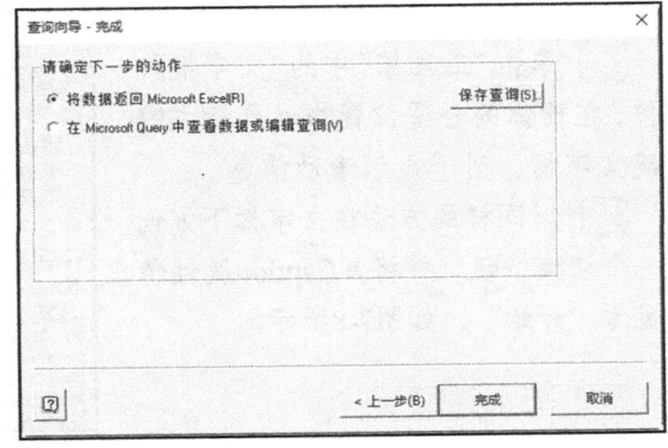

图7-4

06 单击“确定”按钮，即可将指定数据库文件中的数据载入工作表中，如图7-6所示。

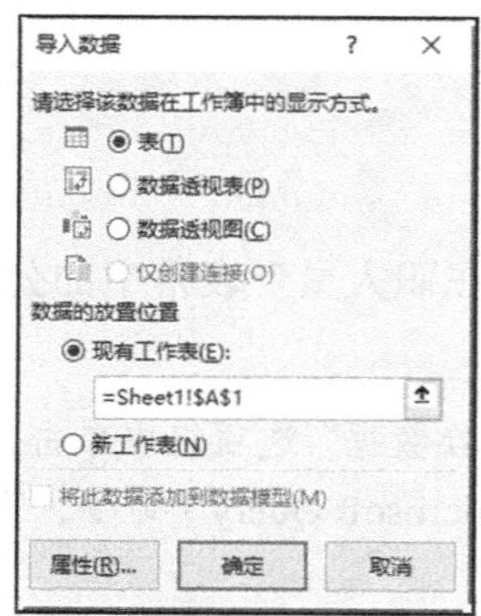

图7-5

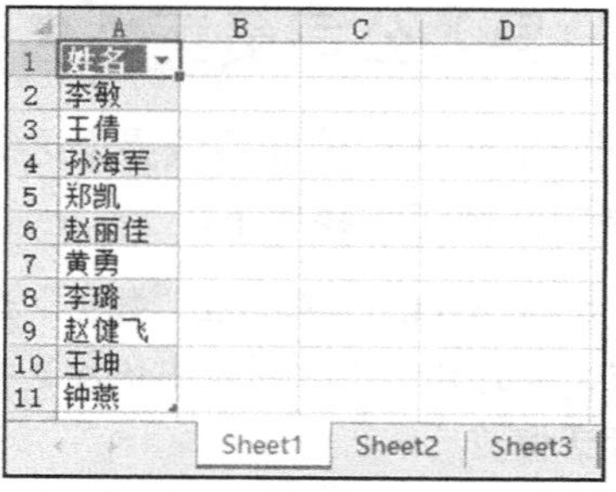

图7-6

7.1.2 创建抽奖界面

操作步骤如下：

01 按Alt+F11组合键进入VBE环境，选择“插入→用户窗体”菜单命令，在属性窗口中设置Caption属性值为“周年庆抽奖活动”，如图7-7所示。

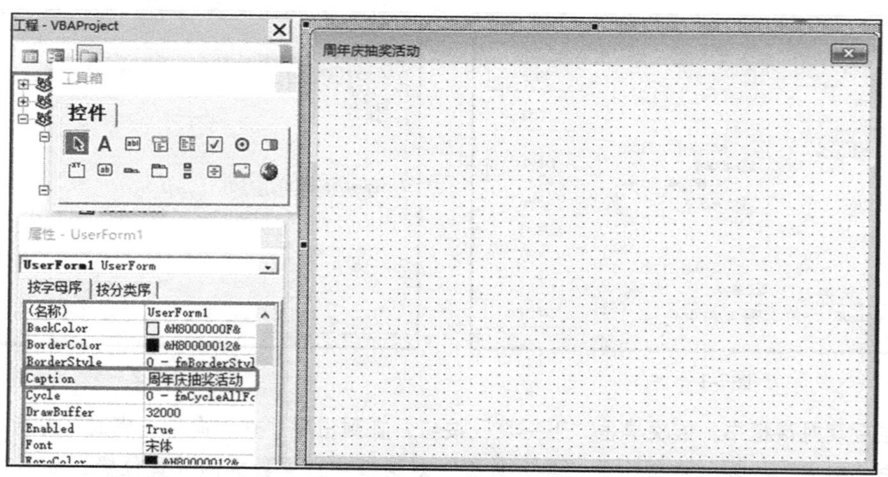

图7-7

02 单击“工具箱”中的“文字框”控件，在窗体的合适位置拖动鼠标左键创建文字框，用于显示滚动信息。

03 以同样的方法在文字框下方创建一个切换按钮，并将其Caption属性值设置为“开始”，如图7-8所示。

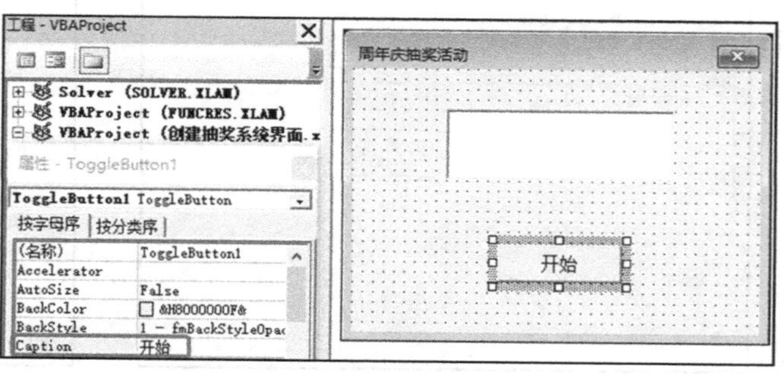

图7-8

7.2 设置随机抽奖功能

通过7.1.2节的设置完成整个系统界面的建立后，即可输入代码定义各控件的功能。

7.2.1 初始化界面

屏蔽Excel环境与启动抽奖活动界面，属于该系统的初始化阶段。要屏蔽Excel环境，需要在该文稿被打开时直接隐藏相关的Excel环境信息。因此屏蔽Excel环境的操作方法是将相应的事件放置在工作簿打开过程中。

在VBE环境中双击工程窗口中的“ThisWorkBook”，在代码编辑窗口中输入如下初始化界面代码。

```
Private Sub Workbook_Open()                        '创建文件打开事件
'Application.DisplayFullScreen = True              '设置启用全屏显示
'ActiveWindow.DisplayHeadings = False              '隐藏行、列标题
'ActiveWindow.DisplayGridlines = False             '隐藏网格线
UserForm1.Show
End Sub
```

知识拓展

如何显示或隐藏整个Excel环境？

若要显示或隐藏整个Excel环境，则需要加入以下语句：

```
Application.Visible=True (False)
```

True表示显示，False表示隐藏。

在进行VBA窗体定制时，经常需要屏蔽整个Excel环境或显示工作表，以保证系统界面的整体显示效果。解决这类问题所采用的方法通常有如下几种：

1. Excel部分环境屏蔽

- 显示与隐藏网络线：ActiveWindow.DisplayGridlines=True（False），False表示隐藏，True表示显示。
- 显示与隐藏行、列标题：ActiveWindow.DisplayHeadings =True（False），False表示隐藏，True表示显示。
- 显示与隐藏公式栏：Application.DisplayFormulaBar = False（True），False表示隐藏，True表示显示。
- 以页面方式显示文档：ActiveWindow.View = xlPageLayoutView。
- 以普通模式显示文档：ActiveWindow.View = xlNormalView。
- 以分页模式显示文档：ActiveWindow.View = xlPageBreakPreview。

可以根据文档显示的需要在VBA代码的相应位置中加入相应的语句。如需要文档打开时切换视图界面，则将代码加入Workbook_Open()中。

2. 工作表和行、列的显示与隐藏

工作表的显示与隐藏通常采用Sheets(Index).visible=True（False）语句来表示。

- Index：表示工作表在当前文档中的自左向右的序号。
- True/False：表示显示/隐藏。

行、列的显示与隐藏的操作比较特殊，具体语句如下：

```
Column(Col:Col).select          '选择需要显示或隐藏的列，Col表示列标或列值
Selection.EntireColumn.Hidden = True/False          '显示或隐藏选中的列
Rows(Rs:Rs).select          '选择需要显示或隐藏的行，Rs表示行值
Selection.EntireRow.Hidden = True/False          '显示或隐藏选中的行
```

7.2.2 定义控件功能

界面设计完成后，现在开始定义相关控件事件。“开始”按钮开启随机的抽奖过程，而“停止”按钮则用来停止选择，显示被抽中的人员。

双击窗体中的“开始”按钮控件，在代码编辑窗口中输入如下代码。

```
Private Sub ToggleButton1_Click()
Dim j As Long
j = Range("A65536").End(xlUp).Row
If ToggleButton1.Value = False Then
    ToggleButton1.Caption = "开始"
    Else
    ToggleButton1.Caption = "停止"
    End If
    Do While ToggleButton1.Value = True
    i = Int((j - 1 + 1) * Rnd + 1)
'随机的行值，行值指数据区域，数据区域A1:A
        TextBox1.Text = Cells(i, 1)
        Cells(i, 1).Select
    DoEvents
    Loop
    MsgBox "****" & TextBox1.Text & "****"
End Sub
```

知识拓展

如何避免得到相同的随机数顺序？

为了避免得到相同的随机数顺序，可以在 Rnd 函数前加 Randomize。

如何生成某个范围内的随机整数？

为了生成某个范围内的随机整数，可使用以下公式：

```
Int((upperbound - lowerbound + 1) * Rnd + lowerbound)
```

知识拓展（续）

- Int(): 表示对随机取的数进行取整，得到一个整数值。
- upperbound表示随机数范围的上限，而 lowerbound 则是随机数范围的下限。

Rnd函数用于返回0~1的随机数。
语法形式：Rnd([Number])
Number表示任何有效的数值表达式。若Number<0，表示每次得到相同的随机数值；Number>0或未提供时，表示依次得到下一个随机数；Number=0，表示得到最近产生的随机数。
相似公式应用：Rand()
相似的随机函数Rand表示返回大于等于0且小于1的均匀分布随机实数。
语法形式：Rand()
若要得到1～100中的随机数，则公式表示为“=Rand()*100”。若要生成 a 与 b 之间的随机实数，则公式表示为“Rand()*(b-a)+a”。

7.2.3 抽奖测试

操作步骤如下：

01 程序编辑完成后，按F5键运行代码即可弹出抽奖系统的界面，如图7-9所示。

02 单击“开始”按钮，即开始进行随机抽奖，此时，“开始”按钮变为“停止”按钮，如图7-10所示。

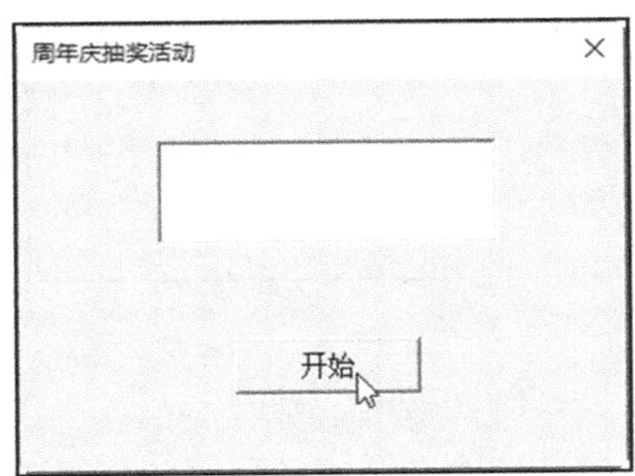

图7-9

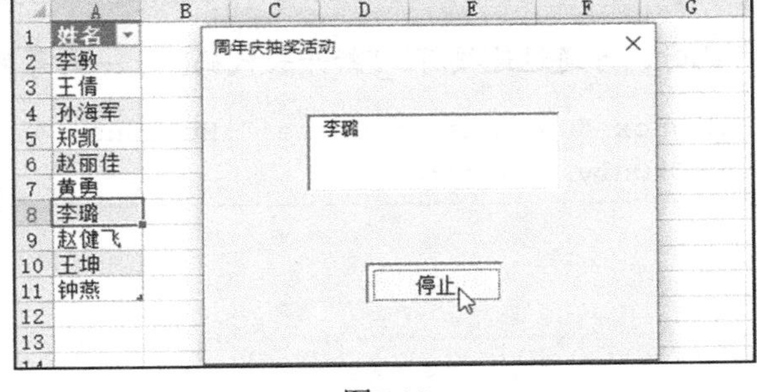

图7-10

03 单击“停止”按钮，即弹出显示随机抽奖结果的消息提示框，如图7-11所示。

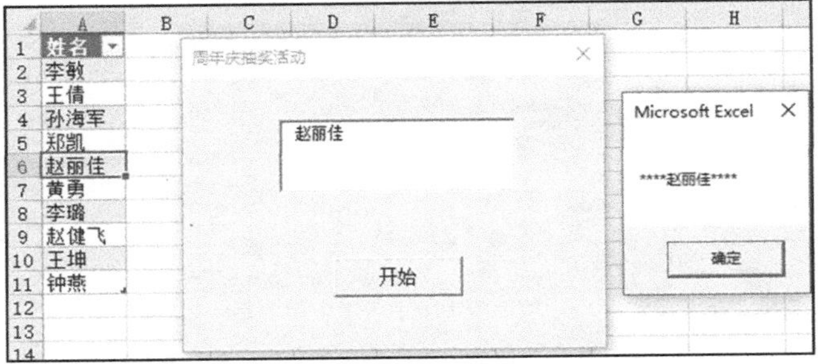

图7-11

7.2.4 实现欢迎界面

下面举例讲解如何实现欢迎界面。操作步骤如下：

01 打开Excel工作簿，按Alt+F11组合键进入VBE环境，选择“插入→模块”菜单命令，在打开的代码编辑窗口中输入显示指定信息的消息提示框的代码：

```
Sub Welcome()
    MsgBox "欢迎加入悦凯公司！"
End Sub
```

02 按F5键运行代码即可弹出如图7-12所示的消息提示框。

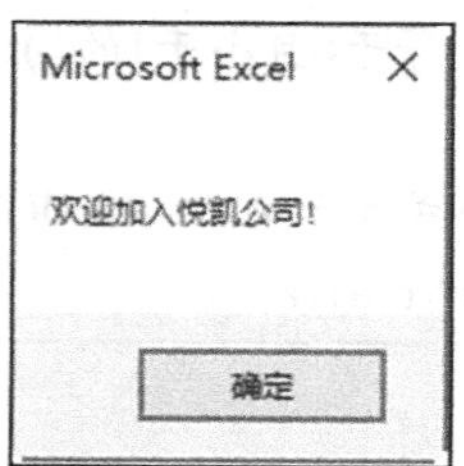

图7-12

知识拓展

如何进行长代码编写？

在代码编辑过程中，有时会遇到一句长代码，例如：

```
MsgBox "Welcome to China!",Buttons=vbOkOnly, "Welcome"
```

此时，可通过连接符"_"断开长代码。上一句等同于：

```
MsgBox "Welcome to China!",Buttons= _
vbOkOnly,"Welcome"
```

第8章　资产管理系统

数据透视功能是数据分析过程中非常重要的手段之一。本章将演示如何利用资产管理系统实现企业物品管理、库存分析、打印等内容，同时详细介绍如何实现数据透视表。

8.1 创建前的准备工作

如果计算机资产管理全部由手工操作，在进行统计时就会费时费力，因此资产管理系统必须包含资产入库管理模块、资产申领登记模块、资产统计分析模块这3大模块，以简化工作。

- 资产入库管理模块：主要用于计算机及配件的采购入库管理。该模块需要包含物品入库输入界面、物品入库记录清单、物品入库登记表打印等功能。
- 资产申领登记模块：主要实现对各部门使用计算机及配件申用数据的管理。该模块需要包含物品申请输入界面、物品申领记录清单、物品申请填写表打印等功能。
- 资产统计分析模块：主要完成对物品入库、领取、库存进行数据统计与分析，并以报表的形式打印输出。

8.1.1 创建相关工作表

在进行资产管理系统定制前，先要在文件中创建相应数据的工作表。

根据该系统特点，本例中主要包含：数据参数、资产入库清单、数据统计报表、资产出库登记表、资产出库登记清单。部分工作表的原始存放状态如图8-1所示。

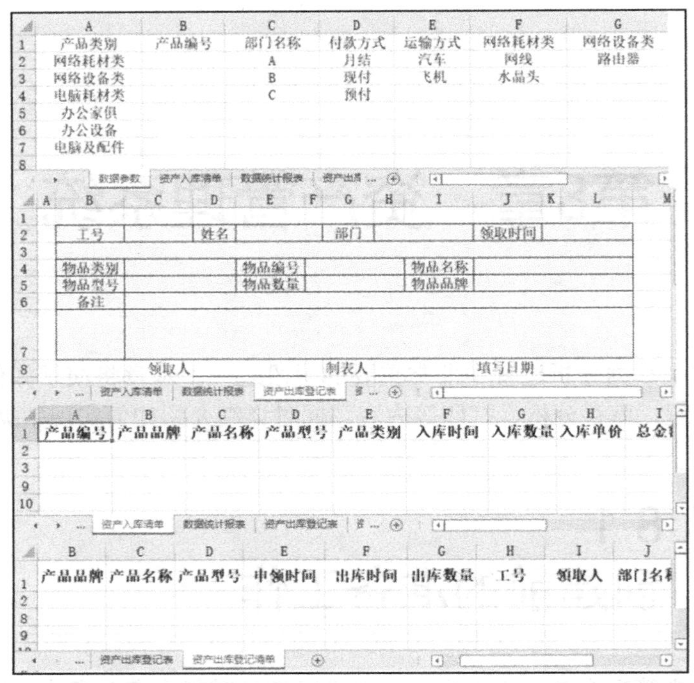

图8-1

8.1.2 定义相关数据区域

在资产管理系统窗体中存在一些可选择的数据，如部门、产品类别填写框等，用户可以通过设置下拉列表框来实现，因此需要创建“数据参数”工作表，该表主要用于存放各个数据参数值（包括部门名称、产品类别、付款方式和运输方式）。通过对数据参数表中各相应数据区域进行规范定义，可简化整个程序中的代码编写量，同时也可降低在系统应用中的操作复杂度。操作步骤如下：

01 单击“公式”选项卡，在“定义的名称”选项组中单击“定义名称”按钮，在打开的“新建名称”对话框中设置名称为“产品类别”，引用位置为“=OFFSET(数据参数!$A$2,0,0, COUNTA(数据参数!$A:$A)−1)”，完成后单击“确定”按钮，如图8-2所示。

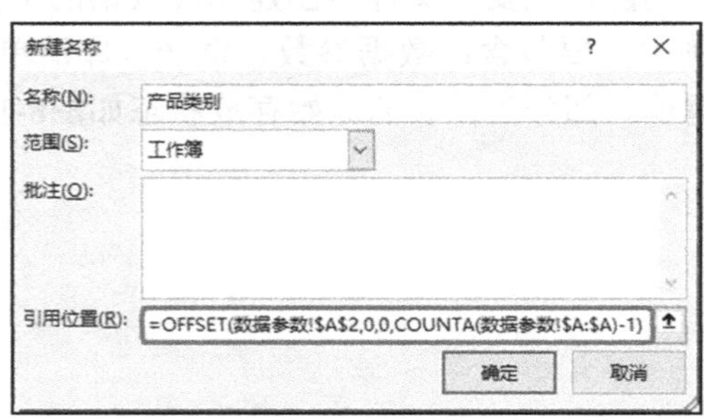

图8-2

02 重复上一步操作过程，定义其他名称，单击“定义的名称”选项组中的“名称管理器”按钮，在打开的“名称管理器”对话框中可以看到所有定义的名称，效果如图8-3所示。

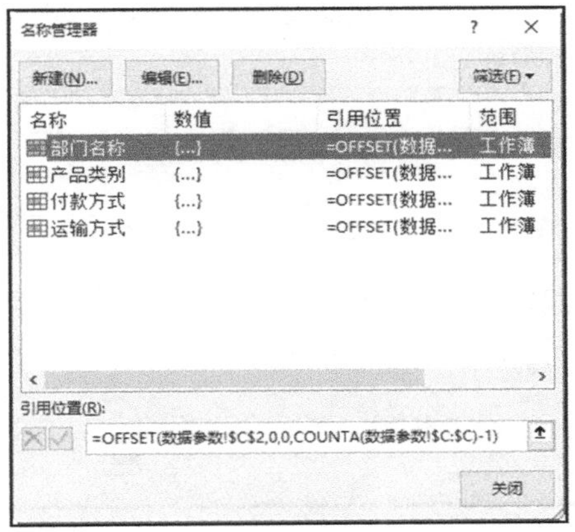

图8-3

具体名称及其引用位置如表8-1所示。

表8-1　名称及其引用位置说明

名称	引用位置
部门名称	=OFFSET(数据参数!$C$2,0,0,COUNTA(数据参数!$C:$C)–1)
付款方式	=OFFSET(数据参数!$D$2,0,0,COUNTA(数据参数!$D:$D) –1)
运输方式	=OFFSET(数据参数!$E$2,0,0,COUNTA(数据参数!$E:$E)–1)

8.2 资产入库管理系统

资产入库管理系统主要用于对资产采购登记入库的管理。该系统应具有独立的输入窗口及控件。

8.2.1 创建资产入库登记界面

操作步骤如下：

01 启动VBE环境，选择“插入→用户窗体”菜单命令，创建UserForm1窗体，调整为合适的大小，并把该窗体的Caption属性值设置为“资产入库登记”，如图8-4所示。

02 通过“工具箱”在窗体中创建多个标签及文字框等控件，并设置相关属性，效果如图8-5所示。

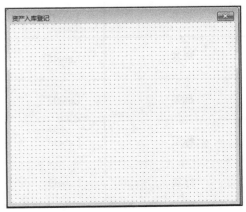

图8-4

图8-5

“资产入库登记”窗体中各个控件的属性项及设置值如表8-2所示。

表8-2 “资产入库登记”窗体中各个控件的属性项及设置值

控件类型	控件名称	控件属性	属性值
框架	Frame1	Caption	供应商信息
框架	Frame2	Caption	产品信息
标签	Label1	Caption	物品入库登记表
		Font	字体：楷体；字号：20
		Autosize	True
标签	Label2	Caption	名称
		Autosize	True
标签	Label3	Caption	送货人
		Autosize	True
标签	Label4	Caption	付款方式
		Autosize	True
标签	Label5	Caption	运输方式
		Autosize	True
标签	Label6	Caption	联系电话
		Autosize	True
标签	Label7	Caption	产品类别
		Autosize	True
标签	Label8	Caption	产品名称*
		Autosize	True
标签	Label9	Caption	产品型号
		Autosize	True

（续）

控件类型	控件名称	控件属性	属性值
标签	Label10	Caption	产品品牌
		Autosize	True
标签	Label11	Caption	入库时间
		Autosize	True
标签	Label12	Caption	接收人*
		Autosize	True
标签	Label13	Caption	产品编号
		Autosize	True
标签	Label14	Caption	备注
		Autosize	True
标签	Label15	Caption	入库单价*
		Autosize	True
标签	Label16	Caption	入库数量*
		Autosize	True
标签	Label17	Caption	总金额
		Autosize	True
文本框	TextBox1		
文本框	TextBox2		
文本框	TextBox3		
文本框	TextBox4		
文本框	TextBox5		
文本框	TextBox6		
文本框	TextBox7		
文本框	TextBox8		
文本框	TextBox9		
文本框	TextBox10	Value	0
文本框	TextBox11	Value	0
文本框	TextBox12	Locked	True
文本框	TextBox13	MultiLine	True
复合框	ComboBox1		
复合框	ComboBox2		
复合框	ComboBox3		
按钮	CommandButton1	Caption	下一个
按钮	CommandButton2	Caption	完成
按钮	CommandButton3	Caption	重填

8.2.2 编辑窗体中的各控件事件

窗体界面创建好之后，开始编辑窗体中的各控件事件。

1. 窗体加载事件

操作步骤如下：

01 双击“UserForm1”窗体空白区域，在打开的代码编辑窗口中输入如下代码：

```
Private Sub UserForm_Initialize()
'定义复合框的下拉选项
ComboBox1.RowSource = "付款方式"
ComboBox2.RowSource = "运输方式"
ComboBox3.RowSource = "产品类别"
'对各控件初始化值
ComboBox1.Text = ""
ComboBox2.Text = ""
ComboBox3.Text = ""
TextBox1.Text = ""
TextBox2.Text = ""
TextBox3.Text = ""
TextBox4.Text = ""
TextBox5.Text = ""
TextBox6.Text = ""
TextBox7.Text = ""
TextBox8.Text = ""
TextBox9.Text = ""
TextBox10.Text = "0"
TextBox11.Text = "0"
TextBox12.Text = ""
TextBox13.Text = ""
End Sub
```

02 按F5键运行代码即可弹出创建的“资产入库登记”用户窗体界面，如图8-6所示。

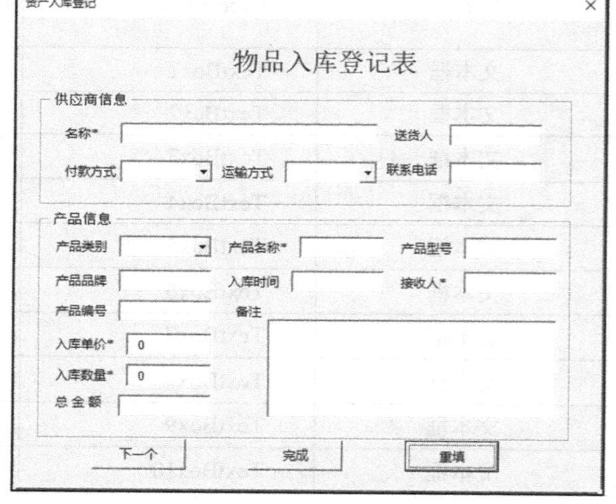

图8-6

2. 定义按钮事件

“资产入库登记”界面中的“下一个”按钮事件主要实现将窗体中所填写的数据写入工作表中。

“完成”按钮与“下一个”按钮事件具有相似的功能，即单击该按钮，就向工作表写入数据。除此之外，单击“完成”按钮，还需要具备关闭当前窗体的功能。

“完成”按钮与“下一个”按钮事件还用于当用户输入入库单价与入库数量时，自动计算出产品的总金额，并存放在相应的“总金额”内。

定义按钮事件操作步骤如下：

01 双击“下一个”按钮，在打开的代码编辑窗口中输入如下代码：

```
Private Sub CommandButton1_Click()      '定义“下一个”按钮功能
Dim rs As Long
rs = Worksheets("资产入库清单").Range("A1048576").End(xlUp).Row + 1
Worksheets("资产入库清单").Range("A" & rs & "").Select
With ActiveCell
    .Value = TextBox9.Text
    .Offset(0, 1).Value = TextBox6.Text
    .Offset(0, 2).Value = TextBox4.Text
    .Offset(0, 3).Value = TextBox5.Text
    .Offset(0, 4).Value = ComboBox3.Value
    .Offset(0, 5).Value = TextBox7.Text
    .Offset(0, 6).Value = TextBox11.Text
    .Offset(0, 7).Value = TextBox10.Text
    .Offset(0, 8).Value = TextBox12.Text
    .Offset(0, 9).Value = TextBox1.Text
    .Offset(0, 10).Value = TextBox3.Text
    .Offset(0, 11).Value = ComboBox1.Text
    .Offset(0, 12).Value = ComboBox2.Text
    .Offset(0, 13).Value = TextBox2.Text
    .Offset(0, 14).Value = TextBox8.Text
    .Offset(0, 15).Value = TextBox13.Text
End With
End Sub
```

02 继续双击“完成”和“重填”按钮，在打开的代码编辑窗口中分别输入如下代码：

```
Private Sub CommandButton2_Click()          '定义“完成”按钮功能
Dim rs As Long
rs = Worksheets("资产入库清单").Range("A1048576").End(xlUp).Row + 1
With Range("A" & rs & "")
    .Value = TextBox9.Text
    .Offset(0, 1).Value = TextBox6.Text
    .Offset(0, 2).Value = TextBox4.Text
    .Offset(0, 3).Value = TextBox5.Text
    .Offset(0, 4).Value = ComboBox3.Value
    .Offset(0, 5).Value = TextBox7.Text
    .Offset(0, 6).Value = TextBox11.Text
    .Offset(0, 7).Value = TextBox10.Text
    .Offset(0, 8).Value = TextBox12.Text
    .Offset(0, 9).Value = TextBox1.Text
    .Offset(0, 10).Value = TextBox3.Text
    .Offset(0, 11).Value = ComboBox1.Value
    .Offset(0, 12).Value = ComboBox2.Text
    .Offset(0, 13).Value = TextBox2.Text
    .Offset(0, 14).Value = TextBox8.Text
    .Offset(0, 15).Value = TextBox13.Text
```

```
End With
Me.Hide
ActiveWorkbook.Save
End Sub

Private Sub CommandButton3_Click()          '定义“重填”按钮功能
UserForm_Initialize
End Sub
```

3. 定义“入库单价”与“入库数量”文本框控件事件

操作步骤如下：

01 分别双击“入库单价”和“入库数量”后的文本框控件，在打开的代码编辑窗口中输入如下代码：

```
Private Sub TextBox10_Change()
'定义当用户输入单价后，进行单价与数量的数学计算得到总金额，并存放于“总金额”文本框中
TextBox10.Text = Val(TextBox10.Text)
TextBox12.Text = TextBox10.Text * TextBox11.Text

End Sub

Private Sub TextBox11_Change()
'定义当用户输入数量后，进行单价与数量的数学计算得到总金额，并存放于“总金额”文本框中
TextBox11.Text = Val(TextBox11.Text)
TextBox12.Text = TextBox10.Text * TextBox11.Text
End Sub
```

02 按F5键运行代码，在打开的窗体界面中输入相应的物品入库信息，然后单击“下一个”按钮，如图8-7所示。

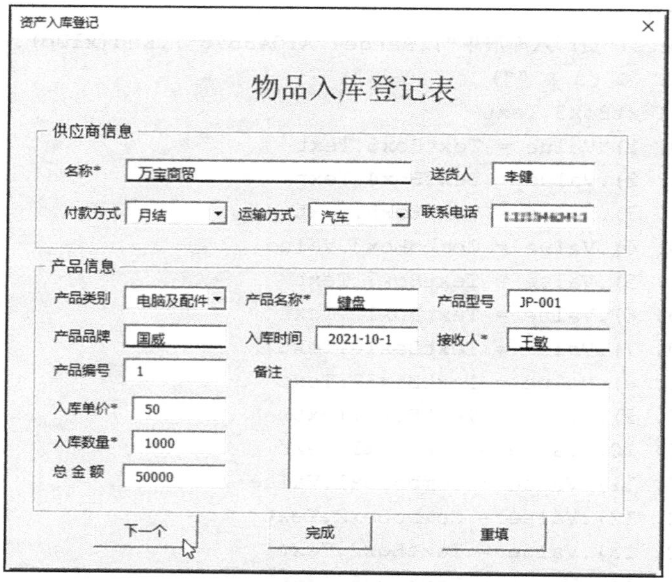

图8-7

03 此时在“资产入库清单”工作表中即可看到输入的物品入库信息，如图8-8所示。

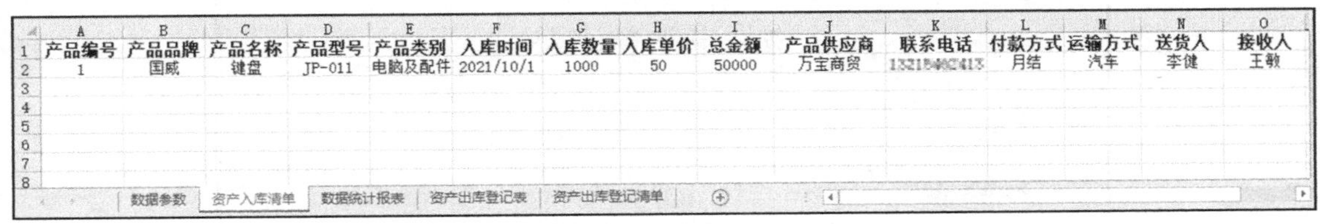

产品编号	产品品牌	产品名称	产品型号	产品类别	入库时间	入库数量	入库单价	总金额	产品供应商	联系电话	付款方式	运输方式	送货人	接收人
1	国威	键盘	JP-011	电脑及配件	2021/10/1	1000	50	50000	万宝商贸	[illegible]	月结	汽车	李健	王敏

图8-8

04 单击“重填”按钮，恢复为空白的“资产入库登记”窗体界面；单击“完成”按钮，则再次向“资产入库清单”工作表中输入物品入库信息并关闭窗体界面。

8.3 资产申领登记系统

资产管理系统中除了资产入库外，还有一个非常关键的子系统，即“资产申领登记”。该子系统主要用于对公司各部门的资产领用情况进行登记，并打印输出相应的表格文件，以便签字存档。

8.3.1 创建资产申领登记界面

操作步骤如下：

01 启动VBE环境，选择“插入→用户窗体”菜单命令，创建UserForm2窗体，调整为合适的大小，并把该窗体的Caption属性值设置为“资产申领登记”，如图8-9所示。

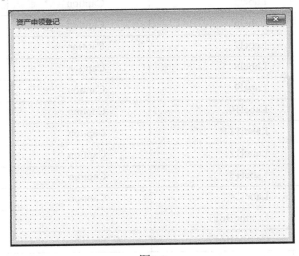

图8-9

02 通过“工具箱”在窗体中创建多个标签及文字框等控件，并设置相关属性，效果如图8-10所示。

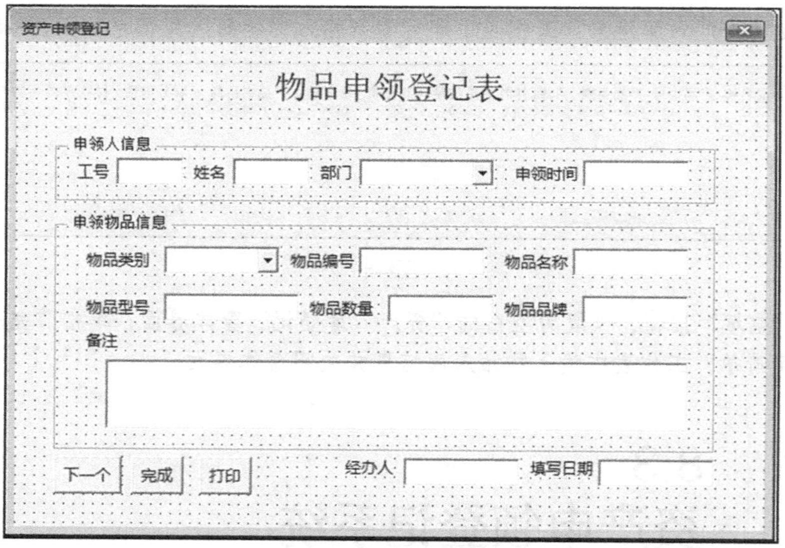

图8-10

“资产申领登记”窗体中各个控件的属性项及设置值如表8-3所示。

表8-3 “资产申领登记”窗体中各个控件的属性项及设置值

控件类型	控件名称	控件属性	属性值
标签	Label1	Caption	物品申领登记表
标签	Label2	Caption	工号
标签	Label3	Caption	姓名
标签	Label4	Caption	部门
标签	Label5	Caption	申领时间
标签	Label6	Caption	物品类别
标签	Label7	Caption	物品编号
标签	Label8	Caption	物品名称
标签	Label9	Caption	物品型号
标签	Label10	Caption	物品数量
标签	Label11	Caption	物品品牌
标签	Label12	Caption	备注
标签	Label13	Caption	经办人
标签	Label14	Caption	填写日期
复合框	ComboBox1		
复合框	ComboBox2		
文字框	TextBox1		
文字框	TextBox2		
文字框	TextBox3		

（续）

控件类型	控件名称	控件属性	属性值
文字框	TextBox4		
文字框	TextBox5		
文字框	TextBox6		
文字框	TextBox7		
文字框	TextBox8		
文字框	TextBox9	Multiline	True
文字框	TextBox10		
文字框	TextBox11		
按钮	CommandButton1	Caption	下一个
按钮	CommandButton2	Caption	完成
按钮	CommandButton3	Caption	打印
框架	Frame1	Caption	申领人信息
框架	Frame2	Caption	申领物品信息

注：所有标签的Autosize属性值均为True。

8.3.2 编辑窗体中的各控件事件

窗体界面设置完成后，开始编辑窗体中的各控件事件。

1. 窗体加载事件

操作步骤如下：

01 双击“UserForm2”窗体空白区域，在打开的代码编辑窗口中输入如下代码：

```
Private Sub UserForm_Initialize()
'初始化复合框下拉项
ComboBox1.RowSource = "部门"
ComboBox2.RowSource = "物品类别"
TextBox1.Text = ""
TextBox2.Text = ""
TextBox3.Text = ""
TextBox4.Text = ""
TextBox5.Text = ""
TextBox6.Text = ""
TextBox7.Text = ""
TextBox8.Text = ""
TextBox9.Text = ""
TextBox10.Text = ""
TextBox11.Text = Date    '定义填写日期文字框为当前日期
ComboBox1.Text = ""
ComboBox2.Text = ""
End Sub
```

02 按F5键运行代码，即可弹出创建的“资产申领登记”窗体界面，如图8-11所示。

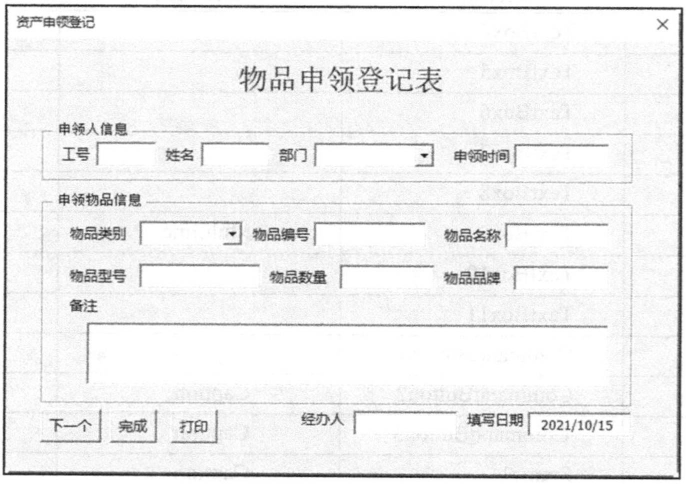

图8-11

2. 定义按钮事件

此处的“下一个”按钮功能与“资产入库登记”界面中的“下一个”按钮具有相似的功能，也是向数据表中写入数据。

“完成”按钮实现向工作表写入数据以及关闭当前窗体的功能；“打印”按钮实现打印“资产出库登记表”的功能。

定义按钮事件操作步骤如下：

01 双击“下一个”按钮，在打开的代码编辑窗口中输入如下代码：

```
Private Sub CommandButton1_Click()                    '定义“下一个”按钮功能
InsertInData
rsc = 10
Dim bl As Boolean
bl = True
Worksheets("资产出库登记表").Range("B2:L9").Copy
Do While bl
   If Worksheets("资产出库登记表").Cells(rsc, 2) = "" Then
      Worksheets("资产出库登记表").Cells(rsc, 2).Select
      ActiveSheet.Paste
      With Worksheets("资产出库登记表")
         .Range("C" & rsc & "").Value = TextBox1.Text
         .Range("E" & rsc & "").Value = TextBox2.Text
         .Range("H" & rsc & "").Value = ComboBox1.Text
         .Range("K" & rsc & "").Value = TextBox3.Text
         .Range("C" & rsc + 2 & "").Value = ComboBox2.Text
         .Range("F" & rsc + 2 & "").Value = TextBox4.Text
         .Range("j" & rsc + 2 & "").Value = TextBox5.Text
         .Range("C" & rsc + 3 & "").Value = TextBox6.Text
```

```
            .Range("F" & rsc + 3 & "").Value = TextBox7.Text
            .Range("j" & rsc + 3 & "").Value = TextBox8.Text
            .Range("C" & rsc + 5 & "").Value = TextBox9.Text
            .Range("H" & rsc + 6 & "").Value = TextBox10.Text
            .Range("K" & rsc + 6 & "").Value = TextBox11.Text
        End With
         bl = False
         End If
      rsc = rsc + 8
Loop
End Sub
```

02 在同一代码编辑窗口中编辑InsertInData功能块的代码（该函数语句表示在代码中可以用来向文本节点插入数据）。代码如下：

```
Sub InsertInData()
Dim Rs As Long
Rs = Worksheets("资产出库登记清单").Range("A1048576").End(xlUp).Row + 1
With Worksheets("资产出库登记清单")
        .Cells(Rs, 8) = TextBox1.Text
        .Cells(Rs, 9) = TextBox2.Text
        .Cells(Rs, 10) = ComboBox1.Value
        .Cells(Rs, 5) = TextBox3.Text
        .Cells(Rs, 12) = ComboBox2.Value
        .Cells(Rs, 1) = TextBox4.Text
        .Cells(Rs, 3) = TextBox5.Text
        .Cells(Rs, 4) = TextBox6.Text
        .Cells(Rs, 7) = TextBox7.Text
        .Cells(Rs, 13) = TextBox9.Text
        .Cells(Rs, 11) = TextBox10.Text
        .Cells(Rs, 6) = TextBox11.Text
        .Cells(Rs, 2) = TextBox8.Text
        End With
End Sub
```

03 分别双击“完成”和“打印”按钮，在打开的代码编辑窗口中输入如下代码：

```
Private Sub CommandButton2_Click()          '定义“完成”按钮功能
InsertInData                                '调用写入数据功能块
Me.Hide                                     '关闭当前申领填写窗体
ActiveWorkbook.Save                         '保存当前工作簿
End Sub

Private Sub CommandButton3_Click()          '定义“打印”按钮功能
Dim Rs As Long
'设置打印页面水平居中
Worksheets("资产出库登记表").PageSetup.CenterHorizontally = True
'设置打印页面页眉信息为“M&O信息集成科技有限公司”
Worksheets("资产出库登记表").PageSetup.CenterHeader = "M&O信息集成科技有限公司"
```

```
Rs = Worksheets("资产出库登记表").Range("J1048576").End(xlUp).Row + 1
        Worksheets("资产出库登记表").Range("$B$10:$L$" & Rs & "").Select
        Selection.PrintOut
Selection.Delete Shift:=xlUp       '删除选择数据区域
End Sub
```

04 按F5键运行代码，在打开的窗体界面中输入相应的物品申领信息，然后单击“下一个”按钮，如图8-12所示。

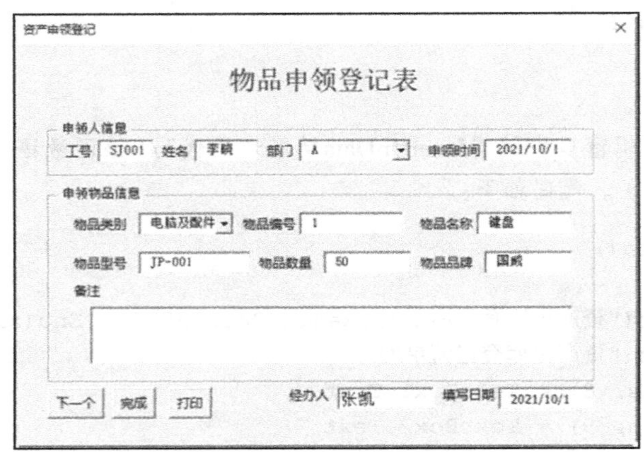

图8-12

05 此时在“资产出库登记表”和“资产出库登记清单”工作表中均可看到输入的物品申领信息，如图8-13、图8-14所示。

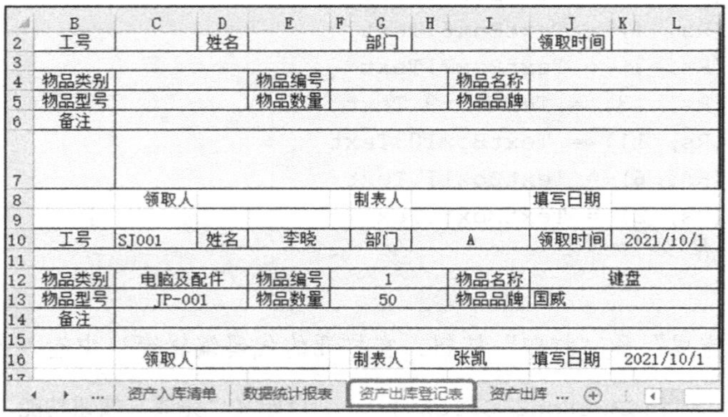

	B	C	D	E	F	G	H	I	J	K	L
2	工号		姓名			部门			领取时间		
3											
4	物品类别			物品编号				物品名称			
5	物品型号			物品数量				物品品牌			
6	备注										
7											
8		领取人				制表人			填写日期		
9											
10	工号	SJ001	姓名	李晓		部门		A	领取时间	2021/10/1	
11											
12	物品类别	电脑及配件		物品编号		1		物品名称		键盘	
13	物品型号	JP-001		物品数量		50		物品品牌	国威		
14	备注										
15											
16		领取人				制表人		张凯	填写日期	2021/10/1	

资产入库清单 | 数据统计报表 | 资产出库登记表 | 资产出库 ...

图8-13

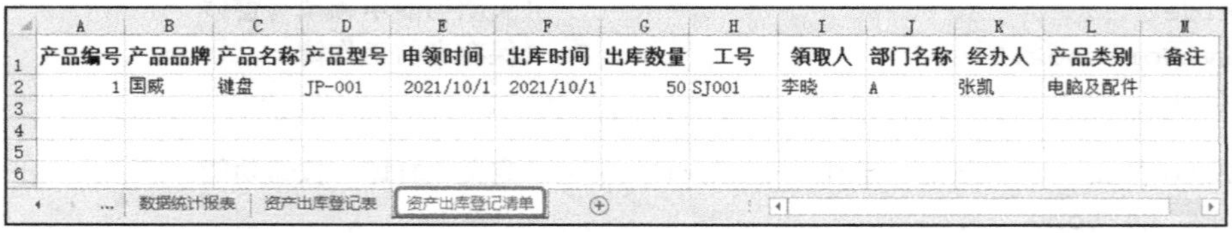

	A	B	C	D	E	F	G	H	I	J	K	L	M
1	产品编号	产品品牌	产品名称	产品型号	申领时间	出库时间	出库数量	工号	领取人	部门名称	经办人	产品类别	备注
2	1	国威	键盘	JP-001	2021/10/1	2021/10/1	50	SJ001	李晓	A	张凯	电脑及配件	
3													
4													
5													
6													

数据统计报表 | 资产出库登记表 | 资产出库登记清单

图8-14

06 单击“完成”按钮，再次输入该物品申领信息并关闭窗体界面；单击“打印”按钮，则开始打印“资产出库登记表”。

知识拓展

打印功能虽然可以利用“打印”按钮实现，但对于一个不断变化的数据范围，用这种方法来操作显然是不方便的，此时可利用Excel VBA中的PrintOut、PageSetup及辅助功能创建自动识别数据范围并打印的功能来简化操作。

1. PrintOut

功能描述：用于打印对象。
语法形式：PrintOut(From, To, Copies, Preview, ActivePrinter, PrintToFile, Collate, PrToFileName, IgnorePrintAreas)
表达式可以为Charts，Chart，Range，Worksheet，Worksheets，Window，Sheets，WorkBook其中之一的变量，如表8-4所示。

表8-4　PrintOut参数说明

名称	必选/可选	数据类型	说明
From	可选	Variant	打印的开始页号。如果省略此参数，则从起始位置开始打印
To	可选	Variant	打印的终止页号。如果省略此参数，则打印至最后一页
Copies	可选	Variant	打印份数。如果省略此参数，则只打印一份
Preview	可选	Variant	如果为True，Microsoft Excel将在打印对象之前调用打印预览。如果为False（或省略该参数），则立即打印对象
ActivePrinter	可选	Variant	设置活动打印机的名称
PrintToFile	可选	Variant	如果为True，则打印到文件。如果没有指定PrToFileName，Microsoft Excel将提示用户输入要使用的输出文件的文件名
Collate	可选	Variant	如果为True，则逐份打印多个副本
PrToFileName	可选	Variant	如果PrintToFile设为True，则该参数指定要打印到的文件（通过文件名来指定文件）
IgnorePrintAreas	可选	Variant	如果为True，则忽略打印区域并打印整个对象

如下为打印动态数据表区域的代码：

```
Private Sub AutoPrint()
Dim Rs As Long
'获取数据区域
Rs = Worksheets("Sheet1").Range("A1048576").End(xlUp).Row + 1
'选择整个数据区域
    Worksheets("Sheet1").Range("$A$1:$D$" & Rs & "").Select
'将选择的数据区域直接打印出来
    Selection.PrintOut
```

知识拓展（续）

```
'将已打印过的数据删除
Selection.Delete Shift:=xlUp
End Sub
```

2. PageSetup

PageSetup对象包含所有页面设置的属性（左边距、底部边距、纸张大小等），主要用于对页面进行设置。该对象包含了47个属性，近百种方法。表8-5罗列了其中常用的一些属性。

表8-5 PageSetup对象的常用属性及其说明

名称	说明
BottomMargin	以磅为单位返回或设置底端边距的大小。Double类型，可读/写
CenterFooter	居中对齐PageSetup对象中的页脚信息。String类型，可读/写
CenterHeader	居中对齐PageSetup对象中的页眉信息。String类型，可读/写
CenterHorizontally	如果在页面的水平居中位置打印指定工作表，则该属性值为True。Boolean类型，可读写
CenterVertically	如果在页面的垂直居中位置打印指定工作表，则该属性值为True。Boolean类型，可读写
FooterMargin	以磅为单位返回或设置页脚到页面底端的距离。Double类型，可读/写
HeaderMargin	以磅为单位返回或设置页面顶端到页眉的距离。Double类型，可读/写
LeftFooter	返回或设置工作簿或节的左页脚上的文本对齐方式
LeftHeader	返回或设置工作簿或节的左页眉上的文本对齐方式
LeftMargin	以磅为单位返回或设置左边距的大小。Double类型，可读/写
Orientation	返回或设置一个XlPageOrientation值，代表纵向或横向打印模式
Pages	返回或设置Pages集合中的页数
PaperSize	返回或设置纸张的大小。XlPaperSize类型，可读/写
PrintArea	以字符串返回或设置要打印的区域，该字符串使用宏语言的A1样式的引用。String类型，可读/写
PrintComments	返回或设置批注随工作表一同打印的方式。XlPrintLocation类型，可读/写
PrintGridlines	如果在页面上打印单元格网格线，则该值为True。只应用于工作表。Boolean类型，可读/写
PrintHeadings	如果打印本页时同时打印行标题和列标题，则该值为True。只应用于工作表。Boolean类型，可读/写
PrintTitleColumns	返回或设置包含在每一页的左边重复出现的单元格的列，用宏语言A1样式中的字符串表示。String类型，可读/写
PrintTitleRows	返回或设置包含在每一页的顶部重复出现的单元格的行，用宏语言A1样式中的字符串表示。String类型，可读/写
Zoom	返回或设置一个Variant值，代表一个数值在10%~400%之间的百分比，该百分比为Microsoft Excel打印工作表时的缩放比例

8.4 资产统计分析系统

资产管理中非常重要的一项工作就是制作资产统计报表，而每次进行统计时，都需要大量的时间来进行数据统计分析。现在可以利用VBA实现基于资产管理数据的数据分析工作。本节将介绍使用代码创建数据透视表的技巧。

8.4.1 创建数据统计分析界面

操作步骤如下：

01 启动VBE环境，选择“插入→用户窗体”菜单命令，创建UserForm3窗体，调整为合适的大小，并把该窗体的Caption属性值设置为“数据统计分析”，如图8-15所示。

02 通过“工具箱”在窗体中创建多个控件，并设置相关属性，效果如图8-16所示。

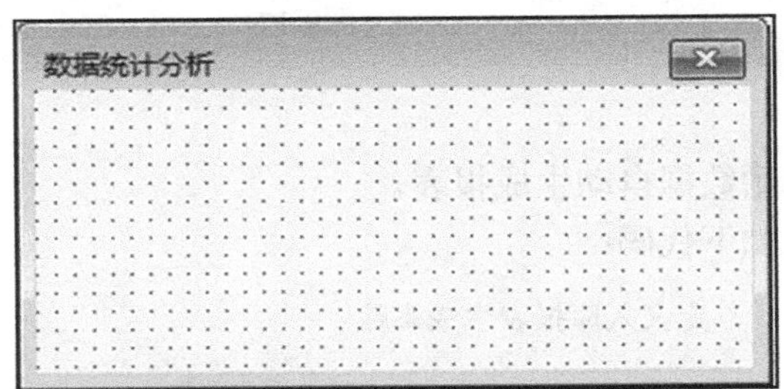

图8-15

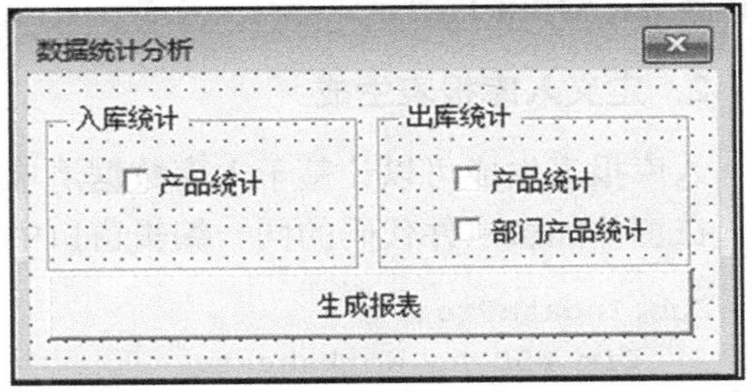

图8-16

“数据统计分析”窗体中各个控件的属性项及设置值如表8-6所示。

表8-6 “数据统计分析”窗体中各个控件的属性项及设置值

控件类型	控件名称	控件属性	属性值
框架	Frame1	Caption	入库统计
框架	Frame2	Caption	出库统计
复选框	CheckBox1	Caption	产品统计
复选框	CheckBox2	Caption	产品统计
复选框	CheckBox3	Caption	部门产品统计
按钮	CommandButton1	Caption	生成报表

8.4.2 生成统计报表

利用Excel VBA创建资产管理系统的主要目的之一是进行数据统计分析。Excel本身具有强大的多种形式的统计功能，在众多选择中，数据透视表是使用最广泛的报表生成方式。可利用VBA对Excel的数据透视功能进行扩展，使其具有自动化功能，以方便使用。

数据透视功能主要包含两种显示效果：数据透视表与数据透视图。数据透视表以报表表格的形式生成，而数据透视图以图表的方式显示数据统计效果。在资产管理系统中主要是生成数据透视表效果。数据透视表在VBA中表示为Pivot Table，但在代码编写时通常用Pivot Tables表示。Pivot Tables表示所有数据透视表的集合。

1. 定义窗体加载事件

操作步骤如下：

01 双击“UserForm3”窗体空白区域，在打开的代码编辑窗口中输入如下代码：

```
Private Sub UserForm_Initialize()
'对复选框进行初始化，在窗体加载中默认为未选中
CheckBox1.Value = False
CheckBox2.Value = False
CheckBox3.Value = False
End Sub
```

02 按F5键运行代码即可弹出创建的“数据统计分析”窗体界面，如图8-17所示。

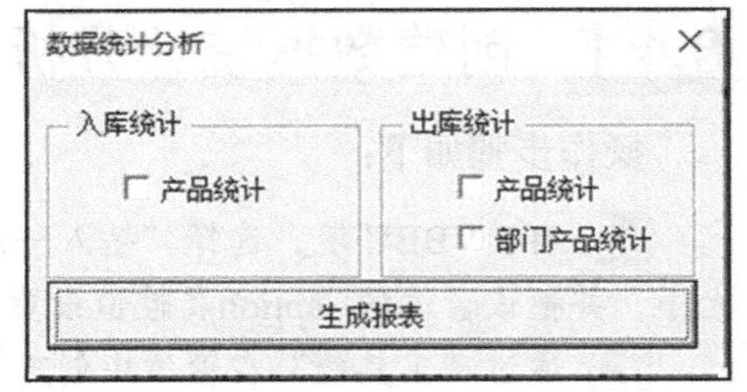

图8-17

2. 定义入库报表生成

入库报表生成可以让基于入库数据清单的原始数据自动生成报表。

在窗体加载事件代码的同一编辑窗口中输入如下代码：

```
Sub IndataPro()                              '定义入库报表生成事件
    Dim WSD As Worksheet
    Dim PTCache As PivotCache
    Dim PT As PivotTable
    Dim PRange As Range
    Dim FinalRow As Long
    Set WSD = Worksheets("资产入库清单")
    Dim dcs As Long                          '定义代码变量
    For Each PT In Worksheets("数据统计报表").PivotTables
'判断是否存在入库数据报表，如果已经存在，则对报表进行数据更新，若不存在，则生成新的入库数据报表
        If PT.Name = "InDataReport" Then
            PT.RefreshTable
            Exit Sub
        End If
        Next PT
'得到入库统计表中的最后不为空的单元格行数
            dcs = Worksheets("数据统计报表").Cells(1048576, 1).End(xlUp).Row
            FinalRow = WSD.Cells(1048576, 3).End(xlUp).Row
'重置数据区域
            Set PRange = WSD.Cells(1, 1).Resize(FinalRow, 16)
            WSD.Select           '切换至资产入库清单表
'创建基于“资产入库清单”中数据的数据透视表分析
```

```
            Set PTCache = ActiveWorkbook.PivotCaches.Add(SourceType:=
xlDatabase, SourceData:=PRange.Address)
            Set PT = PTCache.CreatePivotTable(TableDestination:="数据统计报表!R"
& dcs + 3 & "C1", TableName:="InDataReport")
            PT.ManualUpdate = True
    '设置数据透视表中的行字段，"产品名称""产品型号"；列字段，"入库时间"
            PT.AddFields RowFields:=Array("产品名称", "产品型号"), ColumnFields:=
"入库时间"
    '设置数据透视表中的数据字段为"入库数量"，且计算公式为求和
            With PT.PivotFields("入库数量")
            .Orientation = xlDataField
            .Function = xlSum
            .Position = 1
            End With
            PT.ManualUpdate = False
            PT.ManualUpdate = True
            PT.PivotFields("入库时间").LabelRange.Group Start:=True, End:=True,
Periods:=Array( _
            False, False, False, False, True, False, False)
            PT.ManualUpdate = False
            PT.ManualUpdate = True
            Worksheets("数据统计报表").Columns.AutoFit
            dcs = Worksheets("数据统计报表").Cells(1048576, 1).End(xlUp).Row
    End Sub
```

3. 定义产品出库报表生成

操作步骤如下：

01 在入库报表生成事件代码的同一编辑窗口中输入生成产品出库统计报表的代码如下：

```
Sub outDataPivotPro()     '定义产品出库统计报表生成事件
    Dim WSD As Worksheet
    Dim PTCache As PivotCache
    Dim PT As PivotTable
    Dim PRange As Range
    Dim FinalRow As Long
    Set WSD = Worksheets("资产出库登记清单")
    Dim dcs As Long                    '定义相应参数变量
    For Each PT In Worksheets("数据统计报表").PivotTables
       If PT.Name = "OutDataProReport" Then
           PT.RefreshTable
           Exit Sub
       End If
    Next PT          '判断是否存在入库数据报表，如果已经存在，则对报表进行数据更新，若
不存在，则生成新的入库数据报表
      dcs = Worksheets("数据统计报表").Cells(1048576, 1).End(xlUp).Row
      FinalRow = WSD.Cells(1048576, 3).End(xlUp).Row
```

```
        Set PRange = WSD.Cells(1, 1).Resize(FinalRow, 13)
        WSD.Select
        Set PTCache = ActiveWorkbook.PivotCaches.Add(SourceType:=xlDatabase,
SourceData:=PRange.Address)
        Set PT = PTCache.CreatePivotTable(TableDestination:="数据统计报表!R" &
dcs + 2 & "C1", TableName:="OutDataProReport")
        PT.ManualUpdate = True          '创建名为OutDataProReport的统计报表
        PT.AddFields RowFields:=Array("产品名称", "产品型号"), ColumnFields:=
            "出库时间"     '以"产品名称""产品型号"为行字段，以"出库时间"为列字段
        With PT.PivotFields("出库数量")
        .Orientation = xlDataField
        .Function = xlSum
        .Position = 1
        End With                        '以"出库数量"为数据字段，并设置计算公式为求和
        PT.ManualUpdate = False
        PT.ManualUpdate = True
        PT.PivotFields("出库时间").LabelRange.Group Start:=True, End:=True,
Periods:=Array(False, False, False, False, True, False, False)
        PT.ManualUpdate = False
        PT.ManualUpdate = True                      '设定以"月"为时间单位
    Worksheets("数据统计报表").Columns.AutoFit      '自动调整"数据统计报表"的列宽
  End Sub
```

02 继续输入生成各部门产品出库统计报表的代码：

```
  Sub outDataPivotDep()     '定义各部门产品出库统计报表生成事件
  '定义相应参数变量
     Dim WSD As Worksheet
     Dim PTCache As PivotCache
     Dim PT As PivotTable
     Dim PRange As Range
     Dim FinalRow As Long
     Set WSD = Worksheets("资产出库登记清单")
     Dim dcs As Long
  '判断是否存在数据统计报表，若已经存在，则对报表进行数据更新，若不存在，则生成新的数据统计
报表
     For Each PT In Worksheets("数据统计报表").PivotTables
        If PT.Name = "OutDataDepReport" Then
           PT.RefreshTable
           Exit Sub
        End If
        Next PT
              dcs = Worksheets("数据统计报表").Cells(1048576, 1).End(xlUp).Row
              FinalRow = WSD.Cells(1048576, 3).End(xlUp).Row
              Set PRange = WSD.Cells(1, 1).Resize(FinalRow, 13)
              WSD.Select
              Set PTCache = ActiveWorkbook.PivotCaches.Add(SourceType:=
```

```
xlDatabase, SourceData:=PRange.Address)
    '创建名为OutDataDepReport的统计报表
                Set PT = PTCache.CreatePivotTable(TableDestination:="数据统计报
表!R" & dcs + 3 & "C1", TableName:="OutDataDepReport")
                PT.ManualUpdate = True
    '以“部门名称”“产品名称”“产品型号”为行字段，以“出库时间”以列字段
                PT.AddFields RowFields:=Array("部门名称", "产品名称", "产品型号"),
ColumnFields:="出库时间"
    '设置以“出库数量”为数据字段，且计算公式为求和
                With PT.PivotFields("出库数量")
                .Orientation = xlDataField
                .Function = xlSum
                .Position = 1
                End With
    '设置以“月”为时间单位进行统计显示
                PT.ManualUpdate = False
                PT.ManualUpdate = True
                PT.PivotFields("出库时间").LabelRange.Group Start:=True,
End:=True, Periods:=Array(False, False, False, False, True, False, False)
                PT.ManualUpdate = False
                PT.ManualUpdate = True
     Worksheets("数据统计报表").Columns.AutoFit       '自动调整数据统计报表中的列宽
    End Sub
```

4. 定义按钮

双击“生成报表”按钮控件，在打开的代码编辑窗口中输入如下代码：

```
Private Sub CommandButton1_Click()     '定义“生成报表”按钮事件
If CheckBox1.Value = True Then
   IndataPro
End If       '当选择入库“产品统计”时，执行IndataPro
If CheckBox2.Value = True Then
 outDataPivotPro
 End If          '当选择出库“产品统计”时，执行outDataPivotPro
If CheckBox3.Value = True Then
   outDataPivotDep
End If          '当选择出库“部门产品统计”时，执行outDataPivotDep
Worksheets("数据统计报表").Select
For Each PT In ActiveSheet.PivotTables
       PT.TableRange2.Select
  Next PT
End Sub
```

5. 生成报表

操作步骤如下：

01 通过运行8.2节中的“资产入库登记”窗体界面，在“资产入库清单”工作表中输入多个

物品入库信息记录，效果如图8-18所示。

	A	B	C	D	E	F	G	H	I	J	K	L	M	N	O
1	产品编号	产品品牌	产品名称	产品型号	产品类别	入库时间	入库数量	入库单价	总金额	产品供应商	联系电话	付款方式	运输方式	送货人	接收人
2	1	国威	键盘	JP-001	电脑及配件	2021/10/1	1000	50	50000	万宝商贸	13 62413	月结	汽车	李健	王敏
3	2	科宝	键盘	JP-002	电脑及配件	2021/10/1	800	45	36000	万宝商贸	13 62143	月结	汽车	李健	王敏
4	3	科宝	鼠标	SB-001	电脑及配件	2021/11/18	1200	32	38400	维达科技	13 46215	预付	飞机	赵子健	黄静
5	4	国威	路由器	LYQ-012	网络设备类	2021/11/19	3500	80	280000	维达科技	13 46215	预付	飞机	赵子健	黄静
6	5	科宝	键盘	JP-002	电脑及配件	2021/11/18	850	45	38250	维达科技	13 46215	预付	飞机	赵子健	黄静
7	6	科宝	鼠标	SB-002	电脑及配件	2021/12/9	1000	40	40000	佳佳电子	18 35466	现付	汽车	宋嘉	马文
8	7	国威	路由器	LYQ-005	网络设备类	2021/12/9	500	100	50000	佳佳电子	18921235466	现付	汽车	宋嘉	马文
9															

数据参数 | 资产入库清单 | 数据统计报表 | 资产出库登记表 | 资产出库登记清单

图8-18

02 通过运行8.3节中的“资产申领登记”窗体界面，在“资产出库登记清单”工作表中输入多个物品申领信息记录，效果如图8-19所示。

	A	B	C	D	E	F	G	H	I	J	K	L	M
1	产品编号	产品品牌	产品名称	产品型号	申领时间	出库时间	出库数量	工号	领取人	部门名称	经办人	产品类别	备注
2	1	国威	键盘	JP-001	2021/10/1	2021/10/1	50	SJ001	李晓	A	张凯	电脑及配件	
3	7	国威	路由器	LYQ-005	2021/12/9	2021/12/9	26	SJ002	张薇薇	B	张凯	网络设备类	
4	3	科宝	鼠标	SB-001	2021/11/18	2021/11/18	30	SJ003	宋林	C	张凯	电脑及配件	
5													

数据参数 | 资产入库清单 | 数据统计报表 | 资产出库登记表 | 资产出库登记清单

图8-19

03 在VBE环境中切换至UserForm3用户窗体，按F5键运行代码，弹出“数据统计分析”窗体界面，在“入库统计”框架中选中“产品统计”复选框，然后单击“生成报表”按钮，如图8-20所示。

04 此时即可在“数据统计报表”工作表中生成产品入库数据统计报表，如图8-21所示。

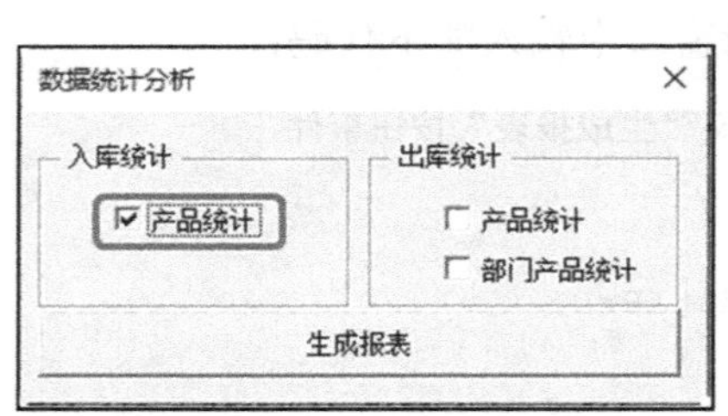

图8-20

	A	B	C	D	E	F
3						
4	求和项:入库数量		入库时间			
5	产品名称	产品型号	10月	11月	12月	总计
6	⊟键盘	JP-001	1000			1000
7		JP-002	800	850		1650
8	键盘 汇总		1800	850		2650
9	⊟路由器	LYQ-005			500	500
10		LYQ-012		3500		3500
11	路由器 汇总			3500	500	4000
12	⊟鼠标	SB-001		1200		1200
13		SB-002			1000	1000
14	鼠标 汇总			1200	1000	2200
15	总计		1800	5550	1500	8850
16						

... | 资产入库清单 | 数据统计报表 | 资产出库登记表 | 资产出

图8-21

05 在“出库统计”框架中选中“产品统计”复选框，然后单击“生成报表”按钮，即可在产品入库数据统计报表下方生成产品出库数据统计报表，如图8-22所示。

	A	B	C	D	E	F
17	求和项:出库数量		出库时间			
18	产品名称	产品型号	10月	11月	12月	总计
19	⊟键盘	JP-001	50			50
20	键盘 汇总		50			50
21	⊟路由器	LYQ-005			26	26
22	路由器 汇总				26	26
23	⊟鼠标	SB-001		30		30
24	鼠标 汇总			30		30
25	总计		50	30	26	106
26						

... | 数据统计报表 | 资产出库登记表 | 资产出库登记清单

图8-22

06 继续在“出库统计”框架中选中“部门产品统计”复选框，然后单击“生成报表”按钮，即可在产品出库数据统计报表下方生成各部门产品出库数据统计报表，如图8-23所示。

	A	B	C	D	E	F	G
27							
28	求和项:出库数量			出库时间			
29	部门名称	产品名称	产品型号	10月	11月	12月	总计
30	⊟A	⊟键盘	JP-001	50			50
31		键盘 汇总		50			50
32	A 汇总			50			50
33	⊟B	⊟路由器	LYQ-005			26	26
34		路由器 汇总				26	26
35	B 汇总					26	26
36	⊟C	⊟鼠标	SB-001		30		30
37		鼠标 汇总			30		30
38	C 汇总				30		30
39	总计			50	30	26	106
40							

数据统计报表　资产出库登记表　资产出库登记清单

图8-23

8.4.3 页面设置

页面设置操作步骤如下：

01 在Sheet1工作表中单击“页面布局”选项卡，然后在“页面设置”选项组中单击 按钮，如图8-24所示。

02 在打开的“页面设置”对话框中单击“页边距”选项卡，在其中即可看到当前工作表的默认页面设置，如图8-25所示。

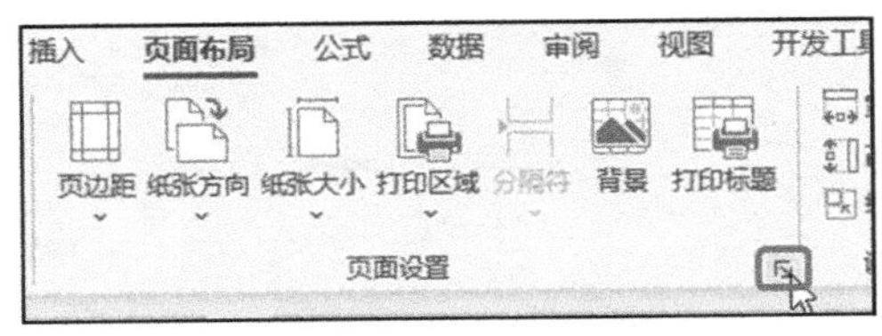

图8-24

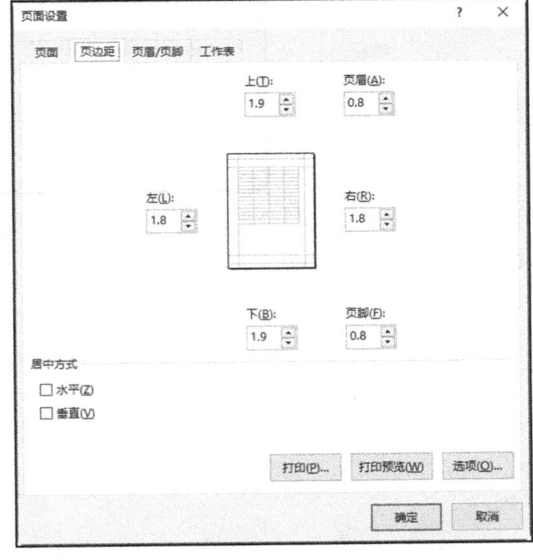

图8-25

03 启动VBE环境，选择“插入→模块”菜单命令，在插入的“模块”代码编辑窗口中输入重新设置页面边距的代码，代码如下：

```
Private Sub FirstPageSetup()
With Worksheets(1).PageSetup                '对第一张工作表进行页面设置（英寸）
    .LeftMargin = Application.InchesToPoints(1.3)
    .RightMargin = Application.InchesToPoints(1.9)
    .TopMargin = Application.InchesToPoints(3.8)
    .BottomMargin = Application.InchesToPoints(2.5)
    .HeaderMargin = Application.InchesToPoints(1.3)
```

```
    .FooterMargin = Application.InchesToPoints(1.3)
End With
End Sub
```

04 按F5键运行代码后重新打开“页面设置”对话框，可以看到Sheet1工作表的页面设置被更改，如图8-26所示。

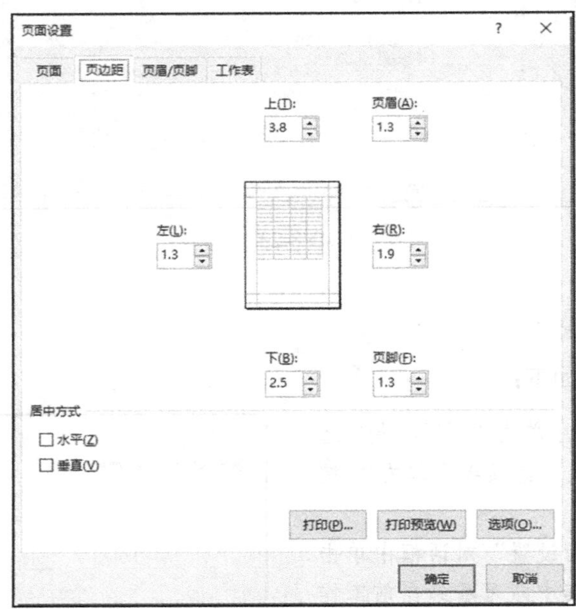

图8-26

第9章 文档管理系统

通过Excel VBA定制数据、管理文档与展现界面是一个非常复杂的过程，本章将通过演示文档管理系统的制作来详细介绍TreeView、ListView及相关控件的设计与运用方法。

9.1 设计文件浏览器界面

本章介绍的案例主要用于对图片实现管理，实现过程主要包含界面设计、各控件事件定义及测试。在对不同的文档进行管理时，可直接编辑代码中相应的文件格式，如Word文件等。

为了让程序有一个完整的界面，可以首先通过创建“文件浏览器”界面，将相关信息集成在同一界面的相应控件中，本节用到的控件有TreeView及ListView。操作步骤如下：

01 新建Excel工作簿，启动VBE环境，选择“插入→用户窗体”菜单命令，创建大小合适的用户窗体，并把它的Caption属性值设置为“文件浏览器”，然后在其中创建5个不同大小的框架控件，并设置相关属性，如图9-1所示。

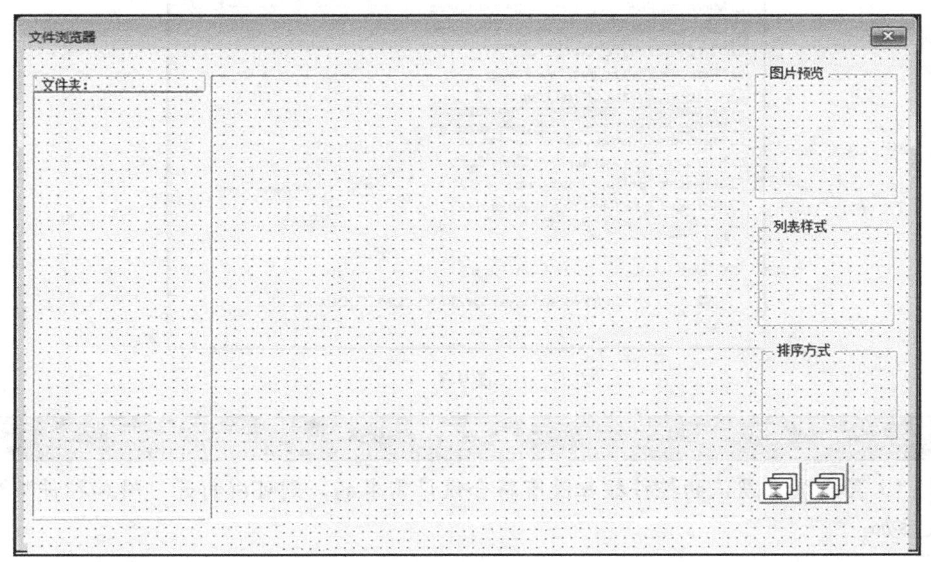

图9-1

02 利用相同的方法创建其他控件，并设置相关属性，效果如图9-2所示。

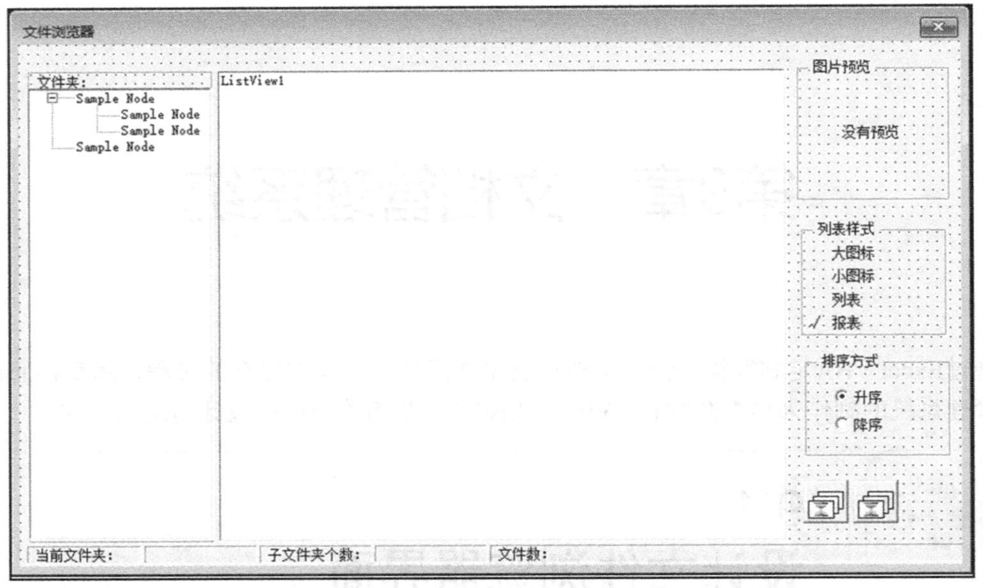

图9-2

03 右击“工具箱”的空白区域，在弹出的快捷菜单中选择“附加控件”命令。打开“附加控件”对话框，在“可用控件”列表框中选中Microsoft StatusBar Control，version 6.0复选框，然后单击“确定”按钮，如图9-3所示。

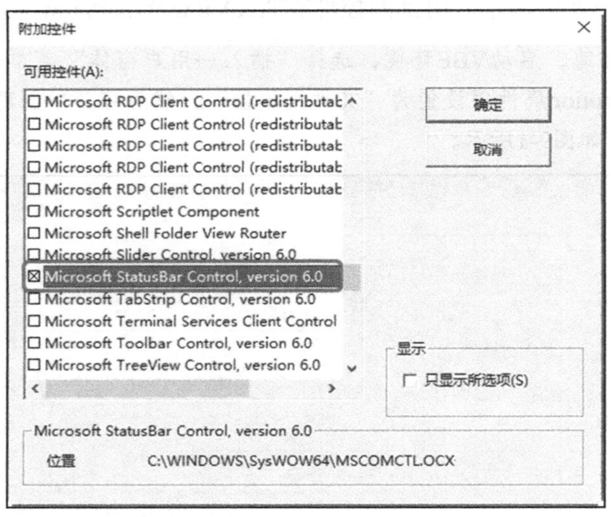

图9-3

高手点拨

如果“工具箱”里默认的控件按钮没有符合设计需求的，则可以打开“附加控件”对话框来添加。

04 此时即可将StatusBar控件添加至“工具箱”中，单击该控件图标，在窗体中拖动鼠标创建状态栏控件，如图9-4所示。

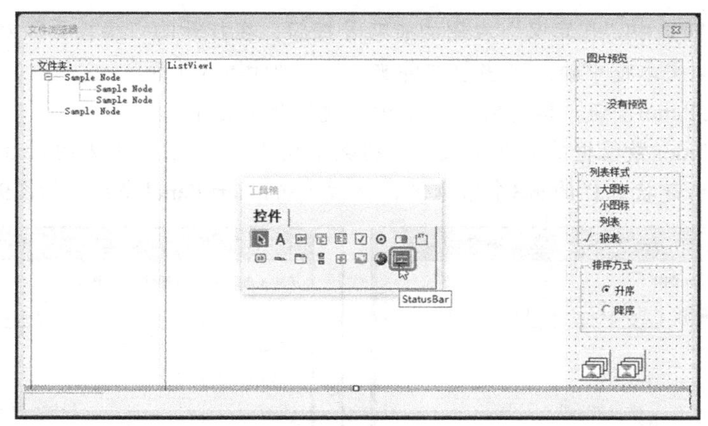

图9-4

表9-1给出了本系统界面中用到的所有控件的详细名称以及属性设置。

表9-1　系统界面中的所有控件

控件类型	控件名称	控件属性	属性值
框架	Frame1	/	/
框架	Frame2	/	/
框架	Frame3	Caption	图片预览
框架	Frame4	Caption	列表样式
框架	Frame5	Caption	排序方式
TreeView	TreeView1	/	/
ListView	ListView1	/	/
图片	Image1	/	/
图片	Image2	/	/
标签	Label1	Caption	文件夹
标签	Label2	Caption	没有预览
标签	LargeIcon	Caption	大图标
标签	SmallIcon	Caption	小图标
标签	List	Caption	列表
标签	Check	Caption	√
标签	Report	Caption	报表
选项按钮	OptionButton1	Caption	升序
选项按钮	OptionButton2	Caption	降序
ImageList	ImageList1	/	/
ImageList	ImageList2	/	/
状态栏	StatusBar1	Panels	1. 当前文件夹： 2. / 3. 子文件夹个数： 4. / 5. 文件数： 6. /

05 单击属性窗口中“自定义”右侧的省略号按钮，在打开的“属性页”对话框中单击Panels选项卡，然后在Text文本框中输入“当前文件夹：”，如图9-5所示。

06 单击Insert Panel按钮，即可将其显示于创建的状态栏中。

07 单击两次Index数值框的右箭头按钮，将数值调为3，然后在下方的Text文本框中输入“子文件夹个数：”，创建状态栏的第3个信息区，然后单击Insert Panel按钮，如图9-6所示。

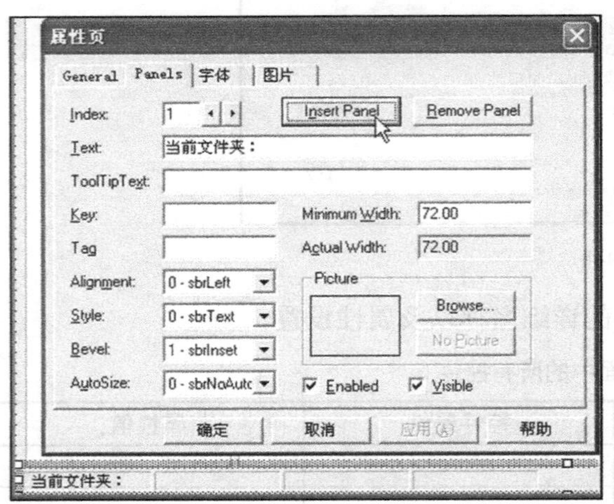

图9-5

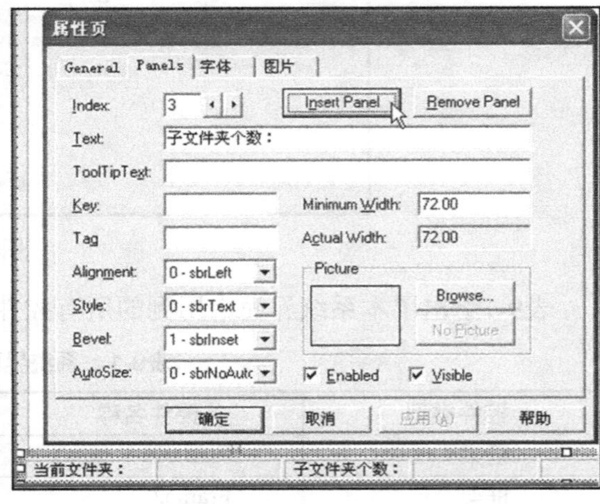

图9-6

按照相同的方法创建状态栏的其他信息区，效果如图9-7所示。

当前文件夹：　　子文件夹个数：　　文件数：

图9-7

9.2 创建系统功能

窗体界面设置好之后就可以设置代码创建系统功能了。

9.2.1 定义窗体加载功能

操作步骤如下：

01 双击窗体空白区域，在打开的代码编辑窗口中输入窗体加载事件的代码。

```
'声明全局变量
Dim DX As Single
Dim CurrentPath As String

Private Sub UserForm_Initialize()
Application.WindowState = xlMaximized          '窗口在加载时，以最大化显示
Me.Move 0, 0, Application.Width, Application.Height          '定义界面的位置
Me.StatusBar1.Top = Me.Height - Me.StatusBar1.Height - 30   '设定状态栏位置
```

```
'设定框架在窗体变化时的位置
    Image1.Move Frame1.Width + Frame1.Left, Frame1.Top, 3, Frame1.Height
    Frame2.Move Image1.Left + Image1.Width, Frame1.Top, Me.Width - ( _
    Image1.Left + Image1.Width + Frame3.Width + 20), Frame1.Height + 2
    Frame1.Height = StatusBar1.Top - Frame1.Top - 3
    Frame2.Height = Frame1.Height
    Frame3.Move Frame2.Left + Frame2.Width + 5, Frame2.Top
    Frame4.Move Frame3.Left, , Frame3.Width
    Frame5.Move Frame3.Left, , Frame3.Width
'设定TreeView在窗体变化时的位置
    With TreeView1
        .Height = Frame1.Height - 10
        .ImageList = ImageList1
End With
'设定ListView在窗体变化时的位置
    With ListView1
        .Height = Frame1.Height
        .Width = Frame2.Width + 2
        .SmallIcons = ImageList1
        .Icons = ImageList2
End With
'设定StatusBar在窗体变化时的位置
    With StatusBar1
        .Width = Me.Width - 15
        .Panels(1).Width = .Width / 7
        .Panels(2).Width = .Width / 7 * 3
        .Panels(3).Width = .Width / 7
        .Panels(4).Width = .Width / 14
End With
ShowDriveList        '调用ShowDriveList，显示驱动器列表
End Sub

Private Sub UserForm_QueryClose(Cancel As Integer, CloseMode As Integer)
End
End Sub
```

02 定义ShowDriveList过程功能，代码如下：

```
Sub ShowDriveList()
    Dim i As Integer
    Dim fs, d, dc, t
    Dim nd As Node
    Dim flag As Boolean
    Dim s As String
    Dim img As Integer
    Set fs = CreateObject("Scripting.FileSystemObject")
    Set dc = fs.Drives
    TreeView1.Nodes.Add , , "我的电脑", "我的电脑", 1
```

```
For Each d In dc                    '读取计算机中驱动器列表
        flag = False
        s = d.DriveLetter & ":"
        Select Case d.DriveType
            Case 0: t = "未知类型"
            img = 3
            Case 1: t = "3.5 软盘"
            img = 2
            Case 2: t = "本地磁盘"
            flag = True
            img = 3
            Case 3: t = "网络驱动器"
            img = 3
            Case 4: t = "CD-ROM"
            img = 4
            Case 5: t = "RAM Disk"
            img = 3
        End Select
        TreeView1.Nodes.Add "我的电脑", 4, , s, img  '在TreeView1中显示出所有驱动器
    Next
    Set dc = Nothing
    Set fs = Nothing
End Sub
```

9.2.2 定义界面中的各控件功能

1. 定义TreeView事件

操作步骤如下：

01 双击TreeView控件，在打开的代码编辑窗口中输入如下代码：

```
Private Sub TreeView1_NodeClick(ByVal Node As MSComctlLib.Node)  '节点单击
    If Node.Parent Is Nothing Then Exit Sub
    CurrentPath = Replace(Node.FullPath, "我的电脑\", "") & "\"
    If Node.Children = 0 Then
        AppendSubFolders CurrentPath, Node          '调用AppendSubFolders过程
    Else
        AppendListItem CurrentPath                  '调用AppendListItem过程
        Me.StatusBar1.Panels(4) = Node.Children     '设定状态栏显示内容
    End If
End Sub
```

02 定义TreeView控件展开与收缩功能，设置如下代码：

```
Private Sub TreeView1_Collapse(ByVal Node As MSComctlLib.Node)    '定义TreeView
的节点收缩
NodeSelect Node                          '调用NodeSelect过程
End Sub
```

```
Private Sub TreeView1_Expand(ByVal Node As MSComctlLib.Node)   '定义节点展开
NodeSelect Node                    '调用NodeSelect过程
End Sub
```

03 定义AppendSubFolders过程功能，设置如下代码：

```
Sub AppendSubFolders(Path As String, ByVal Node As Node)
    Dim fs, f, f1, s, sf
    Dim fName As String
    If Node.Children = 0 Then
       On Error GoTo ErrHandle     '出现错误时，直接跳转至ErrHandle
          Set fs = CreateObject("Scripting.FileSystemObject")
          Set f = fs.GetFolder(Path)          '创建FileSystem对象，并得到目录位置
       On Error GoTo 0
          Set sf = f.SubFolders
          Me.StatusBar1.Panels(4) = sf.Count    '状态栏显示当前目录中的文件个数
          For Each f1 In sf
             s = f1.Name
             TreeView1.Nodes.Add Node, tvwChild, , s, 5, 6  '在Treeview控件
中添加子目录
          Next
    End If
       AppendListItem Path                  '调用AppendListItem
       Me.StatusBar1.Panels(2) = Path        '状态栏显示当前目录位置
       Node.Expanded = True
ExitSub:
    Set f = Nothing
    Set fs = Nothing
    Exit Sub
ErrHandle:
    MsgBox CurrentPath & "无法读取!请检查后再试!  ", vbExclamation, "提示"
    GoTo ExitSub
End Sub
```

04 定义AppendListItem过程功能，设置代码如下：

```
Sub AppendListItem(Path As String)
    Dim fs, dc, t, f1, f
    Dim s As String
    Dim img As Integer
ListView1.ListItems.Clear     '清除ListView中所有ListItem
    Set fs = CreateObject("Scripting.FileSystemObject")
    Set dc = fs.GetFolder(Path)
    Set f = dc.Files
    For Each f1 In f
'指定系统支持的文件格式：JPG、GIF、BMP
    Select Case UCase(Right(f1.Name, 4))
       Case ".JPG"
          img = 1
       Case ".GIF"
          img = 2
```

```
            Case ".BMP"
                img = 3
            Case Else
                img = 4
    End Select
    '定义ListView中各列信息，文件名、文件大小、文件类型、文件最后修改日期
        Set Litm = ListView1.ListItems.Add(, , f1.Name, img, img + 6)
            Litm.SubItems(1) = Application.RoundUp(f1.Size / 1024, 0) & "K"
            Litm.SubItems(2) = f1.Type
            Litm.SubItems(3) = f1.DateLastModified
        Next
        Me.StatusBar1.Panels(6) = f.Count    '定义状态栏显示
        Set f = Nothing
        Set dc = Nothing
        Set fs = Nothing
    End Sub
```

05 定义NodeSelect过程功能，代码如下：

```
    Sub NodeSelect(ByVal Nod As Node)             '定义当选中TreeView中表项时的事件
        Nod.Selected = True
        If Nod.Parent Is Nothing Then Exit Sub
        CurrentPath = Replace(Nod.FullPath, "我的电脑\", "") & "\"
        AppendListItem CurrentPath
        Me.StatusBar1.Panels(2) = CurrentPath
        Me.StatusBar1.Panels(4) = NodeChildren   '状态栏显示相应的目录及子项信息
        Me.Image2.Picture = LoadPicture("")
        Me.Label2.Visible = True
    End Sub
```

2. 定义ListView事件

操作步骤如下：

01 双击ListView控件，在打开的代码编辑窗口中输入ListView1中对象单击功能的代码，代码如下：

```
    Private Sub ListView1_ItemClick(ByVal Item As MSComctlLib.ListItem)
    On Error GoTo NotPic      '程序错误跳转至NotPic
        filefullname = Replace(CurrentPath, "我的电脑\", "") & Item     '获取选中对象
的完整路径
        Me.Image2.Picture = LoadPicture(filefullname)     '将该对象显示在Image2中
        Me.Label2.Visible = False
        Exit Sub
    NotPic:
        Me.Image2.Picture = LoadPicture("")
        Me.Label2.Visible = True
    End Sub
```

02 定义ListView1中列标题单击功能，代码如下：

```
    Private Sub ListView1_ColumnClick(ByVal ColumnHeader As
MSComctlLib.ColumnHeader)                          '单击列标题进行排序
    With ListView1
           .Sorted = True
           .SortKey = ColumnHeader.Index - 1
           .SortOrder = IIf(.SortOrder <> 1, 1, 0)
       End With
    End Sub
```

知识拓展

ListView控件显示了带图标的项的列表。可使用列表视图创建类似于Windows资源管理器右窗格的用户界面。该控件具有4种视图模式：LargeIcon（大图标）、SmallIcon（小图标）、List（列表）和Details（详细）。由于该控件功能的特殊性，常常被应用于文件浏览器、数据列表等环境。

3. 定义“列表样式”事件

完成“列表样式”框架中的“大图标”“小图标”“列表”“报表”控件事件定义，代码如下：

```
'定义“大图标”控件事件
Private Sub LargeIcon_Click()
   Check.Top = LargeIcon.Top
   ListView1.View = lvwIcon
End Sub
'定义“小图标”控件事件
Private Sub SmallIcon_Click()
   Check.Top = SmallIcon.Top
   ListView1.View = lvwSmallIcon
End Sub
'定义“列表”控件事件
Private Sub List_Click()
   Check.Top = List.Top
   ListView1.View = lvwList
End Sub
'定义“报表”控件事件
Private Sub RePort_Click()
   Check.Top = RePort.Top              '设定选择符号显示（下同）
   ListView1.View = lvwReport          '设置ListView视图模式
End Sub
```

4. 定义“排序”事件

完成“排序方式”框架中的“升序”和“降序”控件事件定义，代码如下：

```
Private Sub OptionButton1_Click()
   With ListView1
       .Sorted = True    '开启排序功能
```

```
            .SortKey = 0
            .SortOrder = IIf(OptionButton1, 0, 1)  '进行相应排序实现, 0表示升序, 1表示降序
        End With
    End Sub

    Private Sub OptionButton2_Click()
    OptionButton1_Click                            '直接触发OptionButton1_Click事件
    End Sub
```

5. 定义TreeView宽度调整事件

由于文档的存放位置可能会在多级文件夹之下，为方便用户直观地看到文件所在的文件夹位置，需要创建TreeView宽度调整事件。该事件的实现由前面所创建的空白图像控件的拖动位置所决定。

双击“图片预览”框架中的图像控件，在打开的代码编辑窗口中输入如下代码：

```
    Private Sub Image1_MouseDown(ByVal Button As Integer, ByVal Shift As Integer, _
    ByVal x As Single, ByVal y As Single)      '设定鼠标在对象上“按下”时的事件
    DX = x                              '当鼠标在对象上按下时，将当前的X坐标赋值于DX
    End Sub

    Private Sub Image1_MouseMove(ByVal Button As Integer, ByVal Shift As Integer, _
    ByVal x As Single, ByVal y As Single)      '设定鼠标拖动对象事件
       If Button = 1 Then
          If DX - x > Frame1.Width Or x - d > Frame2.Width Then Exit Sub  '判断拖动范围是否超出框架宽度范围
    '重新定义各控件位置及坐标
          Frame1.Width = Frame1.Width - DX + x
          TreeView1.Width = Frame1.Width
          Image1.Left = Image1.Left - DX + x
          Frame2.Left = Frame2.Left - DX + x
          Frame2.Width = Frame2.Width + DX - x
          ListView1.Width = Frame2.Width + 2
       End If
    End Sub
```

9.2.3 运行文档管理系统

操作步骤如下：

01 设计好公司文档管理系统并保存之后，按F5键运行程序即可进入“文件浏览器”界面。

02 在窗体的左侧展开相应的文件，单击相应的文件夹图标，可以直接在右侧列表框中得到预览效果，如图9-8所示。

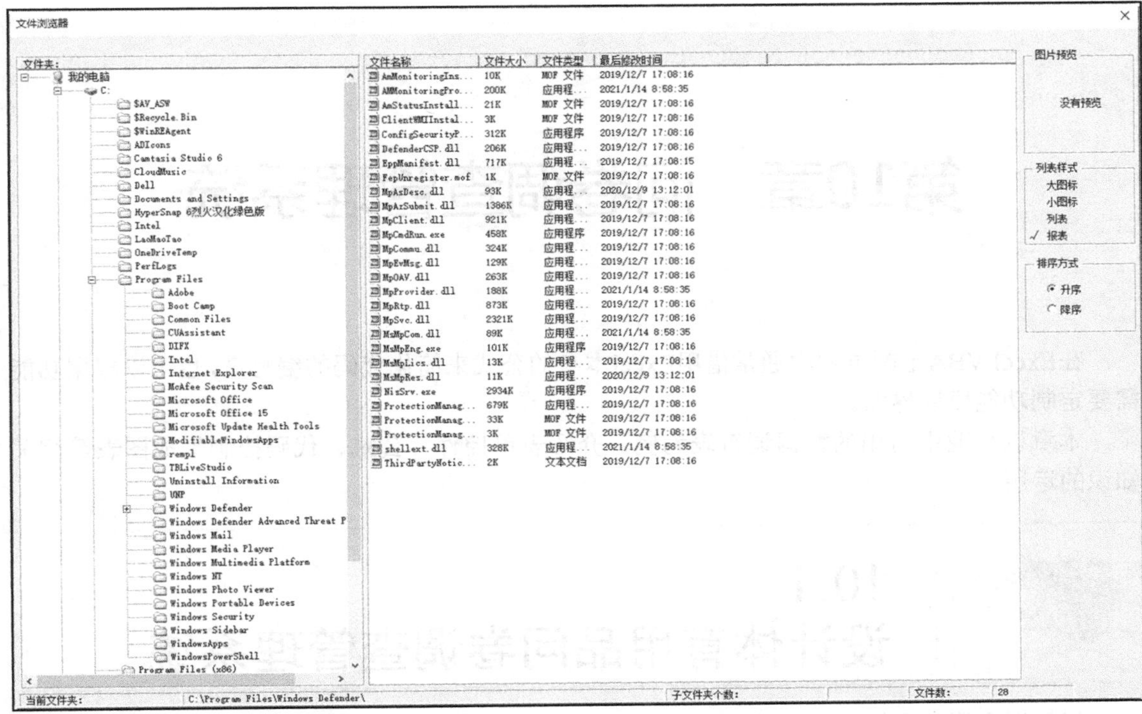
文件浏览器
文件夹:
我的电脑
文件名称
文件大小
文件类型
最后修改时间
图片预览
没有预览
列表样式
大图标
小图标
列表
报表
排序方式
升序
降序
当前文件夹:
C:\Program Files\Windows Defender\
子文件夹个数:
文件数:
28

图9-8

第10章　问卷调查管理系统

在Excel VBA定制过程中通常借用Excel本身的公式来简化代码的编写量，也可以根据功能需要定制功能模块界面。

本章以企业中常用的数据调查表为例，介绍表单控件、公式、代码控制生成图表等相关知识的运用。

10.1 设计体育用品问卷调查管理系统

问卷调查管理系统的设计思路如下：

- 由于问卷调查的反馈意见的统计工作耗时较长，因而要求问卷调查在短期内完成以便尽快开始统计。例如下月需要完成统计工作，就要要求问卷调查必须在下月初完成。
- 具有友好的客户资料填写界面，方便市场调研人员将收集的信息直接通过界面输入。
- 具有密码保护功能，因为只有市场分析人员才可以生成相关统计图表，而市场调研人员只是单纯地输入数据。
- 具有图表生成系统，可以快速直接生成相关的图表信息。

在明确基本需求之后，可以利用Excel强大的功能，再进行特殊功能的开发定制，满足该系统的需求，具体如下：

- 利用窗体控件实现界面设计。
- 创建输入功能块，实现数据填写。
- 创建登录界面。
- 创建图表生成系统。

10.1.1 创建登录界面

由于问卷调查管理系统的使用者包括管理者与信息输入者，因此需要创建身份验证界面，以区分管理者与信息输入者的操作，其具体流程如图10-1所示。

1. 创建密码登录界面

由于调查数据中包含相关的隐私信息，文档的使用者需要设置相应的查看权限。因此需要为该功能设置登录界面，以根据相应的用户名及密码进行权限控制。

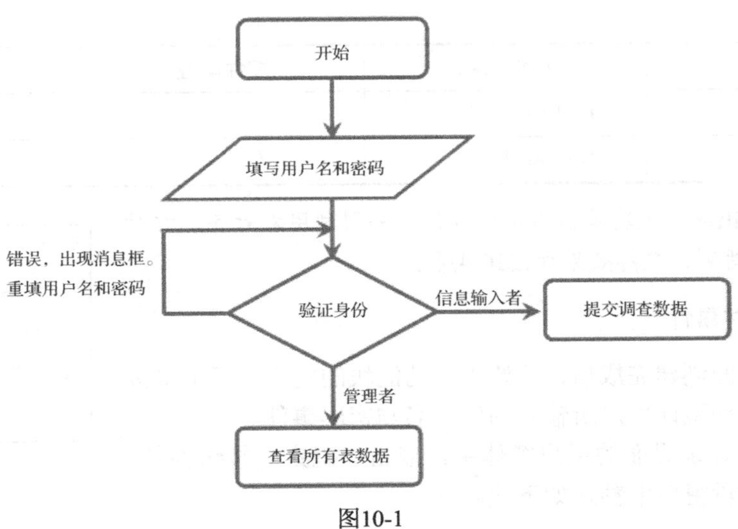

图10-1

用户登录界面首先需要创建用户窗体、控件，为便于进行事件定义，还需要设置并记录各控件（用户名、密码文本框、确定按钮）的相应名称及属性。操作步骤如下：

01 新建Excel工作簿，将其另存为“体育用品问卷调查表”。启动VBE环境，选择“插入→用户窗体”菜单命令，创建窗体。

02 调整窗体的大小，并在属性窗口中把窗体的Caption属性值设置为“登录界面”，如图10-2所示。

03 单击“工具箱”中的“标签”控件，在窗体中拖动鼠标左键创建标签，并把该标签的Caption属性值设置为“用户名：”，如图10-3所示。

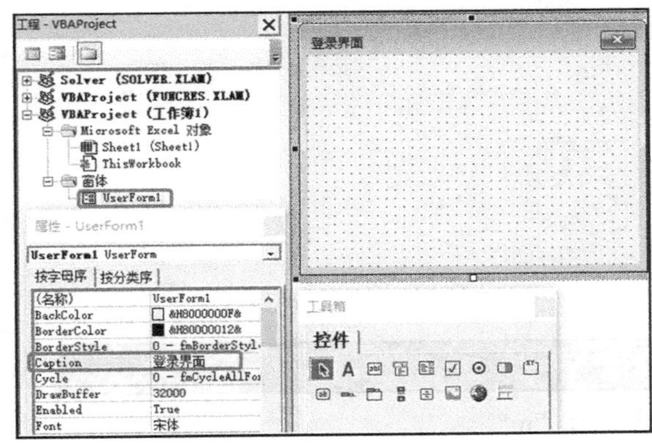

图10-2

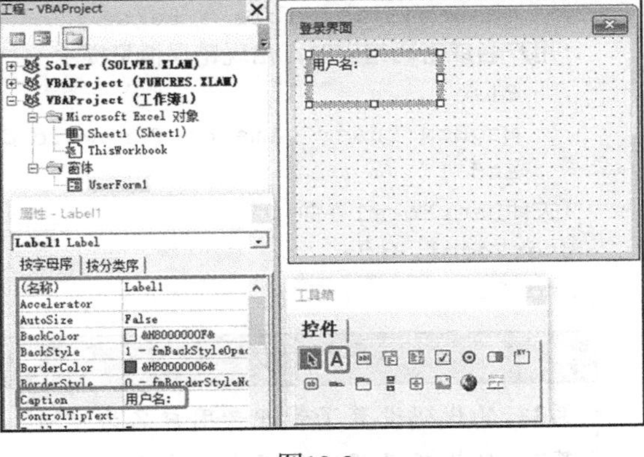

图10-3

04 按照同样的操作过程分别创建其他控件并设置相应的Caption属性，具体如表10-1所示。

表10-1 各控件及其属性说明

控件类型	控件名称	控件属性	属性值
标签	Label2	Caption	密码：
按钮	CommandButton1	Caption	确定

（续）

控件类型	控件名称	控件属性	属性值
文字框	TextBox1	/	/
文字框	TextBox2	/	/

05 按住Shift键，依次单击指定的控件，分别利用左对齐、右对齐功能对其进行排列，最终效果如图10-4所示。

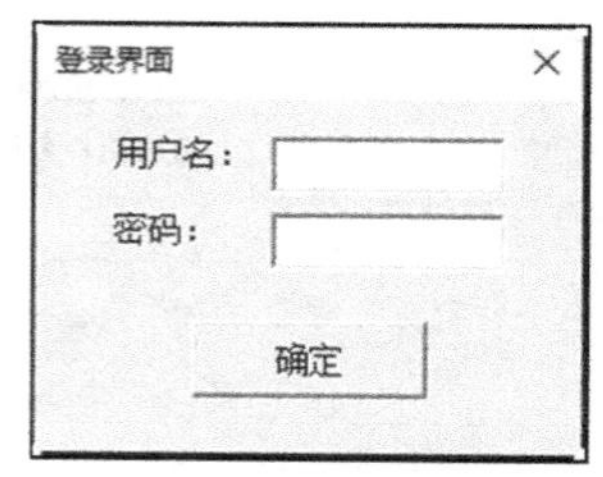

图10-4

2. 定义控件事件

用户登录界面创建完成后，开始进入功能块的定义，即确定按钮事件，用以启动验证用户所输入的用户名与密码事件。

在创建密码登录界面的用户窗体中，双击“确定”按钮控件，在打开的代码编辑窗口中输入如下代码：

```
Private Sub CommandButton1_Click()
'管理者使用环境，全部工作表都可查看
If TextBox1.Text = "M" And TextBox2.Text = "m" Then
    Application.Visible = True
For i = 1 To Sheets.Count
    Sheets(i).Visible = True
Next
'使用者环境，只能看到调查填写表格
ElseIf TextBox1.Text = "U" And TextBox2.Text = "u" Then
    Application.Visible = True
    Sheets(2).Visible = False
    Sheets(3).Visible = False
'用户名或密码错误时，出现错误消息提示
    Else
    MsgBox "user name of Password is error"
    End If
'关闭UserForm1界面
UserForm1.Hide
End Sub
```

高手点拨

第3行的代码设置了管理者用户名为“M”，密码为“m”。

第9行的代码设置了使用者用户名为“U”，密码为“u”。

3. 创建Excel文件打开事件

为了保证在Excel工作簿打开的过程中不让其他操作者看到其中的信息，通常在设置密码登录界面后，还会将应用程序界面隐藏起来。操作步骤如下：

01 在VBE环境中，双击工程资源管理器中的ThisWorkbook，在打开的代码编辑窗口中输入如下代码：

```
Private Sub workbook_open()
Application.Visible = False
UserForm1.Show
End Sub
```

02 关闭工作簿后重新打开，将隐藏工作簿窗口并弹出用户登录界面窗口，输入用户名为“M”或“U”，密码为“m”或“u”，如图10-5所示。

03 单击“确定”按钮，即可打开工作簿。

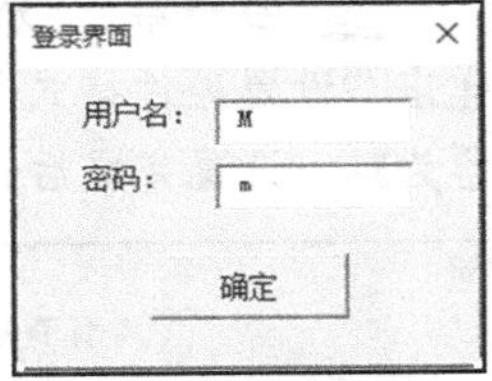

图10-5

10.1.2 创建并填写调查表

根据问卷调查管理系统的需求特点，首先需要创建一个调查表，为用户提供反馈意见填写界面。

本节将利用表单控件创建相应的数据填写界面，表单控件的基础知识可以在本书的第3章中查看并学习。

1．创建分组框及选项按钮控件

操作步骤如下：

01 将“Sheet1”工作表重命名为“调查表填写”，然后在其中创建调查表的表头，并设置相关格式，如图10-6所示。

02 在表头下方创建第1个分组框，修改其显示文字为“您的性别？”，再在其中插入“男”“女”两个选项按钮，如图10-7所示。

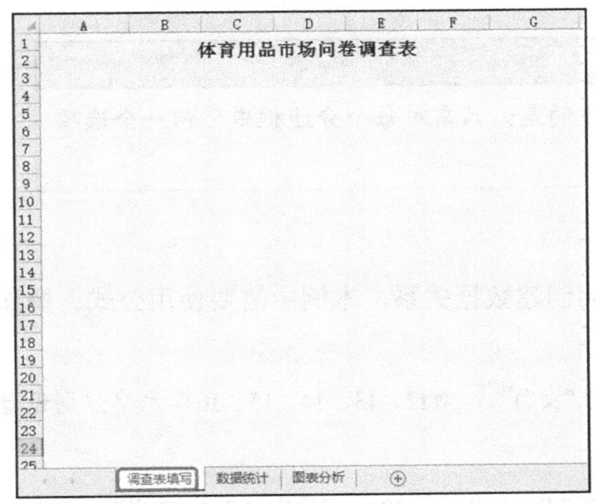

图10-6

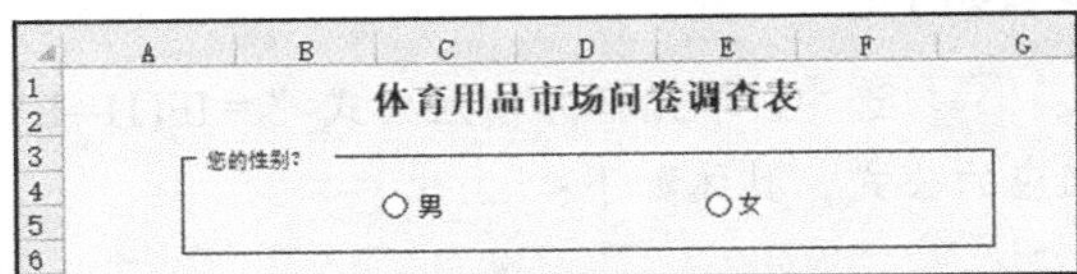

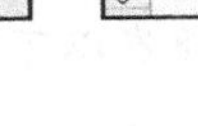

图10-7

知识拓展

如何解决多个单选项按钮只能得到一个结果值的问题？

有时需要利用选项按钮对不同组的内容分别进行单选，此时却发现所有选项都关联到一起。要解决此问题，可利用窗体控件中的“分组框”，即先创建分组框，然后在不同的分组框内设置各自的选项按钮即可。

03 按照同样的操作过程创建其他控件，并修改相应的显示文字，最终效果如图10-8所示。

04 右击第1个分组框中的选项按钮控件，在弹出的快捷菜单中选择“设置控件格式”命令，弹出“设置控件格式”对话框。单击“控制”选项卡，在“单元格链接”框中指定控件的链接单元格为J1。设置完成后，单击“确定”按钮，如图10-9所示。

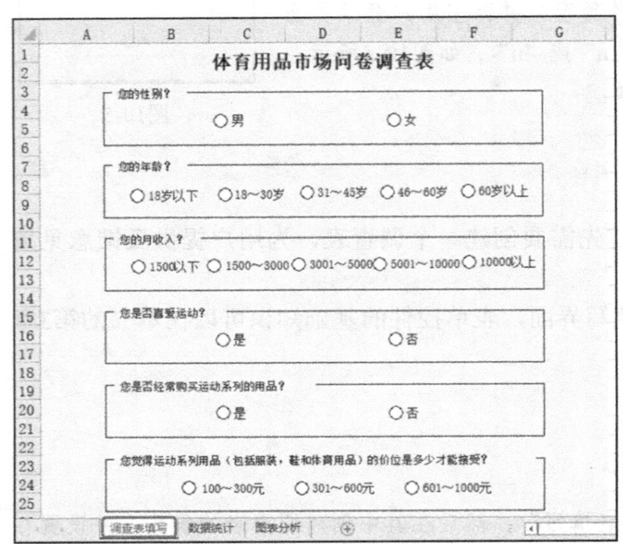

图10-8

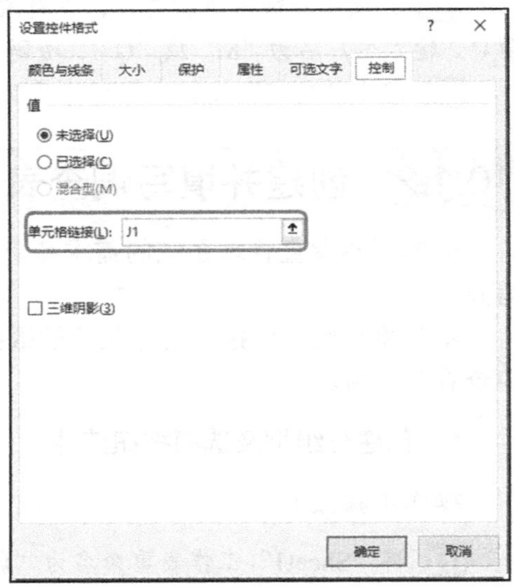

图10-9

05 按照同样的操作过程设置其余分组框中选项按钮控件的链接单元格分别为J2、J3、J4、J5、J6。

> **高手点拨**
>
> 指定选项按钮控件关联单元格时，要特别注意的是：只需对每个分组框中任何一个选项按钮进行关联单元格操作即可。

2. 创建工作表及数据关系

在界面设计完成后，接下来需要在各数据间创建数据关系，本例中需要使用公式。操作步骤如下：

01 选中I1单元格并输入公式“=IF(J1=1,"男","女")”，对I2、I3、I4、I5、I6单元格分别设置相应的公式，具体如下：

- I2单元格公式设置为“=IF(J2=1,"18岁以下",IF(J2=2,"18~30岁",IF(J2=3,"31~45岁", IF(J2=4,"46~60岁","60岁以上"))))”。
- I3单元格公式设置为“=IF(J3=1,"1500以下",IF(J3=2,"1500~3000",IF(J3=3,"3001~5000",IF(J3=4,"5001~10000", "10000以上"))))”。
- I4单元格公式设置为“=IF(J4=1,"是","否")”。
- I5单元格公式设置为“=IF(J5=1,"是","否")”。
- I6单元格公式设置为“=IF(J6=1,"100。300元",IF(J6=2,"301。600元","601。1000元"))”；

02 输入完成后，在分组框中选中某个选项，即可在I1单元格中显示选项的名称，并在J1单元格中显示选项名称对应的数据，如图10-10所示。

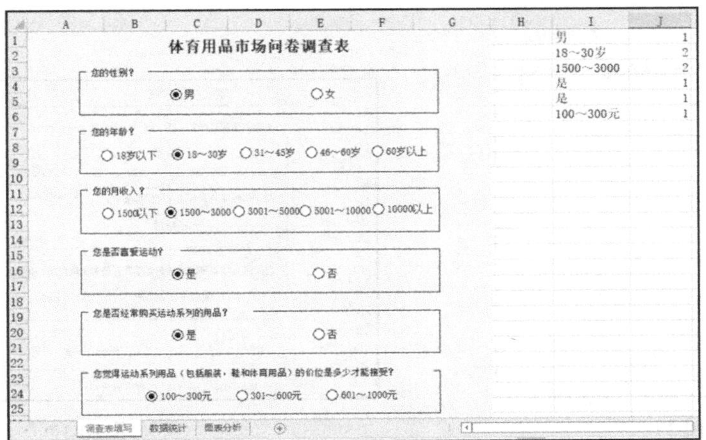

图10-10

知识拓展

为什么要使用公式？

在利用表单控件实现一些效果时，由于控件得到的值是其索引值（该类型控件创建的顺序号），因此当需要得到的是文字或特殊数据值时，可结合Excel强大的计算公式（如IF函数等），得到想要的效果。

10.1.3 数据统计分析

用户填写的调查表数据是各不相同的，通过人工逐份查看会比较烦琐，且工作效率低下。这里介绍如何通过创建一个提交数据的按钮并设计相应的代码，将所有调查表的数据结果综合统计出来。操作步骤如下：

01 将Sheet2工作表重命名为“数据统计”。启动VBE环境，选择“插入→模块”菜单命令，在插入的“模块1”代码编辑窗口中输入如下代码：

```
Sub InsertData()
Dim Rs As Long
'获取“数据统计”工作表中的最后一行，若Excel 2003则将A1048576改为A65536
Rs = Worksheets("数据统计").Range("A1048576"). End(xlUp).Row
'将“调查填写表”的数据填写至Sheet2工作表中
For i = 1 To 6
    Worksheets("数据统计").Cells(Rs + 1, i) = Worksheets("调查表填写").Cells(i, 9)
  Next
End Sub
```

02 切换至“调查表填写”工作表，在最后一个分组框的下方拖动鼠标创建一个按钮控件，在弹出的“指定宏”对话框中选中InsertData，如图10-11所示。

03 单击“确定”按钮后，将按钮的显示文字更改为“提交”，如图10-12所示。

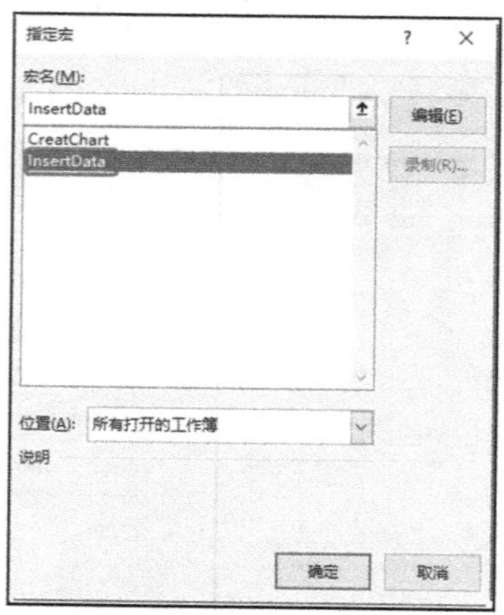

图10-11

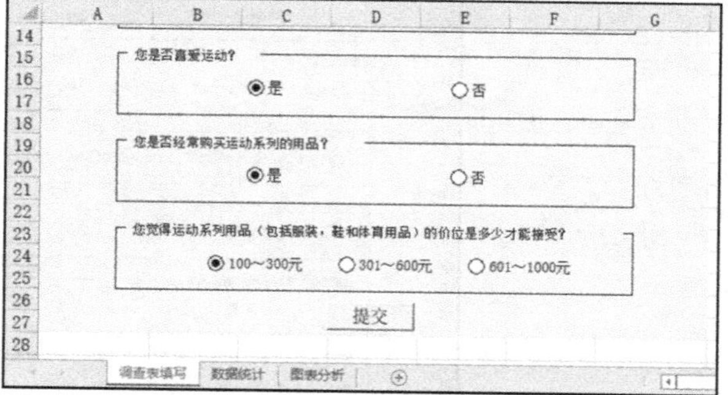

图10-12

04 单击“提交”按钮，再切换至“数据统计”工作表，即可看到提交的数据，如图10-13所示。

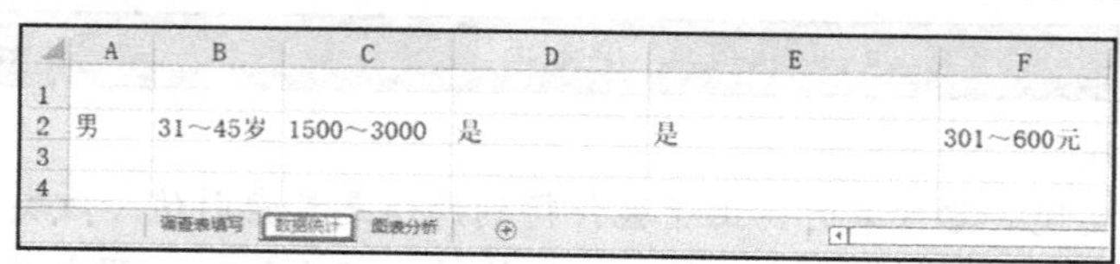

	A	B	C	D	E	F
1						
2	男	31~45岁	1500~3000	是	是	301~600元
3						
4						

图10-13

05 继续提交调查表，即可依次在“数据统计”工作表中自动显示提交的数据，最后在A1~F1单元格中依次输入各分组的名称即可，最终效果如图10-14所示。

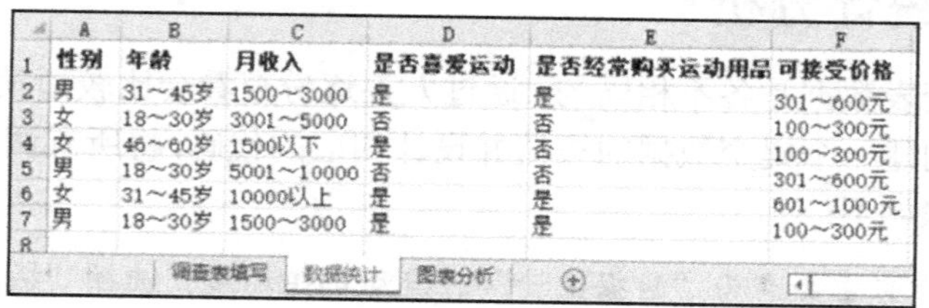

	A	B	C	D	E	F
1	性别	年龄	月收入	是否喜爱运动	是否经常购买运动用品	可接受价格
2	男	31~45岁	1500~3000	是	是	301~600元
3	女	18~30岁	3001~5000	否	否	100~300元
4	女	46~60岁	1500以下	是	否	100~300元
5	男	18~30岁	5001~10000	否	否	301~600元
6	女	31~45岁	10000以上	是	是	601~1000元
7	男	18~30岁	1500~3000	是	是	100~300元

图10-14

知识拓展

Excel本身具有强大的数据输入功能，如记录单、获取外部数据等。虽然这些功能在使用时比较方便，但在实际应用中存在不少的限制，因此需要进行数据输入功能模块的定制与开发。

数据输入功能主要有两种：数据追加式与数据变更式。数据追加式主要是指在原有数据的后面继续增加数据；数据变更式是指对原有数据的项进行修改。这里主要讨论数据追加式输入功能。

数据追加式输入功能的实现，第一个关键部分就是判断目标数据区的最后一位位置在哪里，以便在该位置后面写入新增的数据。实现的方法有几种，相对高效且最常用的有如下4种：

知识拓展（续）

```
Worksheets(Index) .Range("A1048576") .End(lop) .Rows
```

- Worksheets(Index)：表示在当前Excel工作簿中的目标工作表，Index为该工作表的索引号（即自左向右第几个工作表），也可以是工作表的名称。
- Range("A1048576")：表示在A列区域，1048576表示最大行值，若要得到C列数据的最后一行，该写法为Range("C1048576")。
- End(lop)：表示扩展的方向。
- Rows：表示在前面的Range区域最后一行不为空的行数值。

第二个关键部分就是在进行数据传递过程中的位置变化。需要对源位置数据的行列变化与目标数据的行列变化进行数学分析，找到两者之间对应的数据关系式。

10.1.4 图表分析统计表

本节将统计出调查表数据中各选项被选中的次数，并将统计的结果生成不同的图表，以根据相应的数据进行市场分析。

1. 定义各分组名称

操作步骤如下：

01 将Sheet3工作表重命名为“图表分析”。单击“公式”选项卡，在“定义的名称”选项组中单击“定义名称”按钮，如图10-15所示。

02 在弹出的“新建名称”对话框中设置名称为“性别”，引用位置为“=OFFSET(数据统计!$A$2,0,0,COUNTA(数据统计!$A:$A))”，设置完成后单击“确定”按钮，如图10-16所示。

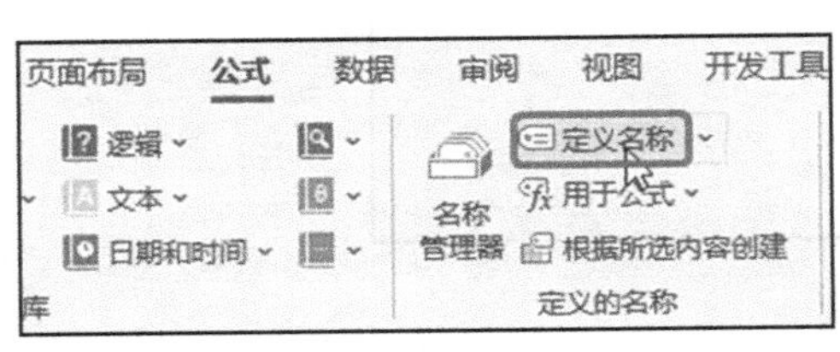

图10-15

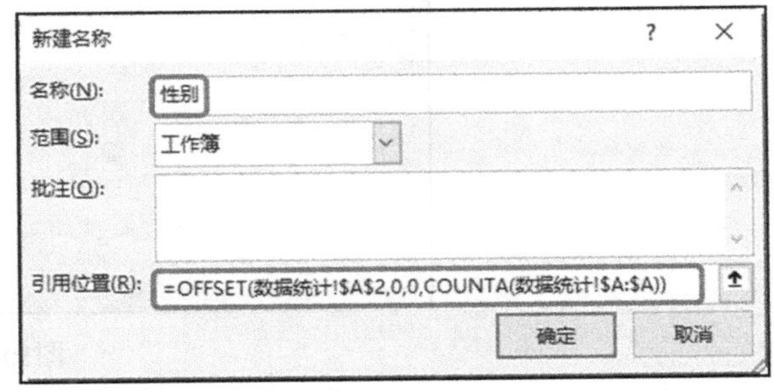

图10-16

03 按照同样的操作过程，依次定义其他分组名称：

- 年龄_：“=OFFSET(数据统计!$B$2,0,0,COUNTA(数据统计!$B:$B))”。
- 月收入_：“=OFFSET(数据统计!$C$2,0,0,COUNTA(数据统计!$C:$C))”。
- 是否喜爱运动_：“=OFFSET(数据统计!$D$2,0,0,COUNTA(数据统计!$D:$D))”。
- 是否经常购买运动用品_：“=OFFSET(数据统计!$E$2,0,0,COUNTA(数据统计!$E:$E))”。
- 可接受价格_：“=OFFSET(数据统计!$F$2,0,0,COUNTA(数据统计!$F:$F))”。

04 定义完所有名称后，单击“公式”选项卡，在“定义的名称”选项组中单击“名称管理器”按钮，即可查看所有名称，如图10-17所示。

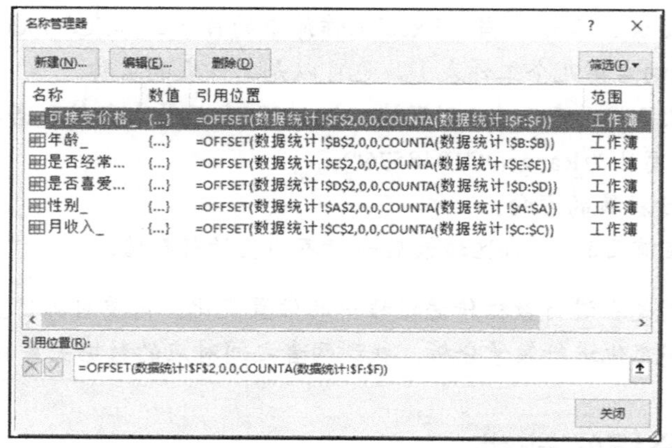

图10-17

2. 统计各选项的选中次数

操作步骤如下：

01 在“图表分析”工作表中输入定义的各个分组名称及其中各个选项的名称，如图10-18所示。

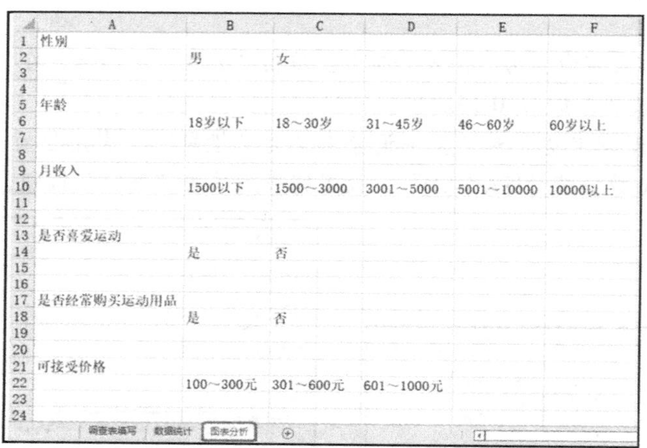

	A	B	C	D	E	F
1	性别					
2		男	女			
3						
4						
5	年龄					
6		18岁以下	18～30岁	31～45岁	46～60岁	60岁以上
7						
8						
9	月收入					
10		1500以下	1500～3000	3001～5000	5001～10000	10000以上
11						
12						
13	是否喜爱运动					
14		是	否			
15						
16						
17	是否经常购买运动用品					
18		是	否			
19						
20						
21	可接受价格					
22		100～300元	301～600元	601～1000元		
23						
24						

调查表填写 数据统计 图表分析

图10-18

02 选中B3单元格，输入公式“=COUNTIF(性别_,B2)”，按回车键，即可根据“数据统计”工作表中统计的数据结果计算出参加调查的人员中性别为“男”的人数，如图10-19所示。

03 拖动B3单元格右下角的填充柄至C3单元格，即可计算出参加调查的人员中性别为“女”的人数，如图10-20所示。

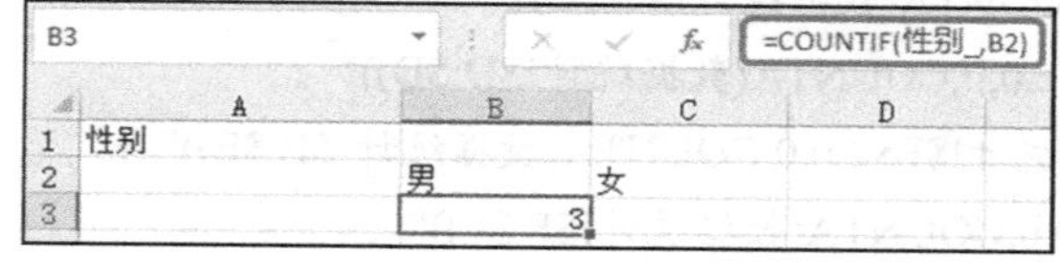

图10-19

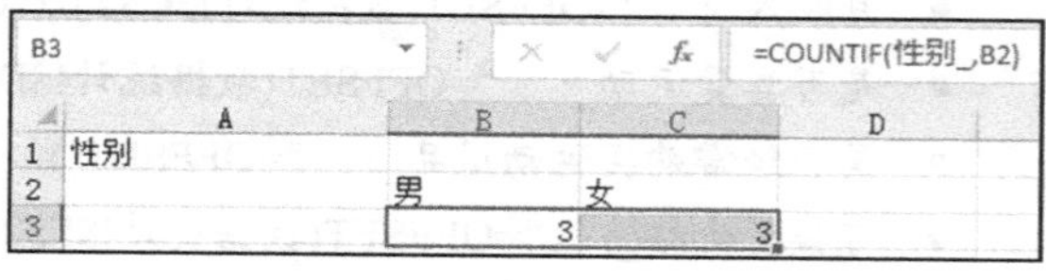

图10-20

04 对B7、B11、B15、B19、B23单元格设置相应的公式，具体如下：

- B7：“=COUNTIF(年龄_,B6)”。
- B11：“=COUNTIF(月收入_,B10)”。
- B15：“=COUNTIF(是否喜爱运动_,B14)”。
- B19：“=COUNTIF(是否经常购买运动用品_,B18)”。
- B23：“=COUNTIF(可接受价格_,B22)”。

05 依次向右填充公式，得到各选项的选中次数，如图10-21所示。

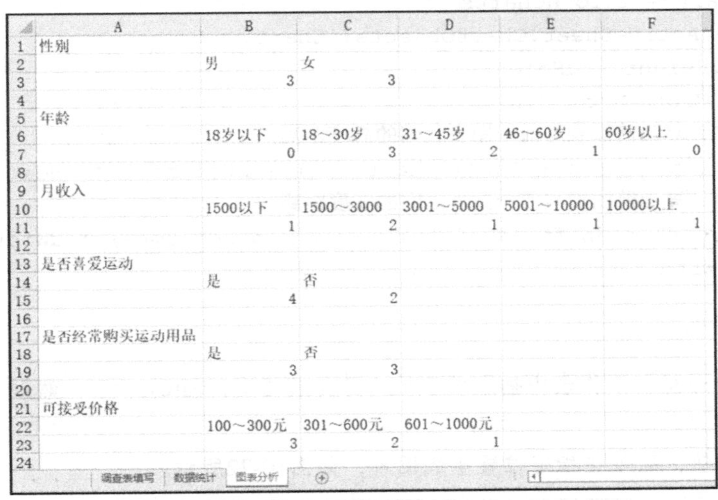

	A	B	C	D	E	F
1	性别					
2		男	女			
3		3	3			
4						
5	年龄					
6		18岁以下	18～30岁	31～45岁	46～60岁	60岁以上
7		0	3	2	1	0
8						
9	月收入					
10		1500以下	1500～3000	3001～5000	5001～10000	10000以上
11		1	2	1	1	1
12						
13	是否喜爱运动					
14		是	否			
15		4	2			
16						
17	是否经常购买运动用品					
18		是	否			
19		3	3			
20						
21	可接受价格					
22		100～300元	301～600元	601～1000元		
23		3	2	1		
24						

调查表填写　数据统计　图表分析

图10-21

3. 创建图表分析统计结果

操作步骤如下：

01 启动VBE环境，插入“模块2”，在打开的代码编辑窗口中输入生成图表的代码，代码如下：

```
Sub CreatChart()
'连续对指定的数据区生成图表
For i = 2 To 22 Step 4
    ActiveSheet.Shapes.AddChart.Select
    ActiveChart.SetSourceData Source:=Range("图表分析!$A$" & i & ":$D$" & i +
1 & "")
    ActiveChart.ChartType = xlColumnClustered
    ActiveChart.ChartTitle.Text = Worksheets("图表分析").Cells(i - 1, 1)
 Next
'定义相应参数
    Dim iChart As Long
    Dim nCharts As Long
    Dim dTop As Double
    Dim dLeft As Double
    Dim dHeight As Double
    Dim dWidth As Double
```

```
    Dim nColumns As Long
'初始化相应参数值
    dTop = 50
    dLeft = 500    '
    dHeight = 150  '
    dWidth = 150   '
    nColumns = 3   '
'得到当前工作表中的图表总个数
nCharts = ActiveSheet.ChartObjects.Count
    For iChart = 1 To nCharts
        With ActiveSheet.ChartObjects(iChart)
            .Height = dHeight
            .Width = dWidth
            '计算当前图表与前一图表之间的高度距离
            .Top = dTop + Int((iChart - 1) / nColumns) * dHeight
            '计算当前图表与前一图表之间的宽度距离
            .Left = dLeft + ((iChart - 1) Mod nColumns) * dWidth
        End With
    Next
End Sub
```

02 在“图表分析”工作表中插入按钮控件并为其指定CreatChart宏，然后设置按钮的显示文字为“生成图表”。

03 单击该按钮，即可在指定位置生成图表，如图10-22所示。

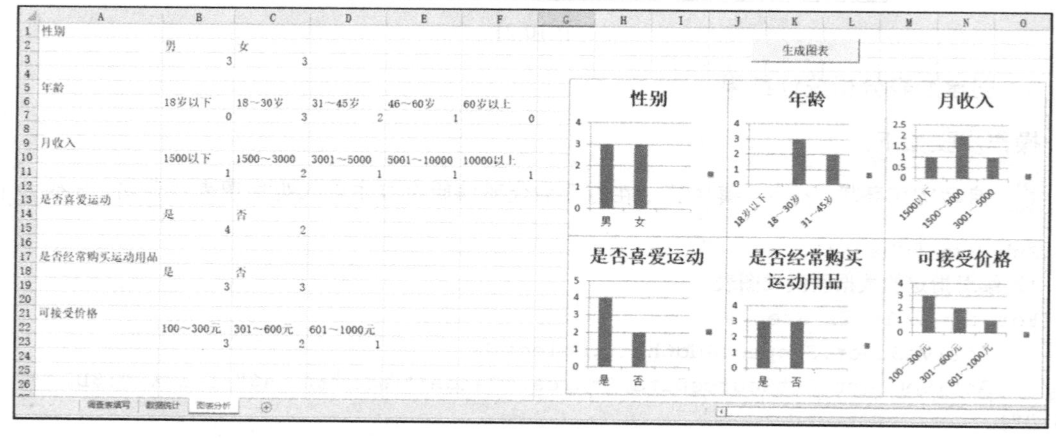

图10-22

10.2 设计培训机构问卷调查系统

10.1节中利用表单控件+代码的方式实现表单登录功能来制作问卷调查系统。本节将利用窗体+代码的方式实现窗体登录功能来制作问卷调查系统。

10.2.1 创建培训机构问卷调查界面

本例需要使用用户窗体功能创建并设计培训机构问卷调查界面。操作步骤如下：

01 新建Excel工作簿，将其另存为“培训机构问卷调查表”。按Alt+F11组合键启动VBE环境，选择“插入→用户窗体”菜单命令，创建窗体。

02 调整窗体的大小，并在属性窗口中把该窗体的Caption属性值设置为“欢迎进入培训机构在线调查”，如图10-23所示。

03 通过“工具箱”在窗体中创建其他控件，其中框架和标签控件的名称设置如图10-24所示。

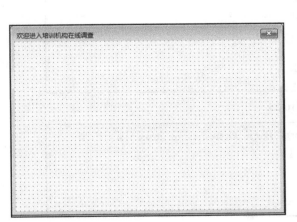

图10-23

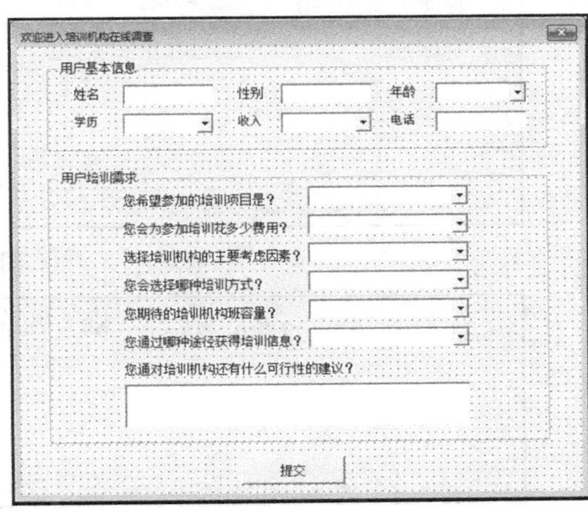

图10-24

其余各控件（从上至下、从左至右）的具体名称及属性值如表10-2所示。

表10-2　各控件及其属性说明

控件类型	控件名称	控件属性	属性值
文字框	TextBox1	/	姓名
文字框	TextBox2	/	性别
复合框	ComboBox1	/	年龄
复合框	ComboBox2	/	学历
复合框	ComboBox3	/	收入
文字框	TextBox3	/	电话
复合框	ComboBox4	/	培训项目
复合框	ComboBox5	/	培训费用
复合框	ComboBox6	/	考虑因素
复合框	ComboBox7	/	培训方式
复合框	ComboBox8	/	班容量
复合框	ComboBox9	/	途径
文字框	TextBox4	/	建议
按钮	CommandButton1	Caption	提交

10.2.2 为数据区域定义名称

通过定义数据区域名称，可使程序非常容易地实现对数据区域的引用。操作步骤如下：

01 将Sheet1和Sheet2工作表分别重命名为“复选框选项”和“调查结果”，然后在其中输入相关的数据，如图10-25、图10-26所示。

	A	B	C	D	E	F	G	H	I
1	年龄	学历	收入	培训项目	培训费用	考虑因素	培训方式	班容量	途径
2	18岁以下	高中及以下	1500以下	英语	1000以下	培训价格	集中脱产制	15人以下	培训网站
3	18～25岁	大专	1500～3000	小语种	1001～2000	培训课程	双休制	16～30人	宣传单页
4	26～35岁	本科	3001～5000	考研	2001～5000	培训时间	其他	31～45人	朋友推荐
5	36～50岁	研究生及以上	5001～10000	计算机	5000以上	培训机构地址		45人以上	手机信息
6	50岁以上		10000以上	公务员		培训讲师			其他
7				出国留学		其他			
8				会计					
9				其他					
10									
11									

复选框选项 | 调查结果 | Sheet3

图10-25

	A	B	C	D	E	F	G	H	I	J	K	L	M
1	姓名	性别	年龄	学历	收入	电话	培训项目	培训费用	考虑因素	培训方式	班容量	途径	建议

图10-26

02 在“公式”选项卡下的“定义的名称”选项组中单击“定义名称”按钮，打开“新建名称”对话框。输入名称为“年龄”，指定引用位置为“=复选框选项!$A$2:$A$6”，然后单击“确定”按钮，如图10-27所示。

03 按照同样的操作过程，设置其他的名称及引用位置。定义完所有名称后，在“公式”选项卡下的“定义的名称”选项组中单击“名称管理器”按钮，即可查看所有名称，如图10-28所示。

图10-27

图10-28

10.2.3 设置代码自动填写调查结果

操作步骤如下：

01 启动VBE环境，双击创建好的用户窗体，打开代码编辑窗口输入如下代码：

```
Option Explicit
'声明全局变量
Dim blValidated As Boolean
Dim lgNextRow As Long
Dim rgEmail As Range, rgCurrentCell As Range, rgLastRow As Range
'定义“提交”按钮的事件代码
Private Sub 提交_Click()
BasicInputCheck
If blValidated = True Then
RecordInput
Unload Me
End If
End Sub
'对各控件进行初始化
Private Sub UserForm_Initialize()
  姓名.Value = ""
  性别.Value = ""
  年龄.RowSource = "复选框选项!年龄"
  年龄.ListIndex = -1
  学历.RowSource = "复选框选项!学历"
  学历.ListIndex = -1
  收入.RowSource = "复选框选项!收入"
  收入.ListIndex = -1
  电话.Value = ""
  培训项目.RowSource = "复选框选项!培训项目"
  培训项目.ListIndex = -1
  培训费用.RowSource = "复选框选项!培训费用"
  培训费用.ListIndex = -1
  考虑因素.RowSource = "复选框选项!考虑因素"
  考虑因素.ListIndex = -1
  培训方式.RowSource = "复选框选项!培训方式"
  培训方式.ListIndex = -1
  班容量.RowSource = "复选框选项!班容量"
  班容量.ListIndex = -1
  途径.RowSource = "复选框选项!途径"
  途径.ListIndex = -1
  建议.Value = ""
End Sub
'用于在数据写入时进行相应检查
```

```
Public Sub BasicInputCheck()
blValidated = False
'如果各控件输入为空，则出现消息提示框，并将焦点定位于控件中
If 姓名.Value = vbNullString Then
  MsgBox ("请输入您的姓名!")
  姓名.SetFocus
  ElseIf 性别.Value = vbNullString Then
  MsgBox ("请输入您的性别!")
  性别.SetFocus
  ElseIf 年龄.ListIndex = -1 Then
  MsgBox ("请选择您的年龄!")
  年龄.SetFocus
  ElseIf 学历.ListIndex = -1 Then
  MsgBox ("请选择您的学历!")
  学历.SetFocus
  ElseIf 收入.ListIndex = -1 Then
  MsgBox ("请选择您的收入!")
  收入.SetFocus
  ElseIf 电话.Value = vbNullString Then
  MsgBox ("请输入您的电话!")
  电话.SetFocus
  Else
  blValidated = True
End If
End Sub

Public Sub RecordInput()
     GeneralInfoInput
   Worksheets("调查结果").Activate
   With Worksheets("调查结果")
       Range("A1").Sort Key1:=Range("A2"), Order1:=xlAscending,
Header:=xlYes, _
          OrderCustom:=1, MatchCase:=False, Orientation:=xlTopToBottom,
SortMethod _
          :=xlPinYin
   End With
End Sub

Public Sub GeneralInfoInput()
Worksheets("调查结果").Activate
   lgNextRow = Range("A1048576").End(xlUp).Row + 1
   Cells(lgNextRow, 1) = 姓名.Value
   Cells(lgNextRow, 2) = 性别.Value
   Cells(lgNextRow, 3) = 年龄.Value
   Cells(lgNextRow, 4) = 学历.Value
   Cells(lgNextRow, 5) = 收入.Value
   Cells(lgNextRow, 6) = 电话.Value
   Cells(lgNextRow, 7) = 培训项目.Value
```

```
    Cells(lgNextRow, 8) = 培训费用.Value
    Cells(lgNextRow, 9) = 考虑因素.Value
    Cells(lgNextRow, 10) = 培训方式.Value
    Cells(lgNextRow, 11) = 班容量.Value
    Cells(lgNextRow, 12) = 途径.Value
    Cells(lgNextRow, 13) = 建议.Value
End Sub
```

02 按F5键运行代码，弹出“欢迎进入培训机构在线调查！”的窗体界面，在其中输入或选中选项即可，效果如图10-29所示。

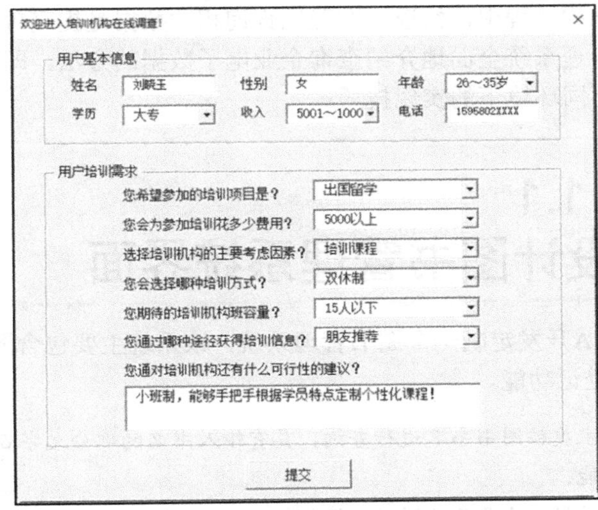

图10-29

03 单击“提交”按钮，即可在“调查效果”工作表中显示出填写的结果，如图10-30所示。

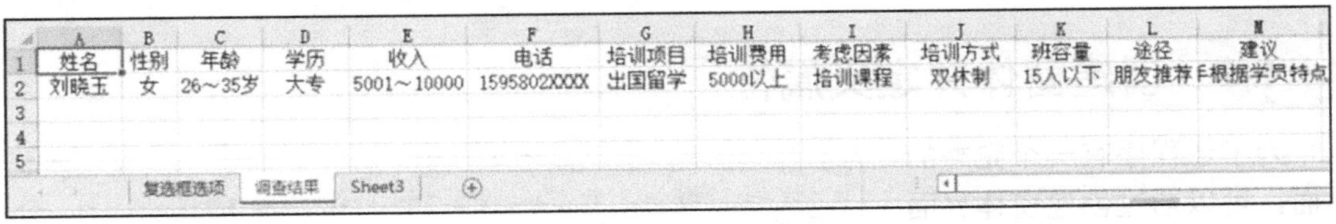

	A	B	C	D	E	F	G	H	I	J	K	L	M
1	姓名	性别	年龄	学历	收入	电话	培训项目	培训费用	考虑因素	培训方式	班容量	途径	建议
2	刘晓玉	女	26～35岁	大专	5001～10000	1595802XXXX	出国留学	5000以上	培训课程	双休制	15人以下	朋友推荐	F根据学员特点
3													
4													
5													

复选框选项　调查结果　Sheet3

图10-30

04 按照同样的操作过程获得其他用户的填写结果，如图10-31所示。

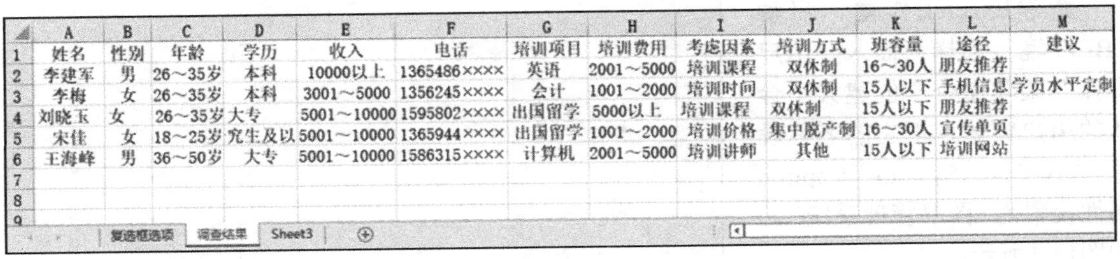

	A	B	C	D	E	F	G	H	I	J	K	L	M
1	姓名	性别	年龄	学历	收入	电话	培训项目	培训费用	考虑因素	培训方式	班容量	途径	建议
2	李建军	男	26～35岁	本科	10000以上	1365486××××	英语	2001～5000	培训课程	双休制	16～30人	朋友推荐	
3	李梅	女	26～35岁	本科	3001～5000	1356245××××	会计	1001～2000	培训时间	双休制	15人以下	手机信息	学员水平定制
4	刘晓玉	女	26～35岁	大专	5001～10000	1595802××××	出国留学	5000以上	培训课程	双休制	15人以下	朋友推荐	
5	宋佳	女	18～25岁	究生及以	5001～10000	1365944××××	出国留学	1001～2000	培训价格	集中脱产制	16～30人	宣传单页	
6	王海峰	男	36～50岁	大专	5001～10000	1586315××××	计算机	2001～5000	培训讲师	其他	15人以下	培训网站	
7													
8													

复选框选项　调查结果　Sheet3

图10-31

第11章　图书管理系统

在企业数据电子化的过程中，快速、准确地查询相关数据是提高效率的重要手段之一。

本章将通过图书管理系统全面地介绍查询企业电子数据的方法，即精确查询与模糊查询，以及各种查询方法在不同环境下的实现技巧。

11.1 设计图书管理系统界面

可以基于Excel VBA开发定制一个图书管理系统，该系统主要包含图书查询功能、图书借阅/归还功能以及新书登记功能。

- 图书查询功能：主要按图书书名进行查询，具有输入书名的部分文字查询以及输入书名的全部文字查询两种功能。
- 图书借阅与归还功能：主要用于图书借阅与归还登记。当确定一本图书后，系统可显示该书是借阅状态还是正常状态，若是借阅状态，则需要显示该书目前的借阅人、何时借阅等相关信息。
- 新书登记功能：主要实现新采购图书的登记界面。

11.1.1 创建窗体并定义属性

为了让程序有一个完整的界面，可以通过创建窗体界面将图书相关信息集成在同一界面的相应控件中。

新建Excel工作簿，启动VBE环境，选择“插入→用户窗体”菜单命令，创建大小合适的用户窗体，把它的名称设置为“B_QuerySystem”、Caption属性设置为“图书管理系统”，如图11-1所示。

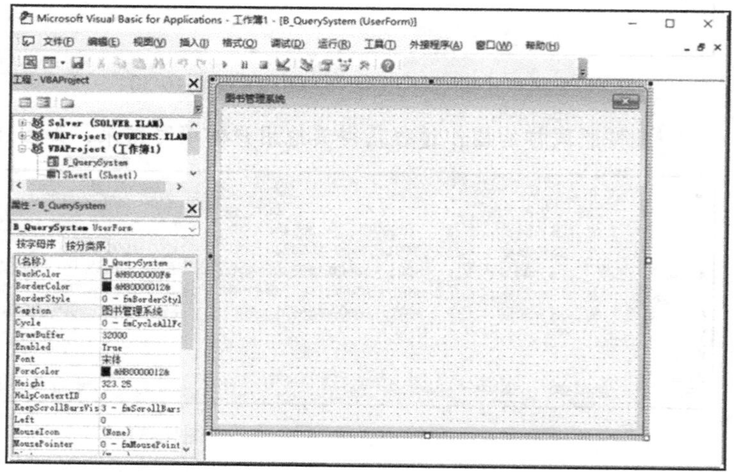

图11-1

11.1.2 创建控件

1．创建查询及列表框控件

通过“工具箱”在窗体中创建查询及列表框控件，如图11-2所示。

图11-2

各控件的属性值设置如表11-1所示。

表11-1　各控件的属性值设置（1）

控件类型	控件名称	控件属性	属性值
标签	Label1	Caption	查询书名
文字框	B_Q_BookName	/	/
按钮	B_Query	Caption	查询
列表框	BookList	ColumnHeads	True

2．创建图书信息与借阅归还控件

操作步骤如下：

01 单击工具箱中“框架”控件，在列表框下方创建两个框架控件，并分别设置Caption属性值为“图书信息”和“状态信息”，如图11-3所示。

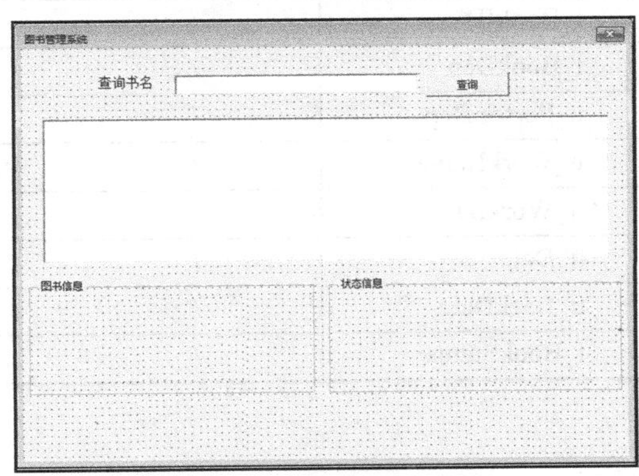

图11-3

02 在这两个框架控件中创建其他相关的控件，如图11-4所示。

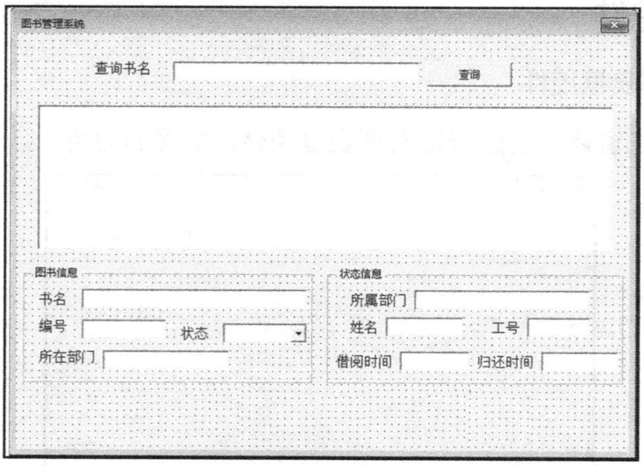

图11-4

各控件的属性值设置如表11-2所示。

表11-2　各控件的属性值设置（2）

控件类型	控件名称	控件属性	属性值
框架	Frame1	Caption	图书信息
框架	Frame2	Caption	状态信息
标签	Label2	Caption	书名
标签	Label3	Caption	编号
标签	Label4	Caption	状态
标签	Label5	Caption	所在部门
标签	Label6	Caption	所属部门
标签	Label7	Caption	姓名
标签	Label8	Caption	工号
标签	Label9	Caption	借阅时间
标签	Label10	Caption	归还时间
文字框	i_BookName	/	/
文字框	i_BookID	/	/
文字框	i_BookDep	/	/
文字框	u_PersonDep	/	/
文字框	u_WorkName	/	/
文字框	u_WorkID	/	/
文字框	u_Date	/	/
文字框	u_BackDate	/	/
复合框	i_BookStatus	/	/

3. 创建新书登记控件

操作步骤如下：

01 在“图书信息”和“状态信息”框架上再创建一个框架控件，并把该控件的Caption属性值设置为“新书登记”，如图11-5所示。

02 在该框架中创建其他相关的控件，如图11-6所示。

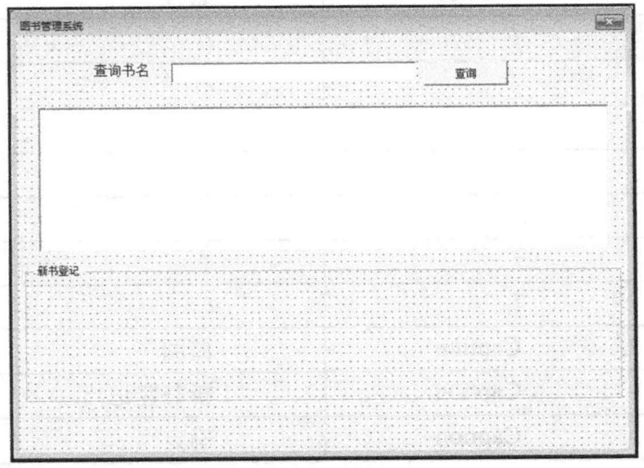

图11-5

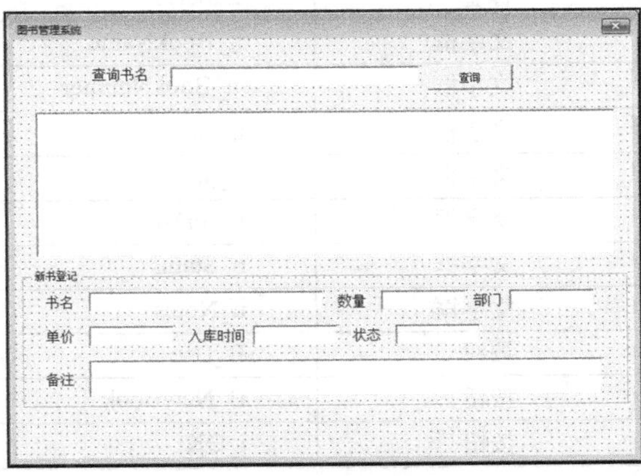

图11-6

03 在“新书登记”框架下方创建3个按钮，将其Caption属性值分别设置为“借阅”“新书登记”和“确定”，如图11-7所示。

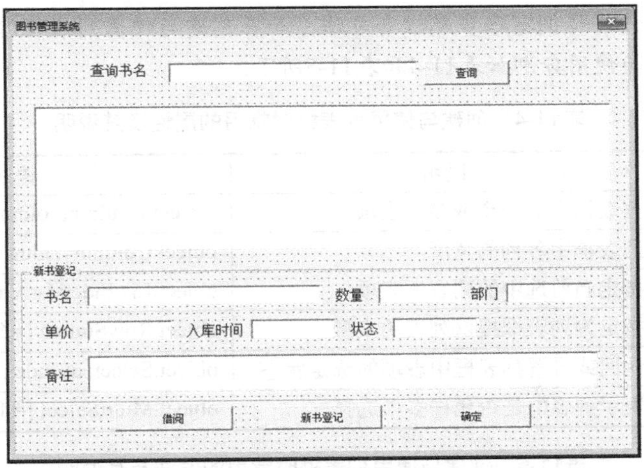

图11-7

各控件的属性值设置如表11-3所示。

表11-3　各控件的属性设置（3）

控件类型	控件名称	控件属性	属性值
框架	Frame3	Caption	新书登记
标签	Label11	Caption	书名
标签	Label12	Caption	数量
标签	Label13	Caption	部门
标签	Label14	Caption	单价
标签	Label15	Caption	入库时间

（续）

控件类型	控件名称	控件属性	属性值
标签	Label16	Caption	状态
标签	Label17	Caption	备注
文字框	n_BookName	/	/
文字框	n_BookNumber	/	/
文字框	n_Dep	/	/
文字框	n_pro	/	/
文字框	n_InDate	/	/
文字框	n_Status	/	/
文字框	n_Notes	/	/
按钮	B_Use	Caption	借阅
按钮	B_NewBook	Caption	新书登记
按钮	i_OK	Caption	确定

高手点拨

数据列表的显示通常采用List Box来实现。列表框通常用于显示一些值的列表，用户可以从中选择一个或多个值。

列表框与其他控件一样拥有很多属性与方法，而在创建与使用列表框时，常用的几个属性和方法的设置与使用分别如表11-4和表11-5所示。

表11-4　创建与使用列表框时常用的属性及其说明

属性	说明	语法
Column	列表框中的一个或多个表项	Object.Coulmn(column,row)[=Variant]
ColumnWidths	列表框中各列的宽度	object.ColumnWidths [= String]
ListIndex	指定当前选中的列表框表项	object.ListIndex [= Variant]
RowSource	指定为列表框提供列表的来源	object.RowSource [= String]
Selected	返回或设置列表框中表项的选定状态	object.Selected(index) [= Boolean]
MultiSelect	表示列表框是否允许多项选择	object.MultiSelect [= fmMultiSelect]

表11-5　创建与使用列表框时常用的方法及其说明

方法	说明	语法
AddItem	在列表中添加一行	object.AddItem [item [, varIndex]]
Clear	从一个对象或集合中删去所有对象	object.Clear

11.1.3 编辑窗体加载事件

窗体界面设置完成后，就可以编辑窗体加载事件，操作步骤如下：

01 将Sheet1工作表重命名为“图书管理系统”，并在其中输入各项列标题及相关数据，如图11-8所示。

	A	B	C	D	E	F	G	H
1	书籍名	序号	数量	部门	金额	入库时间	借出	备注
2	Linux 宝典	1	1	IT部	￥49.00	2018.5.1	借出	
3	Windows 2000 server 管理员手册	2	1	IT部	￥99.00	2018.5.1	借出	
4	无线电装配检修技术速成基础	3	1	IT部	￥22.00	2018.5.1	正常	
5	install shield 2000使用详解	4	2	IT部	￥56.00	2018.5.1	正常	
6	intranet 配置与应用技术详解	5	1	IT部	￥59.00	2018.5.1	正常	
7	房地产企业信息与数字社区	6	1	IT部	￥38.00	2018.5.1	借出	杂志
8	Windows IT Pro 初识Windows vista	7	1	IT部	￥11.00	2018.5.1	借出	
9	Windows IT Pro 企业OFFICE支持技巧	8	1	IT部	￥11.00	2018.5.1	借出	杂志
10	IT经理世界	9	5	IT部	￥10.00	2018.5.1	正常	杂志，半月刊
11	大型商业地产项目全程解决方案	10	1	商业中心	￥247.00	2018.5.1	正常	
12	南风窗	11	12	商业中心	￥66.00	2018.5.1	正常	杂志，半月刊，每月两期，每月11元
13	重庆市国土资源和房屋开发建设指南	12	1	策划部	赠送	2018.5.1	遗失	5.30日曾寒飞借，但该员工已离职
14	21世纪中国房地产业核心竞争力发展总报告	13	1	策划部	￥225.00	2018.5.1	正常	
15	当代房地产营销图表大全	14	1	策划部	￥238.00	2018.5.1	正常	
16	中国最热销地产项目原动力解密	15	1	策划部	￥180.00	2018.5.1	正常	又名：高获利规划设计创造楼盘财富
17	房地产经营管理教程	16	1	策划部	￥22.40	2018.5.1	正常	
18	现行劳动保障政策法规精选	17	4	HR及行政部	￥140.00	2018.5.1	正常	
19	劳动保障政策法规文件汇集	18	2	HR及行政部	￥140.00	2018.5.1	遗失	2011、2012
20	房地产项目全程策划	19	1	策划部	￥65.00	2018.5.1	正常	
21	时代楼盘	20	3	策划部	￥227.00	2018.5.1	正常	2018、5--12月，每月一期，杂志

图书管理系统　Sheet2　Sheet3

图11-8

02 启动VBE环境，双击窗体空白区域，在打开的代码编辑窗口中输入如下代码：

```
Private Sub UserForm_Initialize()
 Worksheets("图书管理系统").Select          '图书管理系统工作表显示
 Frame3.Visible = False                     '框架3不显示
 B_QuerySystem.Height = 380                 '定义窗体高度
Dim cs As Long
Dim rs As Long
BookList.ColumnWidths = 200                 '设置列表框第一列宽度为200
B_Q_BookName.Text = ""
'得到图书管理系统最大行、列值
cs = Worksheets("图书管理系统").Range("A1").End(xlToRight).Column
rs = Worksheets("图书管理系统").Range("A1048576").End(xlUp).Row
BookList.ColumnCount = cs                   '设置列表框显示列数值
'定义列表框数据源区域
BookList.RowSource = Worksheets("图书管理系统").Range("A2:" & Chr$(64 + cs) &
rs & "").Address
'定义列表框中除第一列外其他列的宽度与相应工作表列宽度相同
For i = 2 To BookList.ColumnCount
    With BookList
        .ColumnWidths = .ColumnWidths & ";" & Worksheets("图书管理系统").Cells(1,
i).Width
    End With
Next
i_BookStatus.Value = ""                 '设置图书"状态"下拉框初始值为空
With i_BookStatus
    .Clear
    .AddItem "正常"
    .AddItem "借出"
    .AddItem "遗失"                     '设置图书"状态"下拉框选项值为正常、借出、遗失
End With
End Sub
```

03 按F5键运行代码即可弹出“图书管理系统”窗体界面，如图11-9所示。

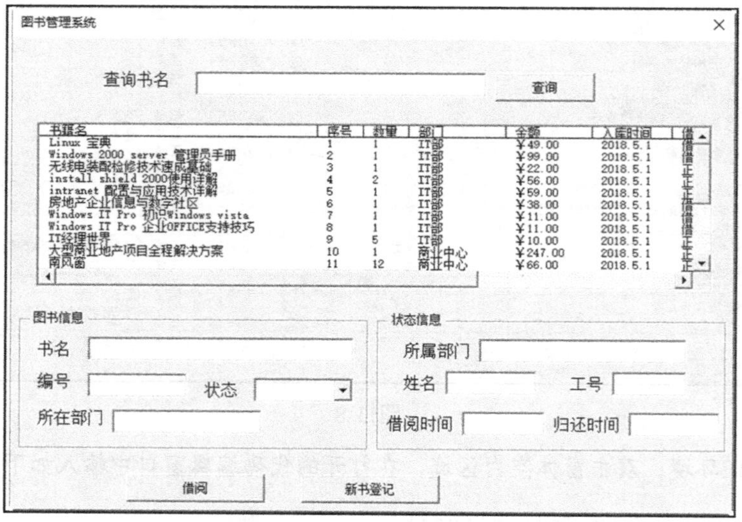

图11-9

04 双击工程资源管理器中的ThisWorkBook，在打开的代码编辑窗口中输入定义工作簿打开事件的代码：

```
Private Sub Workbook_open()
B_QuerySystem.Show  '设置当打开工作簿时显示窗体
End Sub
```

05 此时，保存并关闭工作簿后，再打开工作簿时即可同样弹出如图11-9所示的窗体界面。

11.2 创建图书管理系统功能

图书管理系统功能包括图书查询功能、图书借阅归还/功能和新书登记功能。

11.2.1 创建图书查询功能

操作步骤如下：

01 双击“查询”按钮，在打开的代码编辑窗口中输入如下代码：

```
Private Sub B_Query_Click()
Dim fcs As Long
Dim acs As Long
fcs = Worksheets("图书管理系统").Range("A1048576").End(xlUp).Row
    With Worksheets("图书管理系统").Range("A1:A" & fcs & "")
        Set c = .Find(B_Q_BookName.Text)
        If Not c Is Nothing Then
```

```
            firstAddress = c.Address
            Do
            Set c = .FindNext(c)
            BookList.Selected(c.Row - 2) = True
            Worksheets("图书管理系统").Cells(c.Row, 1).Select
            Loop While Not c Is Nothing And c.Address <> firstAddress
        End If
End With
End Sub
```

02 按F5键运行代码，在弹出的窗体界面中输入要查询的书名，如图11-10所示。

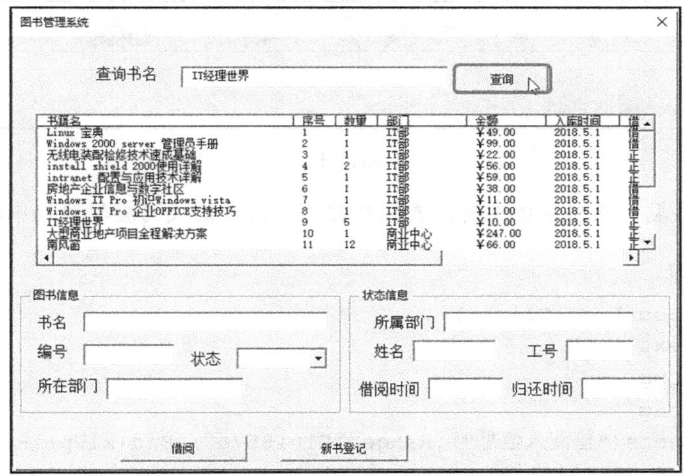

图11-10

03 单击“查询”按钮，即可在列表框及工作表中均选中该书，以查看其相关信息，如图11-11所示。

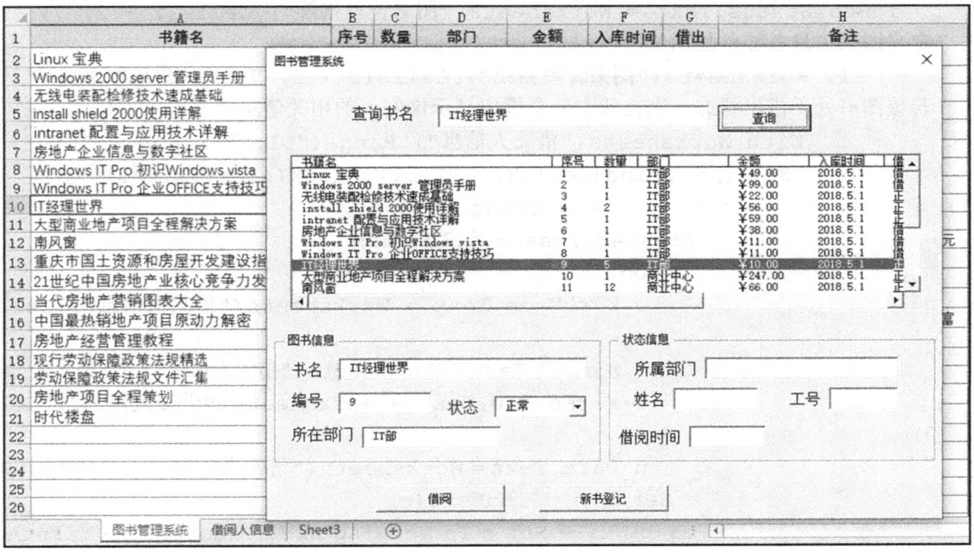

图11-11

11.2.2 创建图书借阅/归还功能

图书的借阅/归还功能是这样实现的：在对列表中的图表进行选择时做出动态显示，如所选图书处于未借出状态，则在“图书信息”栏中显示相关信息，“借阅”按钮显示为“借阅”，“归还时间”不显示；若选择的图书处于借出状态，则在“状态信息”中显示该图书目前的借阅信息，“归还时间”显示出来，“借阅”按钮显示为“归还”。

操作步骤如下：

01 将Sheet2工作表重命名为“借阅人信息”，并在其中输入各项列标题，如图11-12所示。

	A	B	C	D	E	F	G
1	姓名	工号	部门	借阅书名	借阅时间	归还时间	
2							
3							

图书管理系统 | 借阅人信息 | Sheet3

图11-12

02 启动VBE环境，双击窗体中的列表框控件，在打开的代码编辑窗口中输入如下代码：

```
Dim i As Long

Private Sub BookList_Click()
u_WorkName.Text = ""
Dim lrs As Long
Dim pcs As Long
pcs = Worksheets("借阅人信息").Range("D1048576").End(xlUp).Row
For i = 0 To BookList.ListIndex
    If BookList.Selected(i) = True Then
        i_BookName.Text = Worksheets("图书管理系统").Cells(i + 2, 1)
        i_BookID.Text = Worksheets("图书管理系统").Cells(i + 2, 2)
        i_BookDep.Text = Worksheets("图书管理系统").Cells(i + 2, 4)
        i_BookStatus.Text = Worksheets("图书管理系统").Cells(i + 2, 7)
    '定义图书信息各控件显示值
            If Worksheets("图书管理系统").Cells(i + 2, 7) = "借出" Then
    '若该图书处于借出状态，则在状态信息框中显示借阅人的相关信息
                With Worksheets("借阅人信息").Range("D1:D" & pcs & "")
                 Set c = .Find(Cells(i + 2, 1), LookIn:=xlValues)
                    If Not c Is Nothing Then
                        firstAddress = c.Address
                            Do
                            u_WorkName.Text = Worksheets("借阅人信息").Cells
(c.Row, 1)
                            u_WorkID.Text = Worksheets("借阅人信息").Cells (c.Row, 2)
                            u_PersonDep.Text = Worksheets("借阅人信息").Cells
(c.Row, 3)
                            u_Date.Text = Worksheets("借阅人信息").Cells(c.Row, 5)
                          Set c = .FindNext(c)
                        Loop While Not c Is Nothing And c.Address <> firstAddress
                      End If
```

```
            End With
           End If
    '获取相关信息并显示在状态信息中的各控件内
         If Worksheets("图书管理系统").Cells(i + 2, 7) = "借出" Then
           '根据图书的借出状态，控制按钮显示"借阅"或"归还"
            B_Use.Caption = "归还"
            u_BackDate.Visible = True
            Label10.Visible = True
           Else
            B_Use.Caption = "借阅"
            u_BackDate.Visible = False
            Label10.Visible = False
           End If
    End If
Next
End Sub
```

03 双击"借阅"按钮，在打开的代码编辑窗口中输入如下代码：

```
Private Sub B_Use_Click()
Dim bcs As Long
bcs = Worksheets("借阅人信息").Range("A1048576").End(xlUp).Row + 1
 If B_Use.Caption = "借阅" Then
   Worksheets("借阅人信息").Cells(bcs, 1) = u_WorkName.Text
    With Worksheets("借阅人信息")
        .Cells(bcs, 2) = u_WorkID.Text
        .Cells(bcs, 3) = u_PersonDep.Text
        .Cells(bcs, 4) = i_BookName.Text
        .Cells(bcs, 5) = u_Date.Text
        .Cells(bcs, 6) = u_BackDate.Text
    End With
   Else
'填写图书借阅时的相关信息
   With Worksheets("借阅人信息").Range("D2:D" & bcs - 1 & "")
       Set c = .Find(i_BookName.Text, LookIn:=xlValues)
           If Not c Is Nothing Then
               firstAddress = c.Address
                      Do
                Worksheets("借阅人信息").Cells(c.Row, 6) = u_BackDate.Text
                 Set c = .FindNext(c)
             Loop While Not c Is Nothing And c.Address <> firstAddress
             End If
             End With
'写入借出图书的归还时间
End If
Worksheets("图书管理系统").Cells(i + 1, 7) = i_BookStatus.Value
End Sub
```

高手点拨

模糊查询通常调用Find方法来实现。该功能主要用于在区域中查找特定信息。

语法形式：Find(What, After, LookIn, LookAt, SearchOrder, SearchDirection, MatchCase, MatchByte, SearchFormat)

各参数的具体功能如表11-6所示。

表11-6 Find方法的各参数及其说明

名称	必选/可选	数据类型	说明
What	必选	Variant	要搜索的数据。可为字符串或任意Microsoft Excel数据类型
After	可选	Variant	表示搜索过程将从其之后的单元格开始进行。此单元格对应于从用户界面搜索时的活动单元格的位置
LookIn	可选	Variant	信息类型
LookAt	可选	Variant	可为以下xlLookAt常量之一：xlWhole或xlPart
SearchOrder	可选	Variant	可为以下xlSearchOrder常量之一：xlByRows或xlByColumns
SearchDirection	可选	XlSearchDirection	搜索的方向
MatchCase	可选	Variant	如果为True，则搜索区分字母大小写。默认值为False
MatchByte	可选	Variant	只在已经选择或安装了双字节语言支持时适用。如果为True，则双字节字符只与双字节字符匹配。如果为False，则双字节字符可与其对等的单字节字符匹配
SearchFormat	可选	Variant	搜索的格式

Find方法的返回值是一个Range对象，代表第一个找到该信息的单元格。

说明：如果未发现匹配项，则返回Nothing。Find方法不影响选定区域或当前活动的单元格。每次使用此方法后，参数LookIn、LookAt、SearchOrder和MatchByte的设置都将被保存。如果下次调用此方法时不指定这些参数的值，就使用保存的值。设置这些参数将更改“查找”对话框中的设置，如果省略这些参数，更改“查找”对话框中的设置将更改使用的保存值。要避免出现这一问题，每次调用此方法时请明确设置这些参数。

04 按F5键运行代码，启动“图书管理系统”窗体界面，在列表框中选中某一图书选项，即可在“图书信息”框架中显示该图书的相关信息，如图11-13所示。

05 在“状态”下拉列表框中选中“借出”选项（见图11-14），再单击“借阅”按钮，则该按钮变成“归还”按钮，并在右侧的“状态信息”框架中显示出“归还时间”文本框，如图11-15所示。

06 在“状态”下拉列表框中选中“正常”选项，再单击“归还”按钮，则该按钮又重新变成“借阅”按钮，且右侧“状态信息”框架中的“归还时间”文本框被隐藏，如图11-16所示。

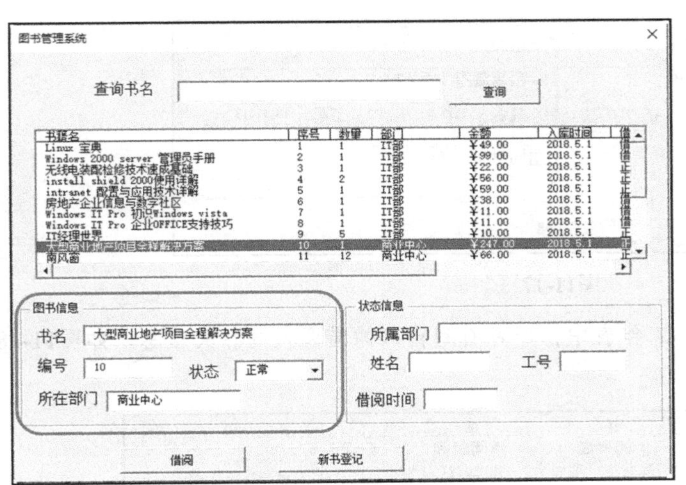

图11-13

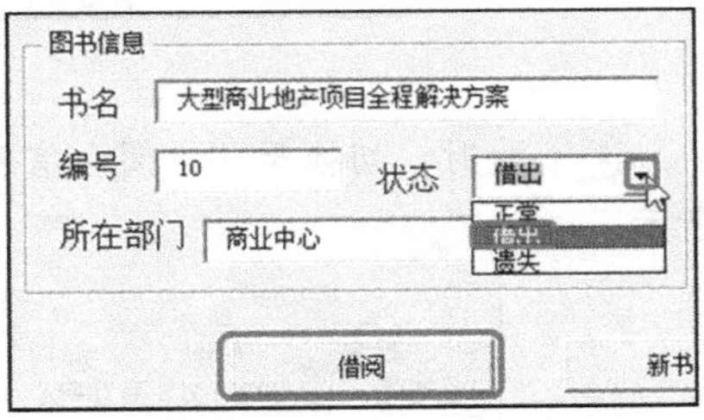

图11-14

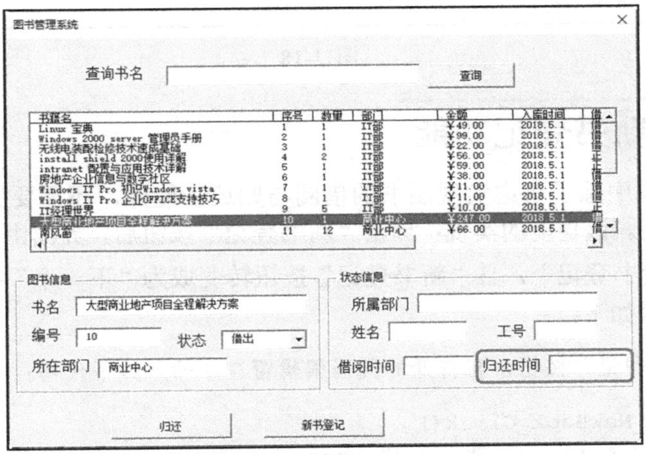

图11-15

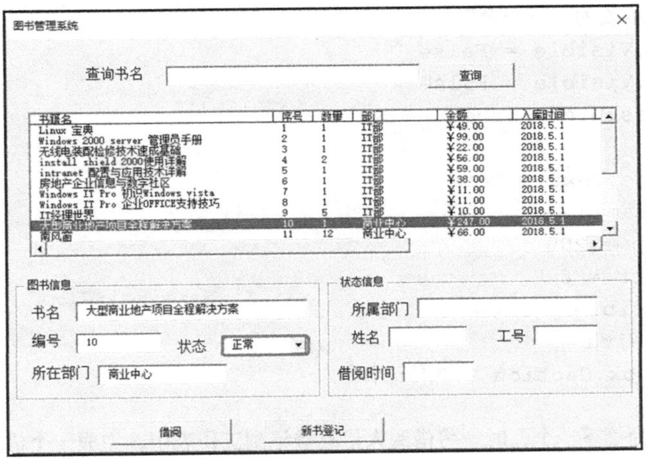

图11-16

07 在“状态信息”框架中输入借阅人的相关信息后，单击“借阅”按钮，如图11-17所示。

图11-17

08 此时，切换至“借阅人信息”工作表中，即可看到输入的借阅人的相关信息，如图11-18所示。

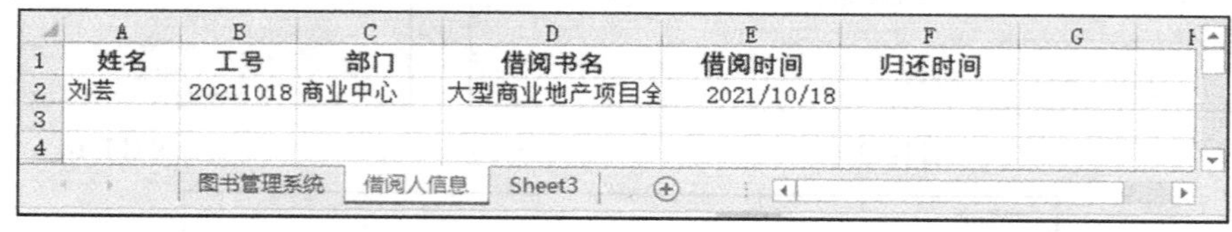

	A	B	C	D	E	F	G
1	姓名	工号	部门	借阅书名	借阅时间	归还时间	
2	刘芸	20211018	商业中心	大型商业地产项目全	2021/10/18		
3							
4							

图书管理系统 | 借阅人信息 | Sheet3

图11-18

11.2.3 创建新书登记功能

在图书管理系统中除了考虑实现图书的借阅与归还功能外，还需要另一个非常重要的功能——新书登记功能。该功能的实现：单击“新书登记”按钮后，界面由“图书信息”与“状态信息”转变为“新书登记”，且“新书登记”按钮转变成为“下一个”按钮，同时显示“确定”按钮。操作步骤如下：

01 双击“新书登记”按钮，在打开的代码编辑窗口中输入如下代码：

```
Private Sub B_NewBook_Click()
If B_NewBook.Caption = "新书登记" Then
'定义当按钮显示为“新书登记”时，执行以下操作：框架1和框架2不可见，显示框架3，并定义框架3的位置，同时将本身显示改为“下一个”
        Frame1.Visible = False
        Frame2.Visible = False
        i_OK.Visible = True

        n_InDate.Text = Date
        With Frame3
            .Top = 200
            .Left = 6
            .Visible = True
          End With
        B_NewBook.Caption = "下一个"
Else
'定义当按钮显示为“下一个”时，将借阅人信息登记到工作表中，完成一个信息输入，即将各状态控件初始化为空
        Dim ncs As Long
        ncs = Worksheets("图书管理系统").Range("A1048576").End(xlUp).Row + 1
```

```
        With Worksheets("图书管理系统")
            .Cells(ncs, 1) = n_BookName.Text
            .Cells(ncs, 2) = ncs - 1
            .Cells(ncs, 3) = n_BookNumber.Text
            .Cells(ncs, 4) = n_Dep.Text
            .Cells(ncs, 5) = n_pro.Text
            .Cells(ncs, 6) = n_InDate.Text
            .Cells(ncs, 7) = n_Status.Text
            .Cells(ncs, 8) = n_Notes.Text
        End With
            n_BookName.Text = ""
            n_BookNumber.Text = ""
            n_Dep.Text = ""
            n_pro.Text = ""
            n_InDate.Text = ""
            n_Status.Text = ""
            n_Notes.Text = ""
    End If
End Sub
```

02 双击“确定”按钮，在打开的代码编辑窗口中输入如下代码：

```
Private Sub i_OK_Click()
B_NewBook.Caption = "新书登记"     '将“下一个”按钮显示为“新书登记”
Frame1.Visible = True
Frame2.Visible = True           '显示框架1与框架2
Frame3.Visible = False          '隐藏框架3
i_OK.Visible = False            '隐藏“确定”按钮
End Sub
```

03 按F5键运行代码，在弹出的窗体界面中单击“新书登记”按钮，如图11-19所示。

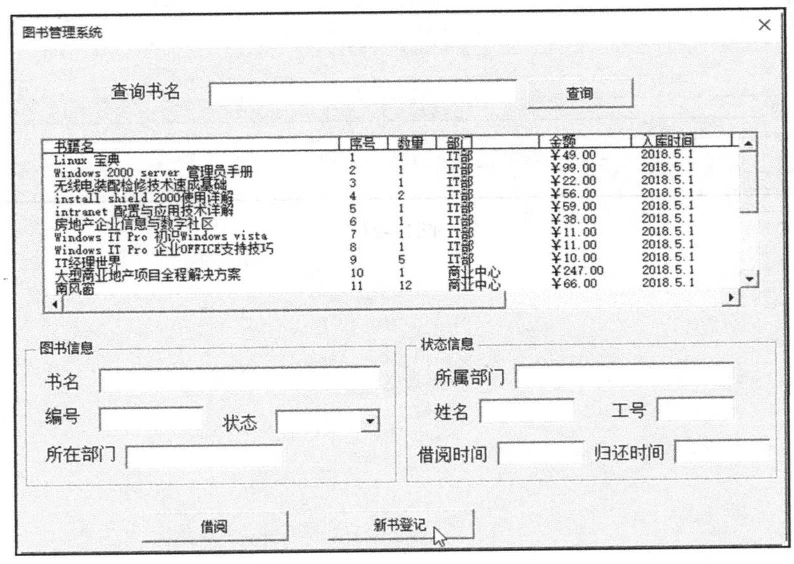

图11-19

04 此时，界面由“图书信息”与“状态信息”转变为“新书登记”，且“新书登记”按钮转变成为“下一个”按钮，同时显示“确定”按钮。

05 在“新书登记”框架中输入需要登记入库的新书的相关信息，然后单击“下一个”按钮，如图11-20所示。

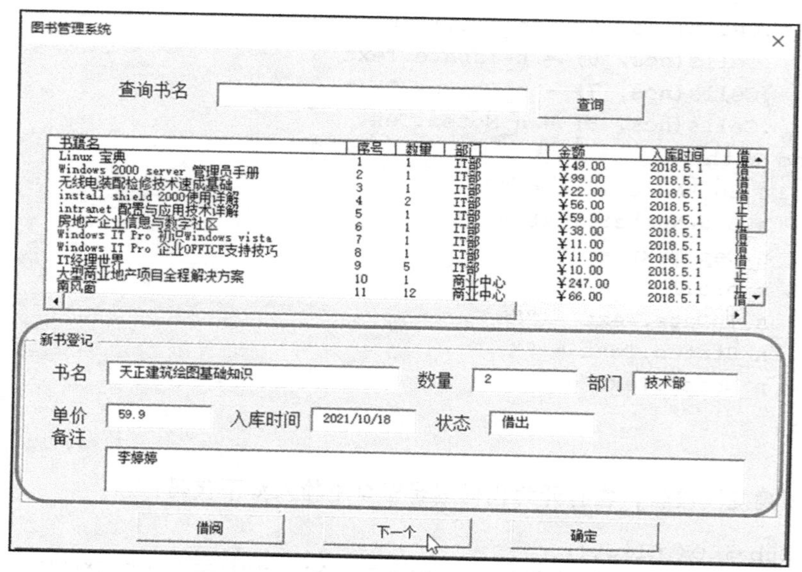

图11-20

06 单击“确定”按钮，完成新书的登记。此时，在“图书管理系统”工作表中即可看到添加的新书信息，如图11-21所示。

	A	B	C	D	E	F	G	H
1	书籍名	序号	数量	部门	金额	入库时间	借出	备注
15	当代房地产营销图表大全	14	1	策划部	¥238.00	2018.5.1	正常	
16	中国最热销地产项目原动力解密	15	1	策划部	¥180.00	2018.5.1	正常	又名：高获利规划设计创造楼盘财富
17	房地产经营管理教程	16	1	策划部	¥22.40	2018.5.1	正常	
18	现行劳动保障政策法规精选	17	4	HR及行政部	¥140.00	2018.5.1	正常	
19	劳动保障政策法规文件汇集	18	2	HR及行政部	¥140.00	2018.5.1	遗失	2011、2012
20	房地产项目全程策划	19	1	策划部	¥65.00	2018.5.1	正常	
21	时代楼盘	20	3	策划部	¥227.00	2018.5.1	正常	2018、5--12月，每月一期，杂志
22	天正建筑绘图基础知识	21	2	技术部	59.9	2021/10/18	借出	李婷婷
23								
24								

图书管理系统 | 借阅人信息 | Sheet3

图11-21

第12章　年度考核管理数据库

本章通过创建公司年度考核管理数据库，介绍如何在数据库中添加或导入员工数据，以及根据指定条件筛选数据库中的统计数据结果。

数据库是用来组织、存储和管理表格数据的，它可以结合Excel的数据分析和处理功能，提高用户工作效率。数据库实操中由于会涉及多表查询或链接问题，所以和其他操作方法相比，在链接语句方式上会有所不同。本章主要介绍如何使用Excel VBA操作Access数据库。

12.1 创建公司年度考核管理数据库

本节介绍如何使用代码快速创建指定名称的数据库，并在该数据库中创建包含指定字段的数据表。然后根据已有的数据表添加自定义字段，以及设置字段长度、删除指定字段等。

12.1.1 创建员工考核表

本小节具体介绍如何在VBA中创建Access数据库文件。操作步骤如下：

01 打开工作簿，按Alt+F11组合键启动VBE环境，单击“工具”选项卡，在打开的列表中单击“引用”命令，打开“引用”对话框。

02 在“可使用的引用”列表中选择Microsoft ActiveX Data Objects 2.8和Microsoft ADO Ext 2.8 for DDL and Security复选框，如图12-1所示。

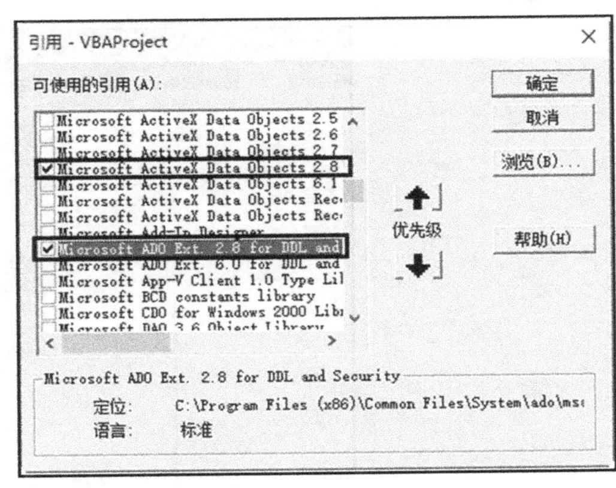

图12-1

03 选择“插入→模块”菜单命令，插入“模块1”，在打开的代码编辑窗口中输入如下代码：

```
Public Sub 创建数据库文件()
    Dim Cat As New ADOX.Catalog          '创建一个ADOX.Catalog对象，用于创建新的数据库
    Dim myPath As String
    Dim myTable As String
    myPath = ThisWorkbook.Path & "\员工考核管理.mdb"  ' 指定数据库文件的路径及名称
    myTable = "员工档案"        '指定数据表的名称
```

```
    If Dir(myPath) <> "" Then Kill myPath
    Cat.Create "Provider=Microsoft.Jet.OLEDB.4.0;Data Source=" & myPath  '创建数据库文件
    Cat.ActiveConnection.Execute "CREATE TABLE " & myTable & _
            "(工号 int,姓名 text(10),年龄 text(200)," _
          & "性别 text(20),职位 text(50))"    '创建数据表并设置字段名称、数据类型及字段长度
    Set Cat = Nothing
    MsgBox "数据库创建完毕! " & vbCrLf _
        & vbCrLf _
        & "数据库文件的名称及完整路径为: " & myPath & vbCrLf _
        & "数据表的名称为: " & myTable
End Sub
```

04 按F5键运行代码后即可弹出消息提示框，如图12-2所示。

05 单击“确定”按钮即可打开当前工作簿所在的文件夹，并显示新建的数据库文件，如图12-3所示。

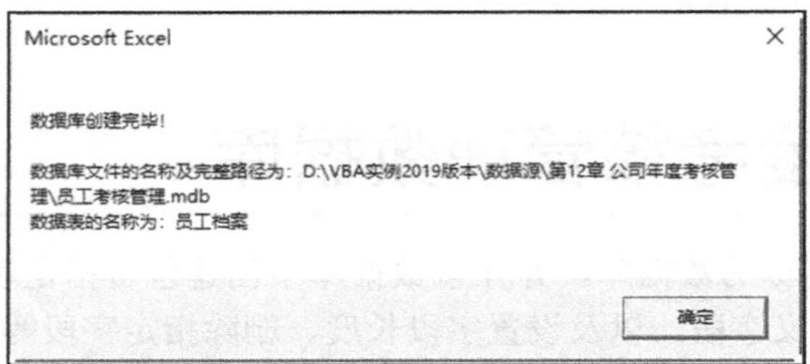

图12-2

图12-3

06 打开数据库文件，可以看到添加的数据表以及字段，如图12-4所示。

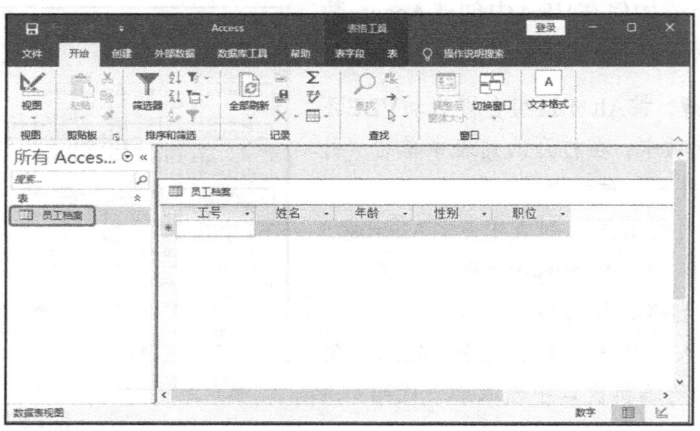

图12-4

高手点拨

在使用代码创建数据库文件之前，必须先设置引用菜单为Microsoft ActiveX Data Object 2.8和Microsoft ADO Ext 2.8 for DDL and Security，否则会导致代码运行出错。

12.1.2 添加员工考勤表

如果想要在数据库中添加新的数据表，比如“员工考勤表”，可以调用Connection对象的Execute方法在数据库文件中添加数据表。操作步骤如下：

01 打开工作簿，启动VBE环境，然后选择“插入→模块”菜单命令，插入“模块2”，在打开的代码编辑窗口中输入如下代码，表示在“员工考核管理”数据库添加包含指定字段的“员工考勤表”数据表。

```
Public Sub 添加新的数据表()
    Dim cnn As New ADODB.Connection  '创建一个ADODB.Connection对象，用于创建新的
数据表
    Dim myPth As String
    Dim myTable As String
    myPath = ThisWorkbook.Path & "\员工考核管理.mdb"  ' 指定数据库文件的路径及名称
    myTable = "员工考勤表"     '指定添加的数据表名称
    On Error GoTo errmsg
    cnn.Open "Provider=Microsoft.Jet.OLEDB.4.0;Data Source=" & myPath
    ' 创建数据表并设置字段名称、数据类型及字段长度
    cnn.Execute "CREATE TABLE " & myTable & _
            "(工号 int,姓名 text(10),年龄 text(10)," _
          & "是否迟到 text(5),是否早退 text(5))"    '
    Set Cat = Nothing
    MsgBox "数据表创建完毕！" & vbCrLf _
        & "数据表的名称为：" & myTable, , "创建数据表"
      Exit Sub
errmsg:
    MsgBox Err.Description, , "创建[" & myTable & "]表错误"
End Sub
```

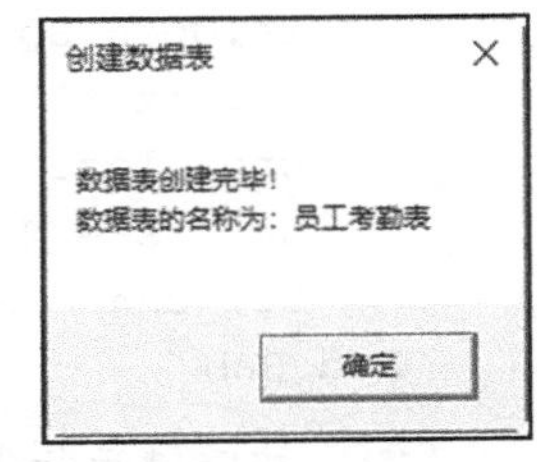

图12-5

02 按F5键运行代码后即可弹出消息提示框，如图12-5所示。

03 单击“确定”按钮即可打开数据库文件，文件中添加了新的数据表以及字段，如图12-6所示。

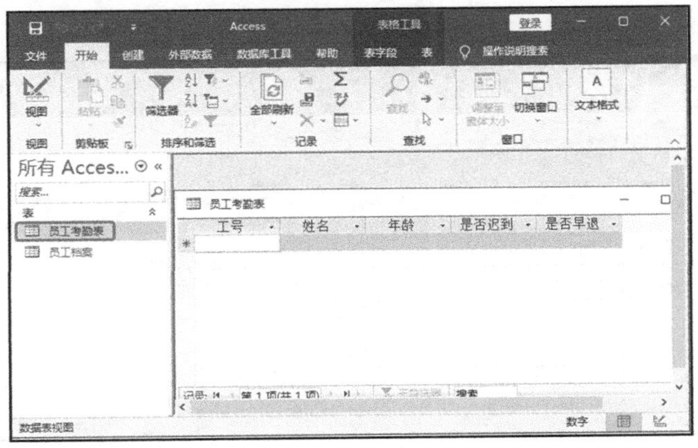

图12-6

12.1.3 设置数据表字段

1. 添加自定义字段

本小节介绍如何使用SQL语句的Alter关键字和Add方法添加自定义名称、类型和大小字段，比如为员工考核管理表添加“籍贯”和“年终奖”字段。操作步骤如下：

01 打开工作簿，启动VBE环境，然后选择“插入→模块”菜单命令，插入“模块3”，在打开的代码编辑窗口中输入如下代码：

```
Public Sub 添加自定义字段()
    Dim myData As String, myTable As String, SQL As String
    Dim cnn As ADODB.Connection
    Dim rs As ADODB.Recordset
    myData = ThisWorkbook.Path & "\员工考核管理.mdb"    '指定数据库文件
    myTable = "员工档案"     '指定数据表
    '建立数据库的链接
    Set cnn = New ADODB.Connection
    With cnn
        .Provider = "Microsoft.Jet.oledb.4.0"
        .Open myData
    End With
    '添加自定义字段
    SQL = "alter table " & myTable & " add 籍贯 text(10),年终奖 text(20)"
    Set rs = New ADODB.Recordset
    rs.Open SQL, cnn, adOpenKeyset, adLockOptimistic
    MsgBox "'籍贯'和'年终奖'两个字段已添加完毕！"
    cnn.Close
    Set rs = Nothing
    Set cnn = Nothing
End Sub
```

Microsoft Excel

'籍贯'和'年终奖'两个字段已添加完毕！

确定

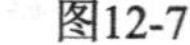
图12-7

02 按F5键运行代码后即可弹出消息提示框，如图12-7所示。

03 单击“确定”按钮即可打开“员工档案”数据库文件，双击“员工档案”数据表，可以看到数据表中添加的字段（“籍贯” “年终奖”），如图12-8所示。

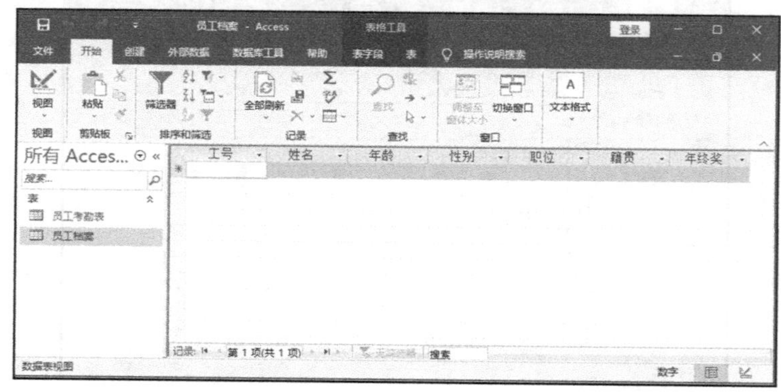

图12-8

2. 设置字段大小

如果要设置数据表中字段的大小，依旧可以使用SQL语句的Alter关键字来设置。操作步骤如下：

01 打开工作簿，启动VBE环境，然后选择“插入→模块”菜单命令，插入“模块4”，在打开的代码编辑窗口中输入如下代码：

```
Public Sub 设置字段的长度()
    Dim myData As String, myTable As String, SQL As String
    Dim cnn As ADODB.Connection
    Dim rs As ADODB.Recordset
    myData = ThisWorkbook.Path & "\员工考核管理.mdb"         '指定数据库文件
    myTable = "员工档案"                                     '指定数据表
    '建立与数据库的链接
    Set cnn = New ADODB.Connection
    With cnn
        .Provider = "Microsoft.Jet.oledb.4.0"
        .Open myData
    End With
    '将“工号”字段大小更改为20
    SQL = "alter table " & myTable & " alter 工号 text(20)"
    Set rs = New ADODB.Recordset
    rs.Open SQL, cnn, adOpenKeyset, adLockOptimistic
    MsgBox "'工号'字段大小更改完毕！"
    cnn.Close
    Set rs = Nothing
    Set cnn = Nothing
End Sub
```

02 按F5键运行代码后即可弹出消息提示框，如图12-9所示。

03 单击“确定”按钮，打开“员工档案”数据表，可以看到“字段大小”为20，如图12-10所示。

图12-9

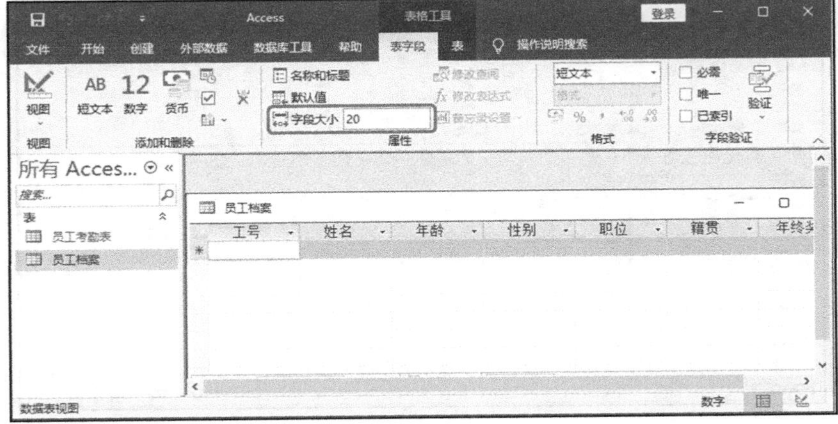

图12-10

3. 删除指定字段

如果要删除数据表中的字段，可以使用SQL语句的Drop方法在数据库文件中进行删除，比如想要删除“员工档案”数据表中的“年龄”和“年终奖”两个字段。操作步骤如下：

01 打开工作簿，启动VBE环境，然后选择“插入→模块”菜单命令，插入“模块5”，在打开的代码编辑窗口中输入如下代码：

```
Public Sub 删除指定字段()
    Dim myData As String, myTable As String, SQL As String
    Dim cnn As ADODB.Connection
    Dim rs As ADODB.Recordset
    myData = ThisWorkbook.Path & "\员工考核管理.mdb"        '指定数据库文件
    myTable = "员工档案"                                    '指定数据表
    '建立与数据库的链接
    Set cnn = New ADODB.Connection
    With cnn
        .Provider = "Microsoft.Jet.oledb.4.0"
        .Open myData
    End With
    '删除“年龄”和“年终奖”两个字段
    SQL = "alter table " & myTable & " drop 年龄,年终奖"
    Set rs = New ADODB.Recordset
    rs.Open SQL, cnn, adOpenKeyset, adLockOptimistic
    MsgBox "'年龄'和'年终奖'两个字段已删除完毕！"
    cnn.Close
    Set rs = Nothing
    Set cnn = Nothing
End Sub
```

02 按F5键运行代码后即可弹出消息提示框，如图12-11所示。

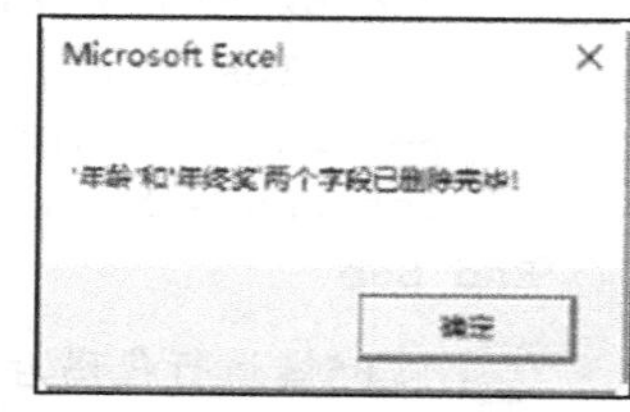

图12-11

03 单击“确定”按钮，打开“员工档案”数据表，可以看到指定字段被删除了，如图12-12所示。

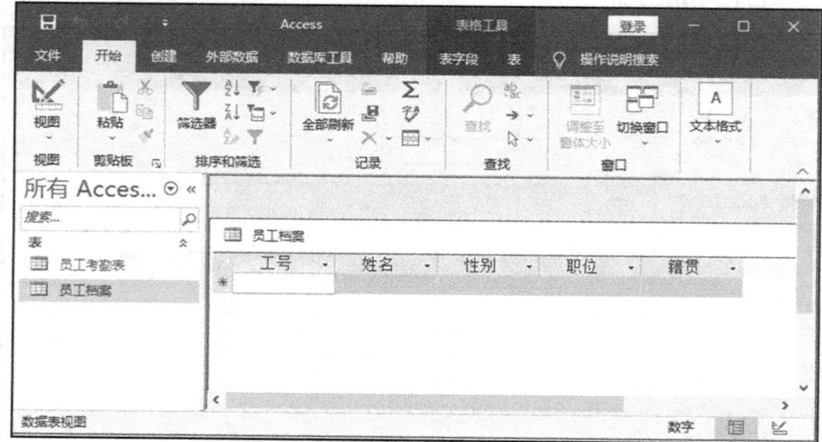

图12-12

12.1.4　设置数据表记录

1．添加已知数据记录

如果要将已将创建好的“员工档案”工作表数据添加至“员工档案”数据表中，可以调用Connection对象的Execute方法，如果需要添加多条记录，可以调用Recordset对象的AddNew方法。具体操作步骤如下：

01 图12-13所示为要添加至数据表中的“员工档案”工作表。

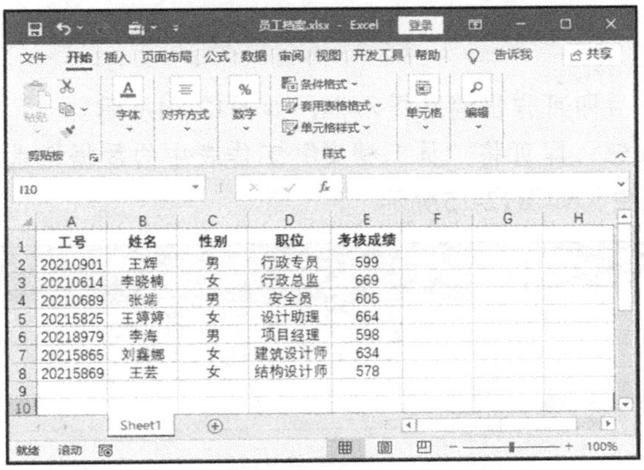

工号	姓名	性别	职位	考核成绩
20210901	王辉	男	行政专员	599
20210614	李晓楠	女	行政总监	669
20210689	张端	男	安全员	605
20215825	王婷婷	女	设计助理	664
20218979	李海	男	项目经理	598
20215865	刘鑫娜	女	建筑设计师	634
20215869	王芸	女	结构设计师	578

图12-13

02 启动VBE环境，然后选择“插入→模块”菜单命令，插入“模块2”（已插入的“模块1”为创建好的数据表的代码），在打开的代码编辑窗口中输入如下代码，表示将工作表中的所有数据记录添加至数据表中。

```
Public Sub 添加已知数据记录()
    Dim cnn As New ADODB.Connection
    Dim rst As New ADODB.Recordset
    Dim myPath As String
    Dim myTable As String
    Dim arrALL()
    Dim arrFields()
    Dim arrValues()
    Dim i As Long
    Dim r As Long
    myPath = ThisWorkbook.Path & "\员工考核管理.mdb"    '指定数据库文件
    myTable = "员工档案"    '指定数据表
    cnn.Open "Provider=Microsoft.Jet.OLEDB.4.0;Data Source=" & myPath
    '使用Recordset对象的Open方法执行SQL语句
    rst.Open "select * from " & myTable & " where 1=2", cnn, adOpenDynamic, adLockOptimistic
    With Sheet1
        r = .Range("A1").End(xlDown).Row
        arrALL = .Range("A1:F" & r)    '将包含字段名称和数据的单元格区域赋值给arrALL数组
```

```
        '使用Index函数从arrALL数组中获取包含字段名称列表的一维数组
        arrFields = WorksheetFunction.Index(arrALL, 1, 0)
        For i = 2 To r
            '调用Index函数从arrALL数组中获取包含表数据的一维数组
            arrValues = WorksheetFunction.Index(arrALL, i, 0)
            '使用Recordset对象的AddNew方法将数据添加至记录集中
            rst.AddNew arrFields, arrValues
        Next
    End With
    MsgBox "数据记录添加完毕！", , "添加数据"
    Exit Sub
End Sub
```

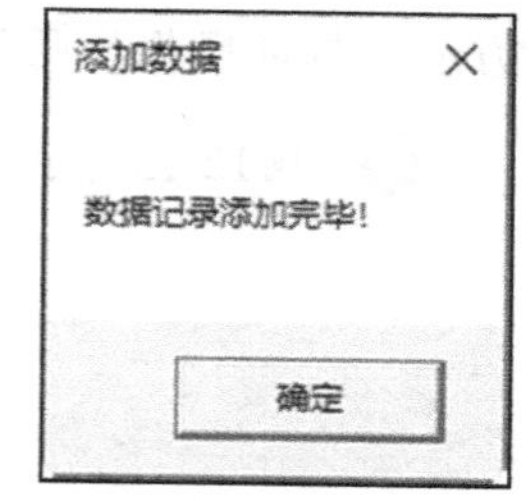

图12-14

03 按F5键运行代码后即可弹出消息提示框，如图12-14所示。

04 单击“确定”按钮，即可将“员工档案”工作表中的数据记录添加至“员工档案”数据表中，如图12-15所示。

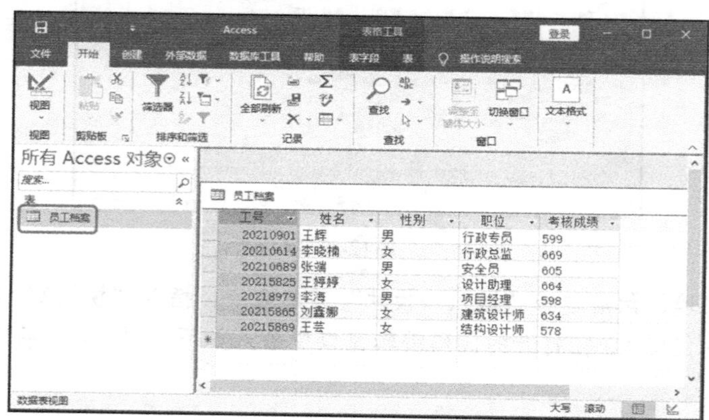

图12-15

知识拓展

```
rst.Open "select * from " & myTable & " where 1=2", cnn, adOpenDynamic, adLockOptimistic
```

该段代码使用select语句并通过where子句的限制返回一个包含所有字段的空记录集。因为在任何情况下，数字1均不等于数字2，所以使用该技巧是为了避免在数据库中含有大量数据时返回所有的记录，是为了提高代码的运行速度。

2．添加自定义数据记录

下面介绍如何使用代码在数据表中添加自定义数据记录，比如需要向“员工档案”数据表中添加员工“刘云”的各项信息。操作步骤如下：

01 启动VBE环境，然后选择“插入→模块”菜单命令，插入“模块3”，在打开的代码编辑窗口中输入如下代码，表示将自定义的数据记录添加至数据表中：

```
Public Sub 添加自定义数据记录()
    Dim myData As String, myTable As String, SQL As String
```

```
    Dim cnn As ADODB.Connection
    Dim rs As ADODB.Recordset
    Dim i As Integer
    Dim myArray As Variant
    myArray = Array("20210058", "刘云", "女", "结构设计师", "611")
    myData = ThisWorkbook.Path & "\员工考核管理.mdb"    '指定数据库文件
    myTable = "员工档案"    '指定数据表
    '建立与数据库的链接
    Set cnn = New ADODB.Connection
    With cnn
        .Provider = "Microsoft.jet.OLEDB.4.0"
        .Open myData
    End With
    '查询数据表
    SQL = "select * from " & myTable
    Set rs = New ADODB.Recordset
    rs.Open SQL, cnn, adOpenKeyset, adLockOptimistic
    '添加自定义的数据记录
    rs.AddNew
    For i = 0 To rs.Fields.Count - 1
        rs.Fields(i) = myArray(i)
    Next i
    rs.Update  '更新数据表
    rs.Close
    MsgBox "完成自定义数据记录更新！"
    cnn.Close
    Set rs = Nothing
    Set cnn = Nothing
End Sub
```

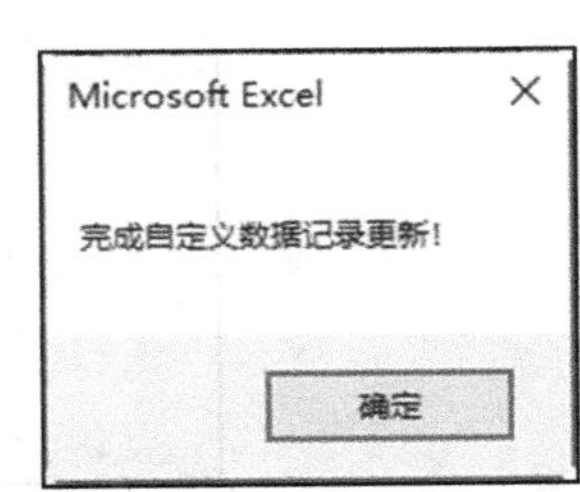

图12-16

02 按F5键运行代码后即可弹出消息提示框，如图12-16所示。

03 单击“确定”按钮，即可将自定义的数据记录添加至“员工档案”数据表中，如图12-17所示。

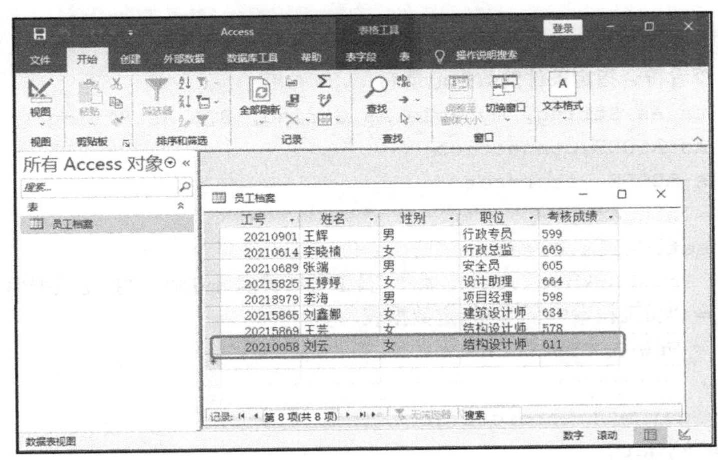

图12-17

12.2 员工考核数据表的筛选及数据导入

本节将介绍如何进行员工考核数据表的筛选及数据导入。

12.2.1 查看符合条件的数据记录

本小节将具体介绍如何使用ADO对象的SQL语句集合Max函数和Min函数查找指定字符的最大值和最小值。操作步骤如下：

01 图12-18所示为数据表内容，需要设置代码显示考核成绩的最高分和最低分。

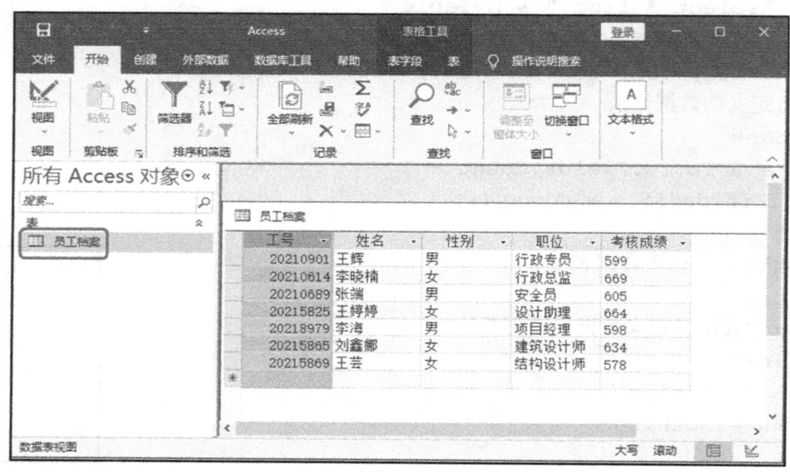

工号	姓名	性别	职位	考核成绩
20210901	王辉	男	行政专员	599
20210614	李晓楠	女	行政总监	669
20210689	张端	男	安全员	605
20215825	王婷婷	女	设计助理	664
20218979	李涛	男	项目经理	598
20215865	刘鑫娜	女	建筑设计师	634
20215869	王芸	女	结构设计师	578

图12-18

02 启动VBE环境，然后选择“插入→模块”菜单命令，插入“模块4”，在打开的代码编辑窗口中输入如下代码，表示在数据库文件中查看考核成绩的最大值和最小值，并把输出显示在工作表的指定位置：

```
Public Sub 查看符合指定条件的数据记录()
    Dim mydata As String, mytable As String, SQL As String
    Dim cnn As ADODB.Connection
    Dim rs As ADODB.Recordset
    Dim i As Integer
    ActiveSheet.Cells.Clear
    mydata = ThisWorkbook.Path & "\员工考核管理.mdb"  '指定数据库文件
    mytable = "员工档案"      '指定数据表
    Set cnn = New ADODB.Connection
    With cnn
        .Provider = "microsoft.jet.oledb.4.0"
        .Open mydata
    End With
```

```
    '查看“员工档案”数据表中考核分数的最大值和最小值
    SQL = "select max(考核成绩) as math1,min(考核成绩) as math2 from " & mytable
    Set rs = New ADODB.Recordset
    rs.Open SQL, cnn, adOpenKeyset, adLockOptimistic
    '输出数据记录
    Range("A1:B1") = Array("最高分", "最低分")
    Range("A2:B2") = Array(rs!math1, rs!math2)
    rs.Close
    cnn.Close
    Set rs = Nothing
    Set cnn = Nothing
End Sub
```

	A	B	C
1	最高分	最低分	
2	669	578	
3			
4			
5			

图12-19

03 按F5键运行代码后即可看到输出的结果，如图12-19所示。

12.2.2 将全部数据库数据导入工作表

如果要将数据库中的所有数据导入工作表中查看和使用，可以调用CopyFromRecordset方法将数据库中的所有数据导出。操作步骤如下：

01 图12-20所示为要导入工作表中的数据库文件。

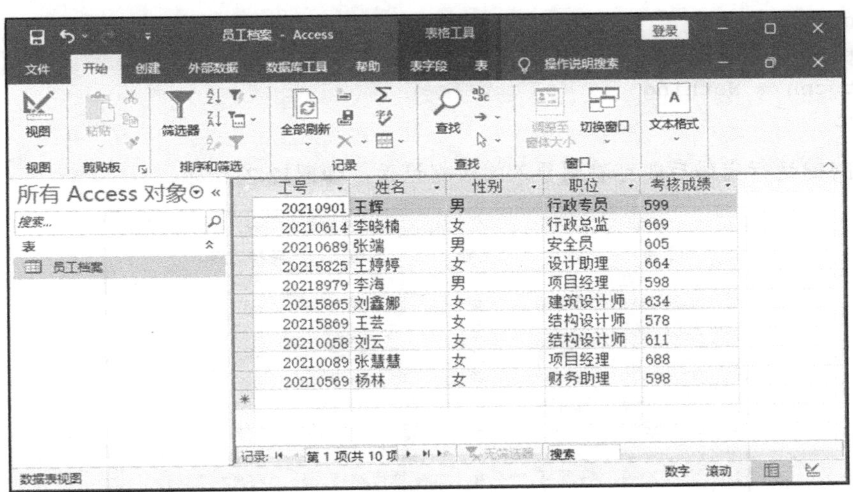

工号	姓名	性别	职位	考核成绩
20210901	王辉	男	行政专员	599
20210614	李晓楠	女	行政总监	669
20210689	张端	男	安全员	605
20215825	王婷婷	女	设计助理	664
20218979	李海	男	项目经理	598
20215865	刘鑫娜	女	建筑设计师	634
20215869	王芸	女	结构设计师	578
20210058	刘云	女	结构设计师	611
20210089	张慧慧	女	项目经理	688
20210569	杨林	女	财务助理	598

图12-20

02 启动VBE环境，然后选择“插入→模块”菜单命令，插入“模块5”，在打开的代码编辑窗口中输入如下代码，表示将数据记录导入当前工作表的指定位置：

```
Public Sub 将全部数据库数据导入工作表()
    Dim mydata As String, mytable As String, SQL As String
    Dim cnn As ADODB.Connection
    Dim rs As ADODB.Recordset
    Dim i As Integer
    ActiveSheet.Cells.Clear
    mydata = ThisWorkbook.Path & "\员工考核管理.mdb"  '指定数据库文件
```

```
    mytable = "员工档案"      '指定数据表
    Set cnn = New ADODB.Connection
    With cnn
        .Provider = "microsoft.jet.oledb.4.0"
        .Open mydata
    End With
    '查看“员工档案”数据表中所有数据记录
    SQL = "select * from " & mytable
    Set rs = New ADODB.Recordset
    rs.Open SQL, cnn, adOpenKeyset, adLockOptimistic
    '复制数据表中的所有字段名
    For i = 1 To rs.Fields.Count
        Cells(1, i) = rs.Fields(i - 1).Name
    Next i
    With Range(Cells(1, 1), Cells(1, rs.Fields.Count))
        .Font.Bold = True
        .HorizontalAlignment = xlCenter
    End With
    '导入字段下对应的数据至当前工作表中以A2单元格为起始单元格的区域
    Range("A2").CopyFromRecordset rs
    rs.Close
    cnn.Close
    Set rs = Nothing
    Set cnn = Nothing
End Sub
```

03 按F5键运行代码后即可看到导入的数据记录，如图12-21所示。

	A	B	C	D	E	F
1	工号	姓名	性别	职位	考核成绩	
2	20210901	王辉	男	行政专员	599	
3	20210614	李晓楠	女	行政总监	669	
4	20210689	张端	男	安全员	605	
5	20215825	王婷婷	女	设计助理	664	
6	20218979	李海	男	项目经理	598	
7	20215865	刘鑫娜	女	建筑设计师	634	
8	20215869	王芸	女	结构设计师	578	
9	20210058	刘云	女	结构设计师	611	
10	20210089	张慧慧	女	项目经理	688	
11	20210569	杨林	女	财务助理	598	
12						

Sheet1

图12-21

第13章　数据统计与分析

在Excel工作表中可以进行各种数据统计与分析工作，比如筛选、排序、条件格式应用等。本章将介绍如何使用Excel VBA实现数据的快速统计与分析。

13.1 数据查询

在Excel VBA中可以通过多种方法、函数或者属性来查询符合一个或多个条件的数据，本节将通过几个例子介绍如何进行数据查询。

13.1.1 从活动工作表中查询数据

如果用户想要从具有大量数据的表格中查找出某个特定数据，比如在各地业绩报表中查看“芜湖”地区的数据，可以使用Find方法查询，并激活其所在单元格。操作步骤如下：

01 打开Excel工作簿，启动VBE环境，选择“插入→模块”菜单命令，创建“模块1”，在打开的代码编辑窗口中输入如下代码：

```
Public Sub 从活动工作表中查询数据()
    Dim myRange As Range
    Set myRange = Cells.Find(what:="芜湖", _
        After:=ActiveCell, LookIn:=xlValues, _
        LookAt:=xlPart, SearchOrder:=xlByRows, _
        SearchDirection:=xlNext, MatchCase:=False)        '设置查询的条件
    If myRange Is Nothing Then
        MsgBox "未找到符合条件的单元格"
    Else
        MsgBox "符合条件的单元格为：" & myRange.Address(False, False)
        myRange.Activate                                   '激活单元格
    End If
    Set myRange = Nothing
End Sub
```

02 按F5键运行代码后即可弹出显示查询结果的消息提示，如图13-1所示。单击“确定”按钮即可看到符合条件的单元格被选中，如图13-2所示。

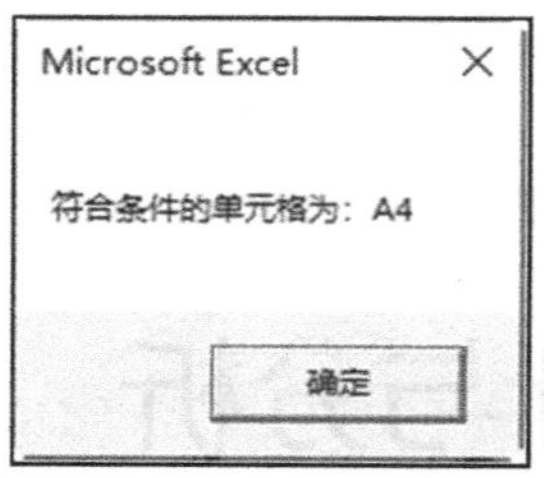

图13-1

	A	B	C
1	地区	业绩（万元）	业务员
2	上海	19.8	刘倩
3	广东	250.6	李东南
4	芜湖	330	张强
5	北京	59	李晓
6	长沙	112	王辉
7	上饶	98.6	王婷婷
8			

图13-2

13.1.2 从多个工作表中查询数据

本小节介绍如何从多个工作表中查询指定数据，比如想要查询出销售地区都是“芜湖”的记录。图13-3所示为数据源表格。

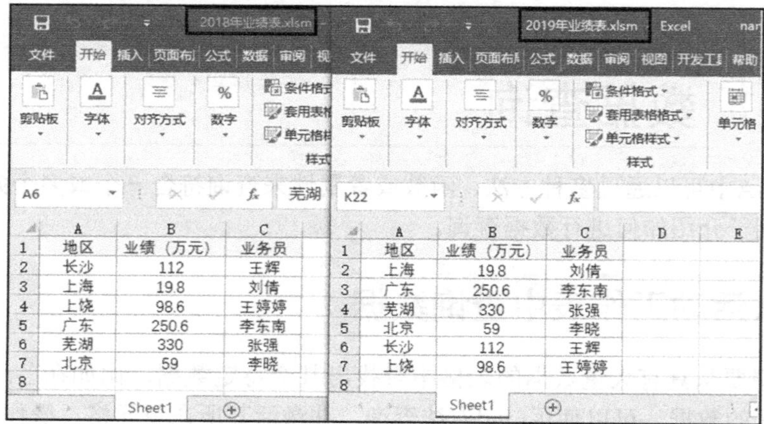

2018年业绩表.xlsm

	A	B	C
1	地区	业绩（万元）	业务员
2	长沙	112	王辉
3	上海	19.8	刘倩
4	上饶	98.6	王婷婷
5	广东	250.6	李东南
6	芜湖	330	张强
7	北京	59	李晓

2019年业绩表.xlsm

	A	B	C
1	地区	业绩（万元）	业务员
2	上海	19.8	刘倩
3	广东	250.6	李东南
4	芜湖	330	张强
5	北京	59	李晓
6	长沙	112	王辉
7	上饶	98.6	王婷婷

图13-3

操作步骤如下：

01 打开Excel工作簿，启动VBE环境，选择“插入→模块”菜单命令，创建“模块1”，在打开的代码编辑窗口中输入如下代码：

```
Public Sub 从多个工作表中查询数据()
    Dim wb As Workbook
    Dim ws As Worksheet
    Dim myRang As Range
    Dim myFind As Boolean
    myFind = False
    For Each wb In Workbooks
        For Each ws In wb.Worksheets
            Set myRang = ws.Cells.Find(what:="芜湖")    '设定查询条件
            If Not myRange Is Nothing Then
                myFind = True
                MsgBox "指定的数据在" & wb.Name & "工作簿的" _
                    & ws.Name & "工作表中" & myRange.Address
            End If
```

```
        Next
    Next
    If myFind = False Then
        MsgBox "未找到符合条件的单元格"
    End If
    Set wb = Nothing
    Set ws = Nothing
    Set myRange = Nothing
End Sub
```

02 按F5键运行代码后即可弹出结果信息对话框，如图13-4和图13-5所示。

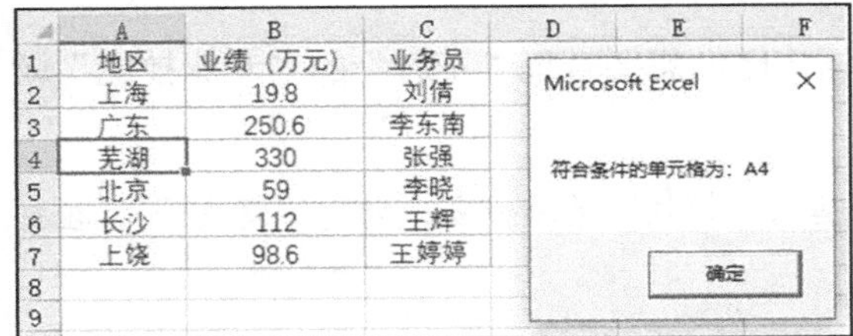

图13-4

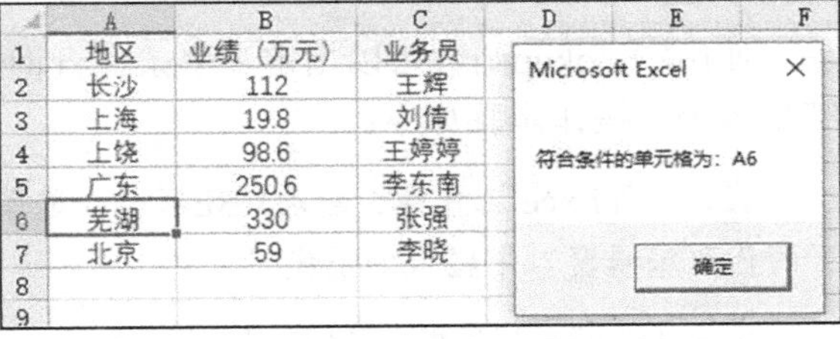

图13-5

13.1.3 通过指定多个条件查询数据 1

可以使用Find方法查询出包含指定数据的单元格，然后利用Offset属性获取该单元格所在行中指定单元格的内容。图13-6所示为数据源表格，需要从中查询出“王辉”的总分是多少。

	A	B	C	D	E	F
1	姓名	部门	体测	专业技能	语言	总分
2	刘倩	财务部	88	78	91	257
3	李东南	工程部	68	88	90	246
4	张强	财务部	90	91	85	266
5	李晓	财务部	84	85	91	260
6	王辉	行政部	77	90	97	264
7	王婷婷	设计部	76	69	84	229

图13-6

操作步骤如下：

01 打开Excel工作簿，启动VBE环境，选择“插入→模块”菜单命令，创建“模块1”，在打开的代码编辑窗口中输入如下代码：

```
Public Sub 通过指定多个条件查询数据1()
    Dim myRange1 As Range
    Dim myRange2 As Range
    Dim myScore  As Long
    Dim myKey  As String
    Set myRange1 = Columns("A")                    '设定查询的范围
    myKey = "王辉"                                 '设定查询的条件
    Set myRange2 = myRange1.Find(what:=myKey)
    If Not myRange2 Is Nothing Then
        myScore = myRange2.Offset(, 5)             '获取总分所在的列
```

```
        MsgBox myKey & "的总分为： " & myScore
    Else
        MsgBox "未找到符合条件的单元格"
    End If
    Set myRange1 = Nothing
    Set myRange2 = Nothing
End Sub
```

图13-7

02 按F5键运行代码后即可弹出结果信息对话框，如图13-7所示。

13.1.4 通过指定多个条件查询数据 2

使用VLookup函数可以指定多个条件查询数据，比如想要查询“王辉”的“专业技能”成绩是多少，操作步骤如下：

01 打开Excel工作簿，启动VBE环境，选择“插入→模块”菜单命令，创建“模块1”，在打开的代码编辑窗口中输入如下代码：

```
Public Sub 通过指定多个条件查询数据2()
    Dim myRange As Range
    Dim myScore As Single
    Dim myKey As String
    Dim myErrNum As Long
    Set myRange = Columns("A:E")              '设定查询的范围
    myKey = "王辉"                            '设定查询的第一个条件
    On Error Resume Next
    '设定查询的另一个条件所在的列
    myScore = WorksheetFunction.VLookup(myKey, myRange, 4, False)
    myErrNum = Err.Number
    On Error GoTo 0
    If myErrNum = 0 Then
        MsgBox myKey & "的专业技能分数为： " & myScore
    Else
        MsgBox "未找到符合条件的单元格"
    End If
    Set myRange = Nothing
End Sub
```

02 按F5键运行代码后即可弹出结果信息对话框，如图13-8所示。

	A	B	C	D	E
1	姓名	部门	体测	专业技能	语言
2	刘倩	财务部	88	78	91
3	李东南	工程部	68	88	90
4	张强	财务部	90	91	85
5	李晓	财务部	84	85	91
6	王辉	行政部	77	90	97
7	王婷婷	设计部	76	69	84

Microsoft Excel
王辉的专业技能分数为：90
确定

图13-8

13.1.5 查询包含指定字符的单元格数目

图13-9所示为数据源表格，表格中记录了仓库中各种商品的基本信息，下面需要查询“羽绒服”类商品的总记录数。可以调用CountIf函数来查看包含某个字符的单元格总数。

	A	B	C	D
1	品名	尺码	库存	单价
2	英伦纯棉风衣	M	88	278
3	COS风长款过膝羽绒服	S	68	288
4	长款羊毛打底	M	90	391
5	慵懒宽松马海毛毛衣	L	150	585
6	宝蓝色羽绒服加厚	M	77	690
7	抹茶绿短款羽绒服	M	19	1169

图13-9

操作步骤如下：

01 打开Excel工作簿，启动VBE环境，选择“插入→模块”菜单命令，创建“模块1”，在打开的代码编辑窗口中输入如下代码：

```
Public Sub 查询包含指定字符的单元格数目()
    Dim myRange As Range
    Dim myNum As Long
    Set myRange = Columns("A")                                     '设定查询的范围
    myNum = WorksheetFunction.CountIf(myRange, "=*羽绒服*")    '设定查询的条件
    MsgBox "品名中包含"羽绒服"字符的记录共有 " & myNum & "条"
    Set myRange = Nothing
End Sub
```

02 按F5键运行代码后即可弹出结果信息对话框，如图13-10所示。

	A	B	C	D	E	F	G	H
1	品名	尺码	库存	单价				
2	英伦纯棉风衣	M	88	278				
3	COS风长款过膝羽绒服	S	68	288				
4	长款羊毛打底	M	90	391				
5	慵懒宽松马海毛毛衣	L	150	585				
6	宝蓝色羽绒服加厚	M	77	690				
7	抹茶绿短款羽绒服	M	19	1169				
8								
9								
10								
11								
12								

Microsoft Excel

品名中包含"羽绒服"字符的记录共有 3条

确定

图13-10

13.1.6 查询数据及公式

如果想要查询表格中某个单元格的数据结果和具体公式，可以使用Find方法。操作步骤如下：

01 打开Excel工作簿，启动VBE环境，选择“插入→模块”菜单命令，创建“模块1”，在打开的代码编辑窗口中输入如下代码：

```
Public Sub 查询数据及公式()
    Dim myRange As Range
    Dim i As Long
    For i = 1 To Range("A65536").End(xlUp).Row
    Set myRange = Cells.Find(what:="SUM", _
        After:=ActiveCell, LookIn:=xlFormulas, _
        LookAt:=xlPart, SearchOrder:=xlByRows, _
        SearchDirection:=xlNext, MatchCase:=False)    '设定查询的条件
    If myRange Is Nothing Then
        MsgBox "未找到符合条件的单元格"
    Else
        myRange.Activate
        MsgBox "符合条件的单元格为: " & myRange.Address(False, False) _
            & vbCrLf & "该单元格值为: " & myRange.Value _
            & vbCrLf & "该单元格公式为: " & myRange.Formula
    End If
    Next i
    Set myRange = Nothing
End Sub
```

02 按F5键运行代码后即可弹出结果信息对话框，如图13-11所示。

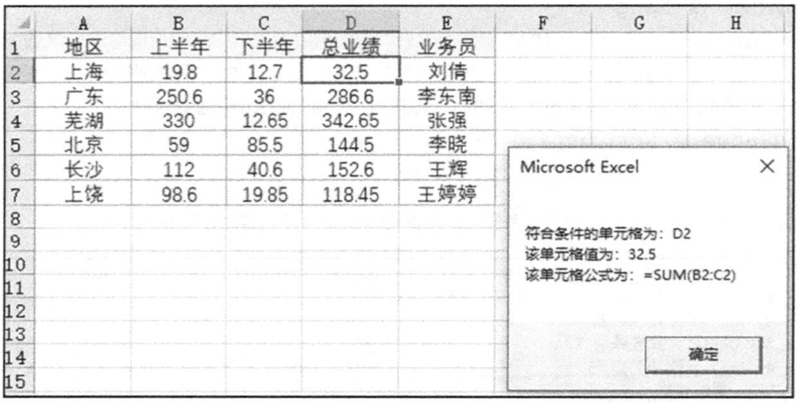

A B C D E F G H
地区 上半年 下半年 总业绩 业务员
上海 19.8 12.7 32.5 刘倩
广东 250.6 36 286.6 李东南
芜湖 330 12.65 342.65 张强
北京 59 85.5 144.5 李晓
长沙 112 40.6 152.6 王辉
上饶 98.6 19.85 118.45 王婷婷
Microsoft Excel
符合条件的单元格为：D2
该单元格值为：32.5
该单元格公式为：=SUM(B2:C2)
确定

图13-11

03 继续单击“确定”按钮，可以看到弹出的提示框中显示指定单元格的结果及公式，如图13-12所示。

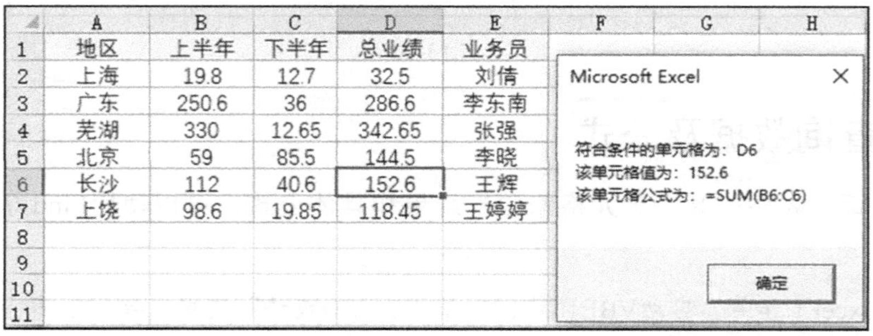

A B C D E F G H
地区 上半年 下半年 总业绩 业务员
上海 19.8 12.7 32.5 刘倩
广东 250.6 36 286.6 李东南
芜湖 330 12.65 342.65 张强
北京 59 85.5 144.5 李晓
长沙 112 40.6 152.6 王辉
上饶 98.6 19.85 118.45 王婷婷
Microsoft Excel
符合条件的单元格为：D6
该单元格值为：152.6
该单元格公式为：=SUM(B6:C6)
确定

图13-12

13.1.7 查询数据所在行

本小节将介绍如何调用Match函数查询并选中指定数据所在的行。比如要快速查找“北京”销售数据所在行，操作步骤如下：

01 打开Excel工作簿，启动VBE环境，选择“插入→模块”菜单命令，创建“模块1”，在打开的代码编辑窗口中输入如下代码：

```
Public Sub 查询数据所在行()
    Dim myRange1 As Range
    Dim myRange2 As Range
    Dim myRow  As Long
    Set myRange1 = Columns("A")                              '设定查询的范围
    On Error Resume Next
    myRow = WorksheetFunction.Match("北京", myRange1, 0)      '设定查询的条件
    On Error GoTo 0
    If myRow = 0 Then
       MsgBox "未找到符合条件的单元格"
    Else
      Set myRange2 = myRange1.Cells(myRow)
      myRange2.EntireRow.Select
    End If
    Set myRange1 = Nothing
    Set myRange2 = Nothing
End Sub
```

02 按F5键运行代码后即可看到符合要求的数据被选中，如图13-13所示。

	A	B	C	D	E
1	地区	上半年	下半年	总业绩	业务员
2	上海	19.8	12.7	32.5	刘倩
3	广东	250.6	36	286.6	李东南
4	芜湖	330	12.65	342.65	张强
5	北京	59	85.5	144.5	李晓
6	长沙	112	40.6	152.6	王辉
7	上饶	98.6	19.85	118.45	王婷婷

图13-13

13.2 数据排序

本节将介绍如何对数据进行排序。

13.2.1 对指定区域数据进行排序

本小节将介绍如何调用Sort方法对指定单元格区域内的数据进行升序排列。操作步骤如下：

01 打开Excel工作簿，启动VBE环境，选择“插入→模块”菜单命令，创建“模块1”，在打开的代码编辑窗口中输入如下代码：

```
Public Sub 对指定区域数据进行排序()
    Dim ws As Worksheet
    Dim myRange As Range
    Set ws = Worksheets(1)      '指定工作表
```

```
    Set myRange = ws.UsedRange   '设定数据区域
    MsgBox "下面对C列库存进行升序排序"
    myRange.Sort Key1:="库存", Order1:=xlAscending, Header:=xlYes
    Set myRange = Nothing
End Sub
```

02 按F5键运行代码后即可弹出结果信息对话框，如图13-14所示。

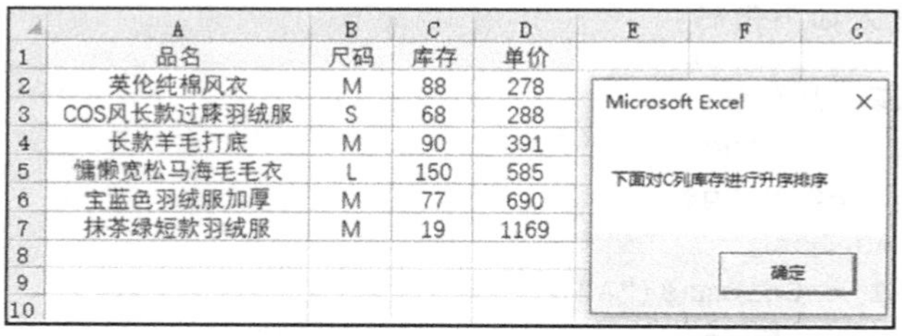

	A	B	C	D
1	品名	尺码	库存	单价
2	英伦纯棉风衣	M	88	278
3	COS风长款过膝羽绒服	S	68	288
4	长款羊毛打底	M	90	391
5	慵懒宽松马海毛毛衣	L	150	585
6	宝蓝色羽绒服加厚	M	77	690
7	抹茶绿短款羽绒服	M	19	1169

Microsoft Excel

下面对C列库存进行升序排序

确定

图13-14

03 单击“确定”按钮，即可将库存数据从低到高升序排列，如图13-15所示。

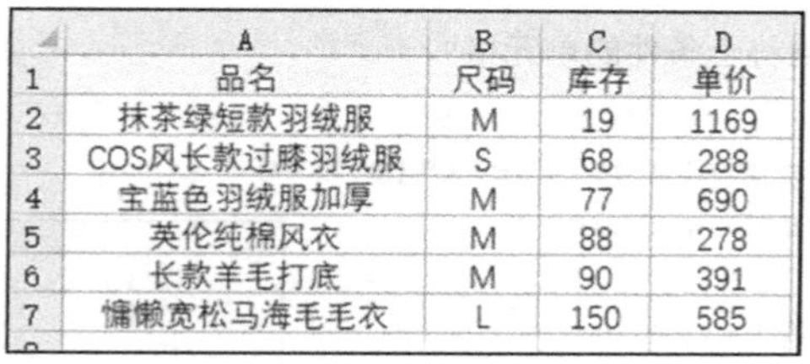

	A	B	C	D
1	品名	尺码	库存	单价
2	抹茶绿短款羽绒服	M	19	1169
3	COS风长款过膝羽绒服	S	68	288
4	宝蓝色羽绒服加厚	M	77	690
5	英伦纯棉风衣	M	88	278
6	长款羊毛打底	M	90	391
7	慵懒宽松马海毛毛衣	L	150	585

图13-15

13.2.2 使用多个关键字进行排序

如果需要将表格中的数据按照多个条件进行排序，可调用Sort方法来实现。其原理是先从指定的第1个关键字进行排序，如果遇到相同的数据，则按第2个关键字进行排序，以此类推。

调用Range对象的Sort方法对区域进行排序时，同时最多只能指定3个关键字，当需要按照超过3个关键字对区域进行排序时，可以通过多次执行Sort方法来实现。需要注意的是，Sort方法是按照各关键字的倒序顺序执行的。例如，如果按照A→B→C→D的关键字顺序进行排序，则应按D→C→B→A的顺序执行Sort方法。

比如本例中需要按照指定关键字“总分”“语言”“专业技能”“体测”的优先顺序进行排序操作（见图13-16），则设置代码时需要按“体测”“专业技能”“语言”“总分”这样的顺序进行。

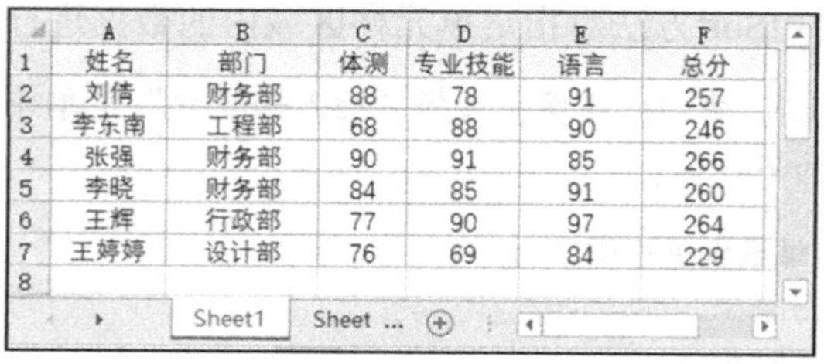

	A	B	C	D	E	F
1	姓名	部门	体测	专业技能	语言	总分
2	刘倩	财务部	88	78	91	257
3	李东南	工程部	68	88	90	246
4	张强	财务部	90	91	85	266
5	李晓	财务部	84	85	91	260
6	王辉	行政部	77	90	97	264
7	王婷婷	设计部	76	69	84	229

图13-16

操作步骤如下：

01 启动VBE环境，选择“插入→模块”菜单命令，创建“模块1”，在打开的代码编辑窗口中输入如下代码：

```
Public Sub 使用多个关键字进行排序()
    Dim ws As Worksheet
    Dim myRange As Range
    Dim myArray As Variant
    Dim i As Integer
    Set ws = Worksheets(1)                              '指定工作表
    Set myRange = ws.Range("A1")                        '指定数据区域
    myArray = Array("体测", "专业技能", "语言", "总分")    '指定关键字的优先顺序
    With myRange
        For i = 0 To UBound(myArray)
            .Sort Key1:="体测", Order1:=xlAscending, Header:=xlYes
            .Sort Key1:="专业技能", Order1:=xlAscending, Header:=xlYes
            .Sort Key1:="语言", Order1:=xlAscending, Header:=xlYes
            .Sort Key1:="总分", Order1:=xlAscending, Header:=xlYes
        Next i
    End With
    Set myRange = Nothing
    Set ws = Nothing
End Sub
```

02 按F5键运行代码后即可按指定条件对多个关键字进行升序排序，首先按“总分”升序，再按其他字段依次排序，如图13-17所示。

	A	B	C	D	E	F
1	姓名	部门	体测	专业技能	语言	总分
2	王婷婷	设计部	76	69	84	229
3	李东南	工程部	68	88	90	246
4	刘倩	财务部	88	78	91	257
5	李晓	财务部	84	85	91	260
6	王辉	行政部	77	90	97	264
7	张强	财务部	90	91	85	266

图13-17

13.2.3 按自定义序列进行排序

图13-18显示了值班人员的基本信息，下面要调用Sort方法利用自定义序列对星期按自定义序列排序。操作步骤如下：

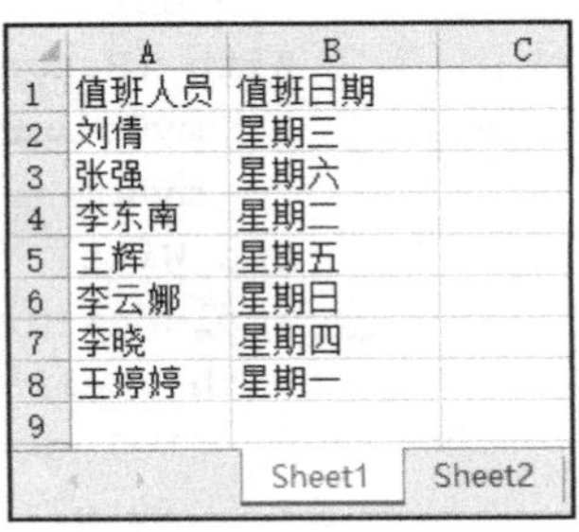

	A	B	C
1	值班人员	值班日期	
2	刘倩	星期三	
3	张强	星期六	
4	李东南	星期二	
5	王辉	星期五	
6	李云娜	星期日	
7	李晓	星期四	
8	王婷婷	星期一	
9			

图13-18

01 启动VBE环境，选择“插入→模块”菜单命令，创建“模块1”，在打开的代码编辑窗口中输入如下代码：

```
Public Sub 按自定义序列进行排序()
    Dim ws1 As Worksheet
    Dim ws2 As Worksheet
    Dim myRange1 As Range
```

```
    Dim myRange2 As Range
    Set ws1 = Worksheets(1)                         '指定工作表
    Set ws2 = Worksheets(2)                         '指定工作表
    ws2.Cells.Delete shift:=xlUp
    Set myRange1 = ws1.UsedRange                    '指定要复制的单元格区域
    Set myRange2 = ws2.Range("A1")                  '指定要复制的位置
    myRange1.Copy
    myRange2.PasteSpecial Paste:=xlPasteValues
    Application.CutCopyMode = False
    Set myRange2 = ws2.UsedRange                    '指定数据区域
    MsgBox "下面以第7个自定义序列（即星期日、星期一、...）进行降序排序"
    myRange2.Sort Key1:=ws2.Range("B1"),
Order1:=xlDescending, _
        Header:=xlYes, OrderCustom:=7
    Set myRange1 = Nothing
    Set myRange2 = Nothing
    Set ws1 = Nothing
    Set ws2 = Nothing
End Sub
```

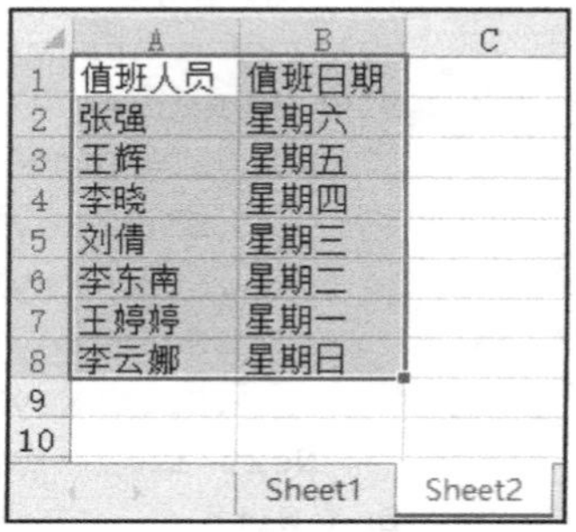

	A	B	C
1	值班人员	值班日期	
2	张强	星期六	
3	王辉	星期五	
4	李晓	星期四	
5	刘倩	星期三	
6	李东南	星期二	
7	王婷婷	星期一	
8	李云娜	星期日	
9			
10			

Sheet1 Sheet2

图13-19

02 按F5键运行代码后即可按自定义序列排序值班日期，如图13-19所示。

13.2.4 恢复排序后的数据

本例统计各个店铺的全年业绩数据，下面需要使用代码先将总业绩排序，再设置代码将表格数据恢复到排序之前的原始状态。操作步骤如下：

01 启动VBE环境，在代码编辑窗口中输入如下代码：

```
Public Sub 恢复排序后的数据()
    Dim ws As Worksheet
    Dim myRange As Range
    Dim myColumn As Long
    Dim myRow As Long
    Set ws = Worksheets(1)                          '指定工作表
    With ws
        .Select
        With .Range("A1").CurrentRegion             '获取数据区域的列数和行数
            myColumn = .Columns.Count
            myRow = .Rows.Count
        End With
        .Columns(myColumn + 1).Insert               '在数据区域的最右侧插入一列
        With .Cells(1, myColumn + 1)                '在新插入的列中输入从1开始的连续编号
            .Value = 1
            .AutoFill Destination:=.Resize(myRow), Type:=xlFillSeries
        End With
```

```
        Set myRange = .Range("A1").CurrentRegion  '获取包括新插入列在内的数据区域
        With myRange
            MsgBox "下面以总业绩进行升序排序"
            .Sort Key1:="总业绩", Order1:=xlAscending, Header:=xlYes
            MsgBox "下面恢复数据原始状态"
            .Sort Key1:=.Cells(2, .Columns.Count), Order1:=xlAscending,
Header:=xlYes
        End With
        .Columns(myColumn + 1).Delete          '删除插入的列
    End With
    Set myRange = Nothing
    Set ws = Nothing
End Sub
```

02 按F5键运行代码后即可实现排序，同时弹出消息提示框提示下面可以恢复为数据的原始状态，如图13-20所示。

03 单击“确定”按钮即可返回表格的原始状态，如图13-21所示。

	A	B	C	D	E	F
1	店铺	总业绩	业务员	1		
2	上海中山路店	32.5	刘倩	2		
3	上海梅山路店	118.45	王婷婷	7		
4	北京王府井店	144.5	李晓	5		
5	上海万达店	152.6	王辉	6		
6	广东万达店	286.6	李东南	3		
7	芜湖市中心店	342.65	张强	4		
8						
9						
10						

Microsoft Excel
下面恢复数据原始状态
确定

图13-20

	A	B	C
1	店铺	总业绩	业务员
2	上海中山路店	32.5	刘倩
3	广东万达店	286.6	李东南
4	芜湖市中心店	342.65	张强
5	北京王府井店	144.5	李晓
6	上海万达店	152.6	王辉
7	上海梅山路店	118.45	王婷婷

图13-21

13.3 数据筛选

本节将介绍如何进行数据筛选。

13.3.1 自动筛选数据

在VBA中，调用AutoFilter方法可以执行自动筛选，也可以撤销自动筛选。

本例将在当前工作表Sheet1中筛选和撤销筛选条件为“财务部”以及“总分>=260分”的所有记录。操作步骤如下：

01 打开Excel工作簿，启动VBE环境，选择“插入→模块”菜单命令，创建“模块1”，在打开的代码编辑窗口中输入如下代码：

```
Public Sub 执行自动筛选()
    Dim myRange As Range
```

```
    Set myRange = Range("A1").CurrentRegion           '指定数据区域
    With myRange
        .AutoFilter Field:=2, Criteria1:="=财务部"     '设定第一个条件
        .AutoFilter Field:=6, Criteria1:=">=260"      '设定另一条件
    End With
    Set myRange = Nothing
End Sub

Public Sub 撤销自动筛选()
    Dim ws  As Worksheet
    Dim myAutoFilter As AutoFilter
    Dim myRange  As Range
    Set ws = ActiveSheet
    Set myAutoFilter = ws.AutoFilter
    If Not myAutoFilter Is Nothing Then
        myAutoFilter.Range.AutoFilter
    Else
        MsgBox "无自动筛选！"
    End If
    Set myRange = Nothing
    Set myAutoFilter = Nothing
    Set ws = Nothing
End Sub
```

02 按F5键运行代码后即可筛选出财务部总分大于或等于260分的记录，如图13-22所示。

03 继续执行第二段代码，即可撤销自动筛选后的结果，恢复至表格的原始状态，如图13-23所示。

	A	B	C	D	E	F
1	姓名	部门	体测	专业技i	语言	总分
4	张强	财务部	90	91	85	266
5	李晓	财务部	84	85	91	260
8						
9						
10						

Sheet1 Sheet2

图13-22

	A	B	C	D	E	F
1	姓名	部门	体测	专业技能	语言	总分
2	刘倩	财务部	88	78	91	257
3	李东南	工程部	68	88	90	246
4	张强	财务部	90	91	85	266
5	李晓	财务部	84	85	91	260
6	王辉	行政部	77	90	97	264
7	王婷婷	设计部	76	69	84	229
8						

Sheet1 Sheet2

图13-23

13.3.2 “与”条件高级筛选

Excel可以通过设置“与”“或”条件实现复杂的筛选，在VBA中也可以调用AdvancedFilter方法实现高级筛选。

本例要筛选出Sheet1工作表中部门为“销售部”且实发工资“>=4000”的所有记录，也就是实现“与”条件高级筛选，原始数据如图13-24所示。

操作步骤如下：

01 打开Excel工作簿，启动VBE环境，选择“插入→模块”菜单命令，创建“模块1”，在打开的代码编辑窗口中输入如下代码：

	A	B	C	D	E	F	G	H	I	J
1	姓名	部门	基本工资	岗位工资	业绩奖金	满勤奖金	实发工资		部门	实发工资
2	王婷婷	行政部	1500	800	500	100	2900		销售部	>=4000
3	李东南	销售部	1200	1000	1800	300	4300			
4	刘倩	财务部	1800	1200	200	200	3400			
5	李晓	销售部	1200	1000	1500	100	3800			
6	王辉	企划部	2500	1500	1600	200	5800			
7	张强	销售部	1600	800	2000	150	4550			
8	刘云	行政部	2000	1000	1800	300	5100			
9	韩平	网络安全部	3000	2500	600	150	6250			
10	王媛媛	销售部	2800	600	800	400	4600			
11	孙丽	行政部	2500	800	200	250	3750			
12										
13										

Sheet1 | Sheet1 (2) | Sheet2

图13-24

```
Public Sub 与条件下的高级筛选()
    Dim myRange1 As Range
    Dim myRange2 As Range
    Dim myCell As Range
    Set myRange1 = Range("A1").CurrentRegion       '指定数据区域
    Set myRange2 = Range("I1:J2")                  '条件区域
    '在条件区域内设置筛选条件
    myRange2.Cells(1, 1) = "部门"                  '第一个条件名称
    myRange2.Cells(1, 2) = "实发工资"              '第二个条件名称
    myRange2.Cells(2, 1) = "销售部"                '第一个条件值
    myRange2.Cells(2, 2) = ">=4000"                '第二个条件值
    MsgBox "下面根据设置的条件进行高级筛选！"
    myRange1.AdvancedFilter Action:=xlFilterInPlace, CriteriaRange:=myRange2
    For Each myCell In myRange2.Cells
        myCell.Clear                 '删除设置的条件区域
    Next
    Set myRange1 = Nothing
    Set myRange2 = Nothing
End Sub
```

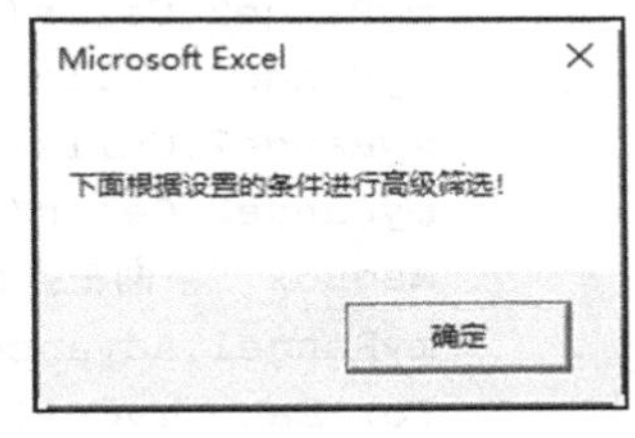

图13-25

02 按F5键运行代码后即可看到弹出的高级筛选消息提示框，如图13-25所示。

03 单击“确定”后，即可实现“与”条件高级筛选操作，筛选出部门为“销售部”且实发工资“>=4000”的所有记录，筛选结果如图13-26所示。

	A	B	C	D	E	F	G	H
1	姓名	部门	基本工资	岗位工资	业绩奖金	满勤奖金	实发工资	
3	李东南	销售部	1200	1000	1800	300	4300	
7	张强	销售部	1600	800	2000	150	4550	
10	王媛媛	销售部	2800	600	800	400	4600	
12								
13								
14								

Sheet1 | Sheet2

图13-26

13.3.3 “或”条件高级筛选

下面介绍如何实现“或”条件高级筛选。本例要筛选出销售部中基本工资“>=2000”或者实发工资“>=4000”的所有记录，原始数据如图13-27所示。

	A	B	C	D	E	F	G	H	I	J	K
1	姓名	部门	基本工资	岗位工资	业绩奖金	满勤奖金	实发工资		基本工资	部门	实发工资
2	王婷婷	行政部	1500	800	500	100	2900		>=2000	销售部	
3	李东南	销售部	1200	1000	1800	300	4300			销售部	>=4000
4	刘倩	财务部	1800	1200	200	200	3400				
5	李晓	销售部	1200	1000	1500	100	3800				
6	王辉	企划部	2500	1500	1600	200	5800				
7	张强	销售部	1600	800	2000	150	4550				
8	刘云	行政部	2000	1000	1800	300	5100				
9	韩平	网络安全部	3000	2500	600	150	6250				
10	王媛媛	销售部	2800	600	800	400	4600				
11	孙丽	行政部	2500	800	200	250	3750				

图13-27

操作步骤如下：

01 打开Excel工作簿，启动VBE环境，选择“插入→模块”菜单命令，创建“模块1”，在打开的代码编辑窗口中输入如下代码：

```
Public Sub 或条件下的高级筛选()
    Dim myRange1 As Range
    Dim myRange2 As Range
    Dim myCell As Range
    Set myRange1 = Range("A1").CurrentRegion      '指定数据区域
    Set myRange2 = Range("I1:K3")                 '条件区域
    '在条件区域内设置筛选条件
    myRange2.Cells(1, 1) = "基本工资"              '第一个条件名称
    myRange2.Cells(1, 2) = "部门"                  '第二个条件名称
    myRange2.Cells(1, 3) = "实发工资"              '第三个条件名称
    myRange2.Cells(2, 1) = ">=2000"                '第一个条件值
    myRange2.Cells(2, 2) = "销售部"                '第二个条件值
    myRange2.Cells(3, 2) = "销售部"                '第二个条件值
    myRange2.Cells(3, 3) = ">=4000"                '第三个条件值
    MsgBox "下面根据设置的条件进行高级筛选！"
    myRange1.AdvancedFilter Action:=xlFilterInPlace, CriteriaRange:=myRange2
    For Each myCell In myRange2.Cells
        myCell.Clear                               '删除设置的条件区域
    Next
    Set myRange1 = Nothing
    Set myRange2 = Nothing
End Sub
```

02 按F5键运行代码后即可看到弹出的高级筛选消息提示框，如图13-28所示。

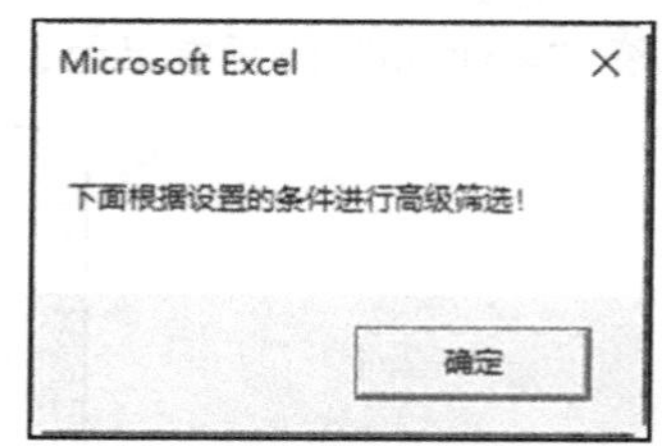

图13-28

03 单击“确定”按钮，即可筛选出销售部基本工资“>=2000”或者实发工资“>=4000”的所有记录，结果如图13-29所示。

	A	B	C	D	E	F	G
1	姓名	部门	基本工资	岗位工资	业绩奖金	满勤奖金	实发工资
3	李东南	销售部	1200	1000	1800	300	4300
7	张强	销售部	1600	800	2000	150	4550
10	王媛媛	销售部	2800	600	800	400	4600
12							

图13-29

13.3.4 筛选并删除数据区域中的空行或空列

如果数据表格中存在多余的空行或者空列，可以调用CountA函数筛选出当前数据区域中的空行或者空列，再调用Delete方式将其删除，只保留非空白数据部分。图13-30所示为存在空行、空列的原始表格数据。

	A	B	C	D	E	F	G
1	姓名	部门	体测		专业技能	语言	总分
2	刘倩	财务部	88		78	91	257
3							
4							
5	李东南	工程部	68		88	90	246
6	张强	财务部	90		91	85	266
7	李晓	财务部	84		85	91	260
8							
9	王辉	行政部	77		90	97	264
10	王婷婷	设计部	76		69	84	229

图13-30

操作步骤如下：

01 打开Excel工作簿，启动VBE环境，选择“插入→模块”菜单命令，创建“模块1”，在打开的代码编辑窗口中输入如下代码：

```
Public Sub 筛选并删除数据区域中的空行或空列1()
    Dim LastRow As Long
    Dim r As Long
    LastRow = ActiveSheet.UsedRange.Row - 1 + ActiveSheet.UsedRange.Rows.Count
    Application.ScreenUpdating = False
    For r = LastRow To 1 Step -1
        If Application.WorksheetFunction.CountA(Rows(r)) = 0 Then
Rows(r).Delete                         '筛选并删除空行
    Next r
    Application.ScreenUpdating = True
End Sub
Public Sub 筛选并删除数据区域中的空行或空列2()
    Dim LastColumn As Long
    Dim r As Long
    LastColumn = ActiveSheet.UsedRange.Column - 1 +
ActiveSheet.UsedRange.Columns.Count
    Application.ScreenUpdating = False
    For r = LastColumn To 1 Step -1
        If Application.WorksheetFunction.CountA(Columns(r)) = 0 Then
Columns(r).Delete                      '筛选并删除空列
    Next r
    Application.ScreenUpdating = True
End Sub
```

02 按F5键运行第一段代码后即可看到表格中的所有空行被删除，如图13-31所示。

03 按F5键运行第二段代码后，即可看到表格中所有空列被删除，删除空行、空列后的效果如图13-32所示。

	A	B	C	D	E	F	G
1	姓名	部门	体测		专业技能	语言	总分
2	刘倩	财务部	88		78	91	257
3	李东南	工程部	68		88	90	246
4	张强	财务部	90		91	85	266
5	李晓	财务部	84		85	91	260
6	王辉	行政部	77		90	97	264
7	王婷婷	设计部	76		69	84	229

图13-31

	A	B	C	D	E	F
1	姓名	部门	体测	专业技能	语言	总分
2	刘倩	财务部	88	78	91	257
3	李东南	工程部	68	88	90	246
4	张强	财务部	90	91	85	266
5	李晓	财务部	84	85	91	260
6	王辉	行政部	77	90	97	264
7	王婷婷	设计部	76	69	84	229

图13-32

13.4 数据条件格式

Excel程序中有一个非常实用的条件格式功能，可以将满足条件的数据突出标记出来，在VBA中同样也可以使用图标集、色阶等功能来突出显示表格中的某些数据。本节将介绍通过代码突出显示指定条件的数据以及使用数据条、色阶和图标集来突出显示数据的方法。

13.4.1 突出显示数据区域中的前 *N* 项

本例中统计各员工的各项考核成绩，要求设置特殊格式突出显示总分的前三项。操作步骤如下：

01 打开Excel工作簿，启动VBE环境，选择“插入→模块”菜单命令，创建“模块1”，在打开的代码编辑窗口中输入如下代码：

```
Public Sub 突出显示数据区域中的前N项()
    Dim myRange As Range
    Set myRange = ActiveSheet.Range("A1:F7")          '指定数据区域
    With myRange
        .ClearFormats                                '清除已有的条件格式
        .FormatConditions.AddTop10                   '添加一个前10项的条件格式
        With .FormatConditions(1)
            .TopBottom = xlTop10Top                  '仅突出显示最大的几个数据
            .Rank = 3                                '突出显示前3项最大的数据
        End With
        With .FormatConditions(1).Font
            .Bold = True                             '设置字体为加粗
            .Color = vbRed                           '设置字体颜色为红色
```

```
        End With
    End With
    Set myRange = Nothing
End Sub
```

02 按F5键运行代码后即可标记出总分最高的前三项数据，如图13-33所示。

	A	B	C	D	E	F
1	姓名	部门	体测	专业技能	语言	总分
2	刘倩	财务部	88	88	91	**267**
3	李东南	工程部	68	88	90	246
4	张强	财务部	90	91	85	**266**
5	李晓	财务部	84	85	91	260
6	王辉	行政部	95	90	97	**282**
7	王婷婷	设计部	76	69	84	229

图13-33

13.4.2 突出显示重复的数据

如果表格中的数据存在重复，可以调用AddUniqueValues方法和使用DupeUnique属性突出显示重复的数据。操作步骤如下：

01 打开Excel工作簿，启动VBE环境，选择“插入→模块”菜单命令，创建“模块1”，在打开的代码编辑窗口中输入如下代码：

```
Public Sub 突出显示重复的数据()
    Dim myRange As Range
    Set myRange = ActiveSheet.Range("A1:B7")          '指定数据区域
    With myRange
        .ClearFormats                                  '清除已有的条件格式
        .FormatConditions.AddUniqueValues              '添加一个重复数据的条件格式
        .FormatConditions(1).DupeUnique = xlDuplicate      '仅突出显示重复的数据
        With .FormatConditions(1).Font
            .Bold = True        '设置字体为加粗
            .Color = vbRed      '设置字体颜色为红色
        End With
    End With
    Set myRange = Nothing
End Sub
```

02 按F5键运行代码后，即可突出显示重复的员工姓名，如图13-34所示。

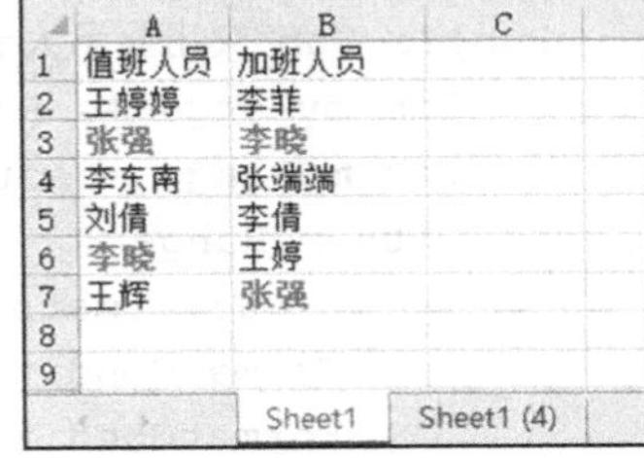

	A	B	C
1	值班人员	加班人员	
2	王婷婷	李菲	
3	张强	李晓	
4	李东南	张端端	
5	刘倩	李倩	
6	李晓	王婷	
7	王辉	张强	
8			
9			

图13-34

13.4.3 突出显示小于或大于平均值的数据

在VBA中，可以调用AddAboveAverage方法和使用AboveBelow属性突出显示小于或大于平均值的数据。

本例将在当前Sheet1工作表的F2:F7单元格区域中以红色加粗字体突出显示小于和大于平

均值的数据。操作步骤如下：

01 打开Excel工作簿，启动VBE环境，选择“插入→模块”菜单命令，创建“模块1”，在打开的代码编辑窗口中输入如下代码：

```
Public Sub 突出显示小于平均值的数据()
    Dim myRange As Range
    Set myRange = ActiveSheet.Range("F2:F7")      '指定数据区域
    With myRange
        .ClearFormats                              '清除已有的条件格式
        .FormatConditions.AddAboveAverage          '添加一个小于平均值的条件格式
        .FormatConditions(1).AboveBelow = xlBelowAverage  '仅突出显示小于平均值
的数据
        With .FormatConditions(1).Font
            .Bold = True                           '设置字体为加粗
            .Color = vbRed                         '设置字体颜色为红色
        End With
    End With
    Set myRange = Nothing
End Sub
```

02 按F5键运行代码后即可标记出分数小于平均值的数据，如图13-35所示。

	A	B	C	D	E	F
1	姓名	班级	语文	数学	英语	总分
2	王婷婷	高三（2）	76	69	84	229
3	张强	高三（1）	90	91	85	266
4	李东南	高三（2）	68	88	90	246
5	刘倩	高三（1）	88	78	91	257
6	李晓	高三（1）	84	85	91	260
7	王辉	高三（2）	77	90	97	264
8						
9						

图13-35

03 继续在“模块1”代码编辑窗口中输入第二段代码。

```
Public Sub 突出显示大于平均值的数据()
    Dim myRange As Range
    Set myRange = ActiveSheet.Range("F2:F7")      '指定数据区域
    With myRange
        .ClearFormats                              '清除已有的条件格式
        .FormatConditions.AddAboveAverage          '添加一个大于平均值的条件格式
        .FormatConditions(1).AboveBelow = xlAboveAverage  '仅突出显示大于平均值
的数据
        With .FormatConditions(1).Font
            .Bold = True                           '设置字体为加粗
            .Color = vbRed                         '设置字体颜色为红色
        End With
    End With
    Set myRange = Nothing
End Sub
```

04 按F5键运行代码后即可标记出总分大于平均值的数据，如图13-36所示。

	A	B	C	D	E	F	G
1	姓名	班级	语文	数学	英语	总分	
2	王婷婷	高三（2）	76	69	84	229	
3	张强	高三（1）	90	91	85	266	
4	李东南	高三（2）	68	88	90	246	
5	刘倩	高三（1）	88	78	91	257	
6	李晓	高三（1）	84	85	91	260	
7	王辉	高三（2）	77	90	97	264	
8							

图13-36

13.4.4 利用数据条直观显示数据大小

在Excel中利用系统内置的数据条格式功能，可以在单元格内用颜色渐变、长短不一的数据条来突出显示不同的数据。

本例将使用FormatConditions属性返回一个FormatConditions集合，然后调用该集合的AddDatabar方法以黄色数据条突出显示当前Sheet3工作表中B2:B11单元格区域中的业绩。操作步骤如下：

01 打开Excel工作簿，启动VBE环境，选择“插入→模块”菜单命令，创建“模块1”，在打开的代码编辑窗口中输入如下代码：

```
Public Sub 利用数据条突出显示数据()
    Dim myRange As Range
    Set myRange = ActiveSheet.Range("B2:B11")          '指定数据区域
    With myRange
        .FormatConditions.Delete                        '清除已有的条件格式
        .FormatConditions.AddDatabar                    '添加数据条的条件格式
        With .FormatConditions(1)
            .ShowValue = True                           '显示数据
            '最短数据条根据最小值确定
            .MinPoint.Modify newtype:=xlConditionValueLowestValue
            '最长数据条根据最大值确定
            .MaxPoint.Modify newtype:=
xlConditionValueHighestValue
        End With
        '数据条颜色为黄色
        .FormatConditions(1).BarColor.Color = vbYellow
    End With
    Set myRange = Nothing
End Sub
```

02 按F5键运行代码后即可根据业绩数据绘制长短不一的数据条图表，如图13-37所示。

	A	B	C
1	业务员	业绩	
2	王婷婷	9000	
3	张强	13000	
4	李东南	8900	
5	刘倩	9580	
6	李晓	6580	
7	王辉	9400	
8	李菲	5900	
9	王端	10200	
10	李晓彤	8760	
11	万茜	10360	
12			
13			

Sheet1　Sheet2

图13-37

13.4.5 利用图标集标注数据

在Excel中还可以利用系统内置的图标集功能，在单元格内用箭头、交通灯等不同的符号来突出显示数据。

本例将使用FormatConditions属性返回一个FormatConditions集合，然后调用该集合的AddIconSetCondition方法以三色交通灯图标集突出显示当前Sheet3工作表中B2:B11单元格区域中的业绩数据。操作步骤如下：

01 打开Excel工作簿，启动VBE环境，选择“插入→模块”菜单命令，创建“模块1”，在打开的代码编辑窗口中输入如下代码：

```
Public Sub 图标集标注数据()
    Dim myRange As Range
    Set myRange = ActiveSheet.Range("B2:B11")           '指定数据区域
    With myRange
        .FormatConditions.Delete                         '清除已有的条件格式
        .FormatConditions.AddIconSetCondition            '添加一个图标集的条件格式
        With .FormatConditions(1)                        '设置图标集类型
            .ReverseOrder = False                        '不保留图标集的图标次序
            .ShowIconOnly = False                        '同时显示图标集和数据
            .IconSet = ActiveWorkbook.IconSets(xl3TrafficLights2)    '设置三色交
通灯图标集
            With .IconCriteria(2)     '设置显示图标集的规则，根据不同的值显示不同的图标
                .Type = xlConditionValuePercent          '按百分比设置规则
                .Value = 33                              '百分比是33%
                .Operator = xlGreaterEqual
            End With
            With .IconCriteria(3)
                .Type = xlConditionValuePercent
                .Value = 67
                .Operator = xlGreaterEqual
            End With
        End With
    End With
End Sub
```

02 按F5键运行代码后即可根据业绩数据大小添加不同颜色的三色灯图标，如图13-38所示。

	A	B	C
1	业务员	业绩	
2	王婷婷	9000	
3	张强	13000	
4	李东南	8900	
5	刘倩	9580	
6	李晓	6580	
7	王辉	9400	
8	李菲	5900	
9	王端	10200	
10	李晓彤	8760	
11	万茜	10360	

图13-38

13.4.6 利用色阶突出显示数据

在Excel中除了数据条和图标集之外，还提供了色阶功能，可以根据数据的大小用不同的颜色填充单元格，从而突出显示数据。

本例将使用FormatConditions属性返回一个FormatConditions集合，然后调用该集合的AddColorScale方法以色阶突出显示当前Sheet3工作表中B2:B11单元格区域中的业绩数据。操作步骤如下：

01 打开Excel工作簿，启动VBE环境，选择“插入→模块”菜单命令，创建“模块1”，在打开的代码编辑窗口中输入如下代码：

```
Public Sub 利用色阶突出显示数据()
    Dim myRange As Range
    Set myRange = ActiveSheet.Range("B2:B11")          '指定数据区域
    With myRange
        .FormatConditions.Delete                       '清除已有的条件格式
        .FormatConditions.AddColorScale ColorScaleType:=2   '添加一个双色刻度的
色阶条件格式
        With .FormatConditions(1)
            .ColorScaleCriteria(1).Type = xlConditionValueLowestValue  '设置色
阶条件格式的类型的第一个条件
            .ColorScaleCriteria(1).FormatColor.Color = vbGreen          '设置双
色刻度色阶的第一个颜色
            .ColorScaleCriteria(2).Type = xlConditionValueHighestValue  '设置
色阶条件格式的类型的第二个条件
            .ColorScaleCriteria(2).FormatColor.Color = vbRed   '设置双色刻度色阶
的第二个颜色
        End With
    End With
    Set myRange = Nothing
End Sub
```

02 按F5键运行代码后即可根据业绩数据大小标记不同颜色，如图13-39所示。

	A	B	C	D	E
1	业务员	业绩			
2	王婷婷	9000			
3	张强	13000			
4	李东南	8900			
5	刘倩	9580			
6	李晓	6580			
7	王辉	9400			
8	李菲	5900			
9	王端	10200			
10	李晓彤	8760			
11	万茜	10360			

图13-39

13.4.7　突出显示昨日、今日、明日数据

本例统计了各部门值班人员的值班日期，下面需要分别以指定特殊格式突出显示昨日、今日、明日的值班数据。

本例将使用FormatConditions属性返回一个FormatConditions集合，然后调用该集合的Add方法为指定的数据区域添加一个日期条件格式，最后根据此条件格式找出并以指定格式突出显示这些数据。操作步骤如下：

01 打开Excel工作簿，启动VBE环境，选择“插入→模块”菜单命令，创建“模块1”，在打开的代码编辑窗口中输入如下代码：

```
Public Sub 突出显示昨日、今日、明日数据1()
    Dim myRange As Range
```

```
    Set myRange = ActiveSheet.Range("A1:C14")          '指定数据区域
    With myRange
        .FormatConditions.Delete                       '清除已有条件格式
        '已添加昨日日期的条件格式
        .FormatConditions.Add Type:=xlTimePeriod, DateOperator:=xlYesterday
        With .FormatConditions(1).Font
            .Bold = True                               '设置字体为加粗
            .Color = vbRed                             '设置字体颜色为红色
        End With
    End With
    Set myRange = Nothing
End Sub
```

02 按F5键运行代码后即可标记出A列中是昨天的值班日期，如图13-40所示。

	A	B	C	D
1	日期	值班人	部门	
2	2021/10/19	王婷婷	财务部	
3	2021/10/20	张强	财务部	
4	2021/11/6	李东南	财务部	
5	2021/11/7	刘倩	行政部	
6	**2021/11/8**	李晓	行政部	
7	2021/11/9	王辉	设计部	
8	2021/11/10	李晓楠	设计部	
9	2021/11/11	王慧	财务部	
10	2021/11/12	李芸芸	行政部	
11	2021/11/13	周楠	财务部	
12	2021/11/14	缪云	设计部	
13	2021/11/15	王婷婷	财务部	
14	2021/11/16	李红	财务部	

图13-40

03 继续在窗口中输入第二段代码。

```
Public Sub 突出显示昨日、今日、明日数据2()
    Dim myRange As Range
    Set myRange = ActiveSheet.Range("A1:C14")      '指定数据区域
    With myRange
        .FormatConditions.Delete                   '清除已有条件格式
        '已添加今日日期的条件格式
        .FormatConditions.Add Type:=xlTimePeriod, DateOperator:=xlToday
        With .FormatConditions(1).Font
            .Bold = True                           '设置字体为加粗
            .Color = vbRed                         '设置字体颜色为红色
        End With
    End With
    Set myRange = Nothing
End Sub
```

04 按F5键运行代码后即可标记出A列中今天的值班日期，如图13-41所示。

05 继续在窗口中输入第三段代码。

```
Public Sub 突出显示昨日、今日、明日数据3()
    Dim myRange As Range
    Set myRange = ActiveSheet.Range("A1:C14")          '指定数据区域
    With myRange
        .FormatConditions.Delete                       '清除已有条件格式
        '已添加明日日期的条件格式
        .FormatConditions.Add Type:=xlTimePeriod, DateOperator:=xlTomorrow
        With .FormatConditions(1).Font
            .Bold = True                               '设置字体为加粗
            .Color = vbRed                             '设置字体颜色为红色
        End With
    End With
    Set myRange = Nothing
End Sub
```

06 按F5键运行代码后即可标记出A列中是明天的值班日期，如图13-42所示。

	A	B	C	D	E
1	日期	值班人	部门		
2	2021/10/19	王婷婷	财务部		
3	2021/10/20	张强	财务部		
4	2021/11/6	李东南	财务部		
5	2021/11/7	刘倩	行政部		
6	2021/11/8	李晓	行政部		
7	2021/11/9	王辉	设计部		
8	2021/11/10	李晓楠	设计部		
9	2021/11/11	王慧	财务部		
10	2021/11/12	李芸芸	行政部		
11	2021/11/13	周楠	财务部		
12	2021/11/14	缪云	设计部		
13	2021/11/15	王婷婷	财务部		
14	2021/11/16	李红	财务部		

图13-41

	A	B	C	D
1	日期	值班人	部门	
2	2021/10/19	王婷婷	财务部	
3	2021/10/20	张强	财务部	
4	2021/11/6	李东南	财务部	
5	2021/11/7	刘倩	行政部	
6	2021/11/8	李晓	行政部	
7	2021/11/9	王辉	设计部	
8	2021/11/10	李晓楠	设计部	
9	2021/11/11	王慧	财务部	
10	2021/11/12	李芸芸	行政部	
11	2021/11/13	周楠	财务部	
12	2021/11/14	缪云	设计部	
13	2021/11/15	王婷婷	财务部	
14	2021/11/16	李红	财务部	

图13-42

13.4.8 突出显示上周、本周、下周数据

本例统计了各部门值班人员的值班日期，下面需要分别以指定特殊格式突出显示上周、本周、下周的值班数据。操作步骤如下：

01 打开Excel工作簿，启动VBE环境，选择“插入→模块”菜单命令，创建“模块1”，在打开的代码编辑窗口中输入如下代码：

```
Public Sub 突出显示上周、本周、下周数据1()
    Dim myRange As Range
    Set myRange = ActiveSheet.Range("A2:C14")          '指定数据区域
    With myRange
        .FormatConditions.Delete                       '清除已有条件格式
        '已添加上周日期的条件格式
        .FormatConditions.Add Type:=xlTimePeriod, DateOperator:=xlLastWeek
        With .FormatConditions(1).Font
            .Bold = True                               '设置字体为加粗
```

```
            .Color = vbRed                                  '设置字体颜色为红色
        End With
    End With
    Set myRange = Nothing
End Sub
```

02 按F5键运行代码后即可标记出上周的所有值班日期，如图13-43所示。

	A	B	C	D
1	日期	值班人	部门	
2	2021/10/19	王婷婷	财务部	
3	2021/10/20	张强	财务部	
4	2021/11/6	李东南	财务部	
5	2021/11/7	刘倩	行政部	
6	2021/11/8	李晓	行政部	
7	2021/11/9	王辉	设计部	
8	2021/11/10	李晓楠	设计部	
9	2021/11/11	王慧	财务部	
10	2021/11/12	李芸芸	行政部	
11	2021/11/13	周楠	财务部	
12	2021/11/14	缪云	设计部	
13	2021/11/15	王婷婷	财务部	
14	2021/11/16	李红	财务部	

图13-43

03 继续输入第二段代码。

```
Public Sub 突出显示上周、本周、下周数据2()
    Dim myRange As Range
    Set myRange = ActiveSheet.Range ("A2:C14")           '指定数据区域
    With myRange
        .FormatConditions.Delete                           '清除已有条件格式
        '已添加本周日期的条件格式
        .FormatConditions.Add Type:=xlTimePeriod, DateOperator:=xlThisWeek
        With .FormatConditions(1).Font
            .Bold = True                                   '设置字体为加粗
            .Color = vbRed                                 '设置字体颜色为红色
        End With
    End With
    Set myRange = Nothing
End Sub
```

04 按F5键运行代码后即可标记出本周的所有值班日期，如图13-44所示。

05 继续输入第三段代码。

```
Public Sub 突出显示上周、本周、下周数据3()
    Dim myRange As Range
    Set myRange = ActiveSheet.Range("A2:C14")            '指定数据区域
    With myRange
        .FormatConditions.Delete                           '清除已有条件格式
        '已添加下周日期的条件格式
        .FormatConditions.Add Type:=xlTimePeriod, DateOperator:=xlNextWeek
        With .FormatConditions(1).Font
```

```
            .Bold = True                                    '设置字体为加粗
            .Color = vbRed                                  '设置字体为红色
        End With
    End With
    Set myRange = Nothing
End Sub
```

06 按F5键运行代码后即可标记出下周的所有值班日期，如图13-45所示。

	A	B	C	D
1	日期	值班人	部门	
2	2021/10/19	王婷婷	财务部	
3	2021/10/20	张强	财务部	
4	2021/11/6	李东南	财务部	
5	2021/11/7	刘倩	行政部	
6	2021/11/8	李晓	行政部	
7	2021/11/9	王辉	设计部	
8	2021/11/10	李晓楠	设计部	
9	2021/11/11	王慧	财务部	
10	2021/11/12	李芸芸	行政部	
11	2021/11/13	周楠	财务部	
12	2021/11/14	缪云	设计部	
13	2021/11/15	王婷婷	财务部	
14	2021/11/16	李红	财务部	

图13-44

	A	B	C	D
1	日期	值班人	部门	
2	2021/10/19	王婷婷	财务部	
3	2021/10/20	张强	财务部	
4	2021/11/6	李东南	财务部	
5	2021/11/7	刘倩	行政部	
6	2021/11/8	李晓	行政部	
7	2021/11/9	王辉	设计部	
8	2021/11/10	李晓楠	设计部	
9	2021/11/11	王慧	财务部	
10	2021/11/12	李芸芸	行政部	
11	2021/11/13	周楠	财务部	
12	2021/11/14	缪云	设计部	
13	2021/11/15	王婷婷	财务部	
14	2021/11/16	李红	财务部	

图13-45

13.4.9 突出显示上月、本月、下月数据

本例统计了各部门值班人员的值班日期，下面需要分别以指定特殊格式突出显示上月、本月、下月的值班数据。操作步骤如下：

01 打开Excel工作簿，启动VBE环境，选择“插入→模块”菜单命令，创建“模块1”，在打开的代码编辑窗口中输入如下代码：

```
Public Sub 突出显示上月、本月、下月数据1()
    Dim myRange As Range
    Set myRange = ActiveSheet.Range("A2:C14")          '指定数据区域
    With myRange
        .FormatConditions.Delete                        '清除已有条件格式
        '已添加上月日期的条件格式
        .FormatConditions.Add Type:=xlTimePeriod, DateOperator:=xlLastMonth
        With .FormatConditions(1).Font
            .Bold = True                                '设置字体为加粗
            .Color = vbRed                              '设置字体颜色为红色
        End With
    End With
    Set myRange = Nothing
End Sub
```

02 按F5键运行代码后即可标记出上月的所有值班日期，如图13-46所示。

	A	B	C	D
1	日期	值班人	部门	
2	2021/10/19	王婷婷	财务部	
3	2021/10/20	张强	财务部	
4	2021/11/6	李东南	财务部	
5	2021/11/7	刘倩	行政部	
6	2021/11/8	李晓	行政部	
7	2021/11/9	王辉	设计部	
8	2021/11/10	李晓楠	设计部	
9	2021/11/11	王慧	财务部	
10	2021/11/12	李芸芸	行政部	
11	2021/11/13	周楠	财务部	
12	2021/11/14	缪云	设计部	
13	2021/12/6	王婷婷	财务部	
14	2021/12/15	李红	财务部	

图13-46

03 继续输入第二段代码。

```
Public Sub 突出显示上月、本月、下月数据2()
    Dim myRange As Range
    Set myRange = ActiveSheet.Range("A2:C14")          '指定数据区域
    With myRange
        .FormatConditions.Delete                       '清除已有条件格式
        '已添加本月日期的条件格式
        .FormatConditions.Add Type:=xlTimePeriod, DateOperator:=xlThisMonth
        With .FormatConditions(1).Font
            .Bold = True                               '设置字体为加粗
            .Color = vbRed                             '设置字体颜色为红色
        End With
    End With
    Set myRange = Nothing
End Sub
```

04 按F5键运行代码后即可标记出本月的所有值班日期，如图13-47所示。

	A	B	C	D	E
1	日期	值班人	部门		
2	2021/10/19	王婷婷	财务部		
3	2021/10/20	张强	财务部		
4	2021/11/6	李东南	财务部		
5	2021/11/7	刘倩	行政部		
6	2021/11/8	李晓	行政部		
7	2021/11/9	王辉	设计部		
8	2021/11/10	李晓楠	设计部		
9	2021/11/11	王慧	财务部		
10	2021/11/12	李芸芸	行政部		
11	2021/11/13	周楠	财务部		
12	2021/11/14	缪云	设计部		
13	2021/12/6	王婷婷	财务部		
14	2021/12/15	李红	财务部		

图13-47

05 继续输入第三段代码。

```
Public Sub 突出显示上月、本月、下月数据3()
    Dim myRange As Range
    Set myRange = ActiveSheet.Range("A2:C14")    '指定数据区域
```

```
    With myRange
        .FormatConditions.Delete                        '清除已有条件格式
        '已添加下月日期的条件格式
        .FormatConditions.Add Type:=xlTimePeriod, DateOperator:=xlNextMonth
        With .FormatConditions(1).Font
            .Bold = True                                '设置字体为加粗
            .Color = vbRed                              '设置字体颜色为红色
        End With
    End With
    Set myRange = Nothing
End Sub
```

06 按F5键运行代码后即可标记出下月的所有值班日期，如图13-48所示。

	A	B	C	D	E
1	日期	值班人	部门		
2	2021/10/19	王婷婷	财务部		
3	2021/10/20	张强	财务部		
4	2021/11/6	李东南	财务部		
5	2021/11/7	刘倩	行政部		
6	2021/11/8	李晓	行政部		
7	2021/11/9	王辉	设计部		
8	2021/11/10	李晓楠	设计部		
9	2021/11/11	王慧	财务部		
10	2021/11/12	李芸芸	行政部		
11	2021/11/13	周楠	财务部		
12	2021/11/14	缪云	设计部		
13	2021/12/6	王婷婷	财务部		
14	2021/12/15	李红	财务部		

图13-48

第14章　与其他程序交互使用

Excel VBA不仅可以操作自身的应用程序，还可以操作其他应用程序，如其他Office应用程序（Word/PPT/Access）、XML文件及发送Outlook邮件等。

本章将介绍对上述应用程序进行操作的Excel VBA的相关函数和语句，以及一些实用技巧。

14.1 自动创建产品清单表格

在Excel VBA中可以通过多种方法、函数或者属性来查询符合一个或多个条件的数据，本节将通过几个例子介绍如何进行数据查询。

14.1.1 创建产品采购清单报告

在实际工作过程中，当遇到数据需要在不同组件中交互使用时，通常利用复制/粘贴的方法来实现。如果数据需要调整或有大量数据需要交互使用，则该项工作就较为烦琐了。比如公司的采购部门，每到月底时都需要对不同的供应商进行产品统计（使用Excel工作簿完成），然后根据具体的供应商来创建相应的采购报告及结算通知单，并与对方进行数据核对。此时则可以利用VBA控件控制Word与Excel间的数据交换。操作步骤如下：

01 创建Word报告文档，将光标定位于相应位置（如需要写入公司名称的位置），在“插入”选项卡下的“链接”选项组中单击“书签”按钮，如图14-1所示。

02 打开“书签”对话框后，设置第一个书签名，如图14-2所示。

03 单击“添加”按钮完成书签的设置，继续按照相同的操作步骤分别在其他位置添加指定的书签即可，如图14-3所示。

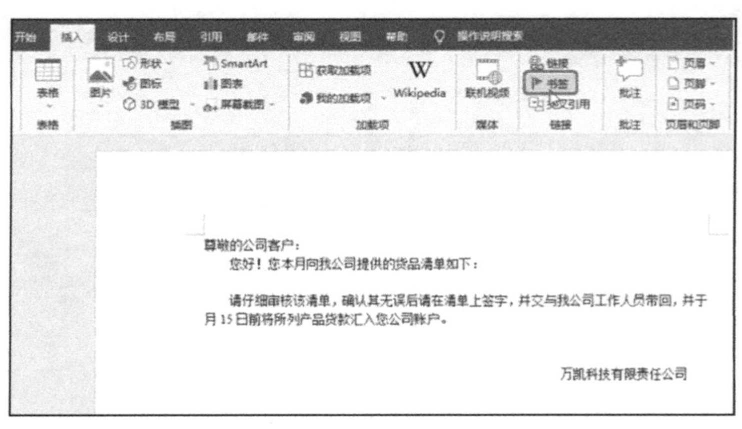

图14-1

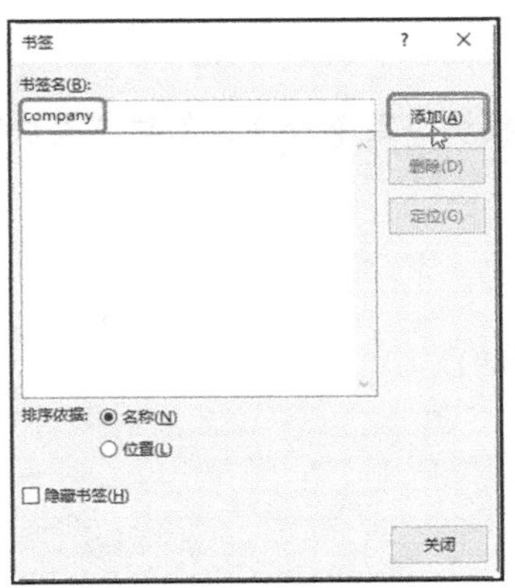

图14-2

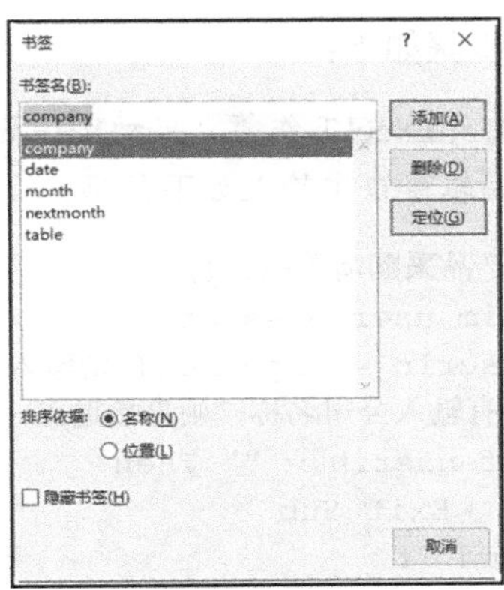

图14-3

04 打开“另存为”对话框，将设置好书签名的Word文档保存为“Word模板”类型并设置文件名即可，如图14-4所示。

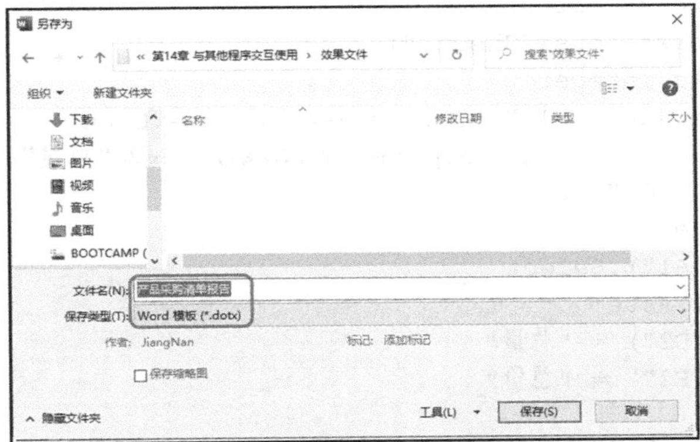

图14-4

14.1.2 自动生成产品清单报告

本例需要设置代码查询生成报告为“诺立”的所有记录，如图14-5所示为事先准备好的Excel产品清单工作表。

	A	B	C	D	E	F	G
1	日期	单据编号	购货单位	产品代码	数量	单价	货品总额
2	2021/11/1	AA2469	诺立	A1419378	91	32	2912
3	2021/11/2	AA2470	通恒机械	A1833328	3	73	219
4	2021/11/3	AA2471	森通	A1165062	3	10.36	31.08
5	2021/11/4	AA2472	国皓	A1709532	69	43	2967
6	2021/11/5	AA2473	迈多贸易	A1880582	37	43	1591
7	2021/11/6	AA2474	祥通	A1268176	23	43	989
8	2021/11/7	AA2473	诺立	A1835824	68	14	952
9	2021/11/8	AA2474	光明杂志	A1266888	34	43	1462
10	2021/11/9	AA2475	威航货运有限公司	A1608075	46	43	1978
11	2021/11/10	AA2476	三捷实业	A1703533	35	73	2555
12	2021/11/11	AA2477	浩天旅行社	A1370076	21	10.36	217.56
13	2021/11/12	AA2478	国顶有限公司	A1159690	97	43	4171
14	2021/11/13	AA2479	通恒机械	A1975471	66	43	2838
15	2021/11/14	AA2480	森通	A1742695	85	43	3655
16	2021/11/15	AA2481	国皓	A1354149	58	43	2494
17	2021/11/16	AA2482	迈多贸易	A1722548	22	43	946
18	2021/11/17	AA2483	祥通	A1175580	37	43	1591
19	2021/11/18	AA2473	诺立	A1217890	4	26	104
20	2021/11/19	AA2474	光明杂志	A1021157	50	43	2150
21	2021/11/20	AA2475	威航货运有限公司	A1934498	19	43	817
22	2021/11/21	AA2476	三捷实业	A1266505	23	43	989

图14-5

操作步骤如下：

01 打开Excel工作簿，启动VBE环境，选择“插入→模块”菜单命令，创建“模块1”，在打开的代码编辑窗口中输入如下代码：

```
Sub 产品采购清单报告()
    Dim userin As String
    userin = InputBox("请输入要生成报告的公司名称")
'若没有输入公司名称，则直接退出
    If userin = "" Then
       Exit Sub
    End If

    Dim temp As Worksheet
    Set temp = Worksheets.Add
    temp.Name = "temp"    '创建一个名为temp的工作表

    Dim aim As Worksheet
    Set aim = Worksheets("Sheet1")
    Dim rownum As Integer
    rownum = aim.Range("A2").CurrentRegion.Rows.Count
'将Sheet1中的A1:G1标题行复制到temp表中，并在D2单元格写入“总量”，在F2单元格写入“总价”
    aim.Range("A1:G1").Copy
    temp.Activate
    temp.Range("A1").Select
    ActiveSheet.Paste
    temp.Range("D2") = "总量"
    temp.Range("F2") = "总价"

    Dim index As Integer
    index = 2
    For i = 2 To rownum
'在Sheet1表整体数据区域的第3列中，依次判断相应的值是否为需要的公司名称，若是，则将数据进行复制
       If aim.Cells(i, 3) = userin Then
          aim.Rows(i).Copy
          temp.Rows(index).Insert Shift:=xlShiftDown
          index = index + 1
       End If
    Next i

    Dim totalnum As Single
    Dim totalprice As Single
    totalnum = 0
    totalprice = 0
    For i = 2 To index - 1
       totalnum = totalnum + CSng(temp.Cells(i, 5))
       totalprice = totalprice + CSng(temp.Cells(i, 7))
    Next i
'在temp工作表中计算总量与总价的值
```

```
    temp.Cells(index, 5) = totalnum
    temp.Cells(index, 7) = totalprice
    With temp
        .Range(.Cells(1, 1), .Cells(index - 1, 7)).Columns.AutoFit  '自动调整
列宽
    End With

    Dim myword As Object
    Set myword = CreateObject("Word.Application")     '创建Word调用

    With myword
'以"产品采购清单报告"模板创建相应的Word文档
        Dim mydoc As Object
        Set mydoc = .Documents.Add(Template:=ThisWorkbook.Path & "\" & "产品
采购清单报告.dotx", Visible:=True)
'指定在Word中的书签与Excel数据的对应关系
        With .Selection
        .GoTo What:=wdGoToBookmark, Name:="company"
        .TypeText Text:=userin

        .GoTo What:=wdGoToBookmark, Name:="month"
        .TypeText Text:=CStr(11)

        .GoTo What:=wdGoToBookmark, Name:="table"
'指定数据表对应（将Excel中的ABC数据区复制过来）
        temp.Range(temp.Cells(1, 1), temp.Cells(index, 7)).Copy
        .TypeText Text:=vbTab
        .PasteExcelTable False, False, False
'指定下月数值
        .GoTo What:=wdGoToBookmark, Name:="nextmonth"
        .TypeText Text:=CStr(12)
'指定日期值
        .GoTo What:=wdGoToBookmark, Name:="date"
        .TypeText Text:=CStr(Date)
        End With
'指定文档另存位置及名称
        mydoc.SaveAs ThisWorkbook.Path & "\" & userin & ".doc", wdFormatDocument
'关闭文档
        mydoc.Close
    End With
    MsgBox "生成报告成功!"
    Application.DisplayAlerts = False
'删除临时生成的temp工作表
    temp.Delete
    Set myword = Nothing
End Sub
```

02 代码输入完毕后，再双击工程资源管理器中的ThisWorkbook，定义工作簿打开事件，输入如下代码。

```
Private Sub Workbook_Open()
产品采购清单报告
End Sub
```

03 保存并关闭工作簿后，再重新打开，会自动弹出消息框，在文本框内输入需要生成Word报告的公司名称，如图14-6所示。

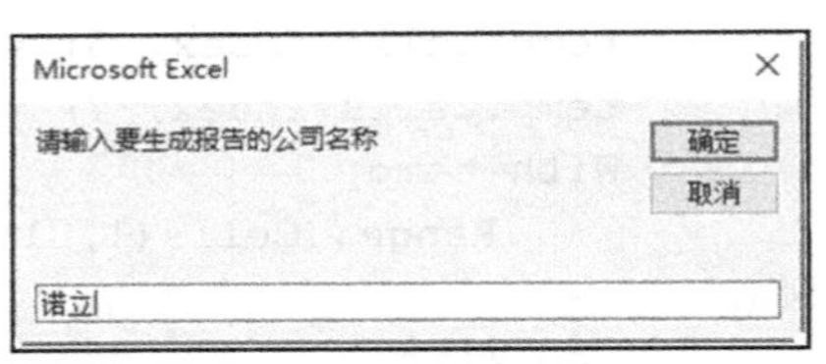

图14-6

04 单击“确定”按钮，即可创建统计“诺立”公司采购信息的temp工作表，并同时弹出“生成报告成功！”消息提示框，如图14-7所示。

	A	B	C	D	E	F	G
1	日期	单据编号	购货单位	产品代码	数量	单价	货品总额
2	2021/11/1	AA2469	诺立	A1419378	91	32	2912
3	2021/11/7	AA2473	诺立	A1835824	68	14	952
4	2021/11/18	AA2473	诺立	A1217890	4	26	104
5	2021/11/29	AA2418	诺立	A1998034	7	43	301
6				总量	170	总价	4269

Microsoft Excel
生成报告成功!
确定

图14-7

05 单击“确定”按钮，即删除临时生成的temp工作表。打开当前工作簿所在文件夹，即可看到创建的Word报告，双击打开该Word报告，即可得到“诺立”公司的采购信息，如图14-8所示。

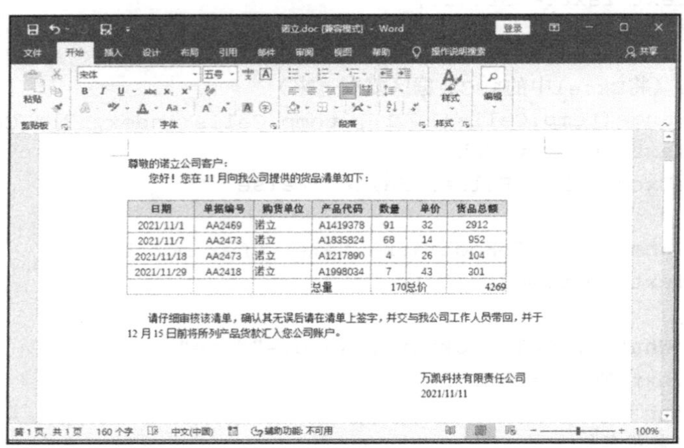

尊敬的诺立公司客户：

您好！您在11月向我公司提供的货品清单如下：

日期	单据编号	购货单位	产品代码	数量	单价	货品总额
2021/11/1	AA2469	诺立	A1419378	91	32	2912
2021/11/7	AA2473	诺立	A1835824	68	14	952
2021/11/18	AA2473	诺立	A1217890	4	26	104
2021/11/29	AA2418	诺立	A1998034	7	43	301
			总量	170	总价	4269

请仔细审核该清单，确认其无误后请在清单上签字，并交与我公司工作人员带回，并于12月15日前将所列产品货款汇入您公司账户。

万凯科技有限责任公司

2021/11/11

图14-8

14.2 与Access进行数据交换

当Excel表格中数据过于庞大时，会消耗大量的系统资源，为便于使用和管理，将数据存放于数据库中，用户可以通过VBA中的ADO（ActiveX Data Objects，动态数据对象）方式实现Excel与数据库间的数据关联。

通常将有关数据库连接操作的功能称为ADO。在Excel VBA中利用ADO进行数据库操作与控制是比较简单的，主要需要3个过程：数据链接、操作或控制命令执行和处理执行结果。

由于销售人员工作安排问题，经常需要对新来的销售人员进行客户分配。而每次都要向销售人员介绍其所负责销售地区的客户，非常浪费时间。现在可以通过利用VBA中的ADO方式将Access中的客户资料导入Excel中。

14.2.1 读取数据库信息

操作步骤如下：

01 现有客户资料数据库为如图14-9所示的Access文件，存放着公司所有客户的详细资料（表中信息为虚拟）。

供应商

供应商I	公司名称	联系人姓名	联系人职务	地址	城市	地区	邮政编码	国家	电话	传真
1	佳佳乐	陈小姐	采购经理	西直门大街 110 号	北京	华北	100023	中国	(010) 65552222	
2	康富食品	黄小姐	订购主管	幸福大街 290 号	北京	华北	170117	中国	(010) 65554822	
3	妙生	胡先生	销售代表	南京路 23 号	上海	华东	248104	中国	(021) 85555735	(021) 85553349
4	为全	王先生	市场经理	永定路 342 号	北京	华北	100045	中国	(020) 65555011	
5	日正	李先生	出口主管	体育场东街 34 号	北京	华北	133007	中国	(010) 65987654	
6	德昌	刘先生	市场代表	学院北路 67 号	北京	华北	100545	中国	(010) 431-7877	
7	正一	方先生	市场经理	高邮路 115 号	上海	华东	203058	中国	(021) 444-2343	(021) 84446588
8	康堡	刘先生	销售代表	西城区灵镜胡同 310 号	北京	华北	100872	中国	(010) 555-4448	
9	菊花	谢小姐	销售代理	青年路 90 号	沈阳	东北	534567	中国	(031) 9876543	(031) 9876591
10	金美	王先生	市场经理	玉泉路 12 号	北京	华北	105442	中国	(010) 65554640	
11	小当	徐先生	销售经理	新华路 78 号	天津	华北	307853	中国	(020) 99845103	
12	义美	李先生	国际市场经理	石景山路 51 号	北京	华北	160439	中国	(010) 89927556	
13	东海	林小姐	外国市场协调员	北辰路 112 号	北京	华北	127478	中国	(010) 87134595	(010) 87146743
14	福满多	林小姐	销售代表	前进路 234 号	福州	华南	848100	中国	(0544) 5603237	(0544) 56060338
15	德级	锺小姐	市场经理	东直门大街 500 号	北京	华北	101320	中国	(010) 82953010	
16	力锦	刘先生	地区结算代表	北新桥 98 号	北京	华北	109710	中国	(010) 85559931	
17	小坊	方先生	销售代表	机场路 456 号	广州	华南	051234	中国	(020) 81234567	
18	成记	刘先生	销售经理	体育场西街 203 号	北京	华北	175004	中国	(010) 63830068	(010) 63830062
19	普三	李先生	批发结算代表	太平桥 489 号	北京	华北	102134	中国	(010) 65553267	(010) 65553389
20	康美	刘先生	物主	阜外大街 402 号	北京	华北	100512	中国	(010) 65558787	
21	日通	方先生	销售经理	团结新村 235 号	重庆	西南	232800	中国	(0322)43844108	(0322) 43844115
22	顺成	刘先生	结算经理	阜成路 387 号	北京	华北	109999	中国	(010) 61212258	(010) 61210945
23	利利	谢小姐	产品经理	复兴路 287 号	北京	华北	105312	中国	(010) 81095687	
24	涵合	王先生	销售代表	前门大街 170 号	北京	华北	102042	中国	(010) 65555914	(010) 65554873
25	佳佳	徐先生	市场经理	五一路 296 号	成都	西南	761322	中国	(0514) 75559022	
26	宏仁	李先生	订购主管	东直门大街 153 号	北京	华北	184100	中国	(010) 65476654	(010) 65476676
27	大钰	林小姐	销售经理	正定路 178 号	济南	华东	671300	中国	(0623) 85570007	
28	玉成	林小姐	销售代表	北四环路 115 号	北京	华北	174000	中国	(010) 18769806	(010) 13879858
29	百达	锺小姐	结算经理	金陵路 148 号	南京	华东	987834	中国	(0514) 55552955	(0514) 55552921

图14-9

02 新建Excel 工作簿，进入VBE环境，选择“工具→引用”菜单命令，打开“引用－VBAProject”对话框，在“可使用的引用”列表框中选中Microsoft ActiveX Data Objects 2.8 Library复选框（见图14-10），然后单击“确定”按钮，在系统中创建ADO连接。

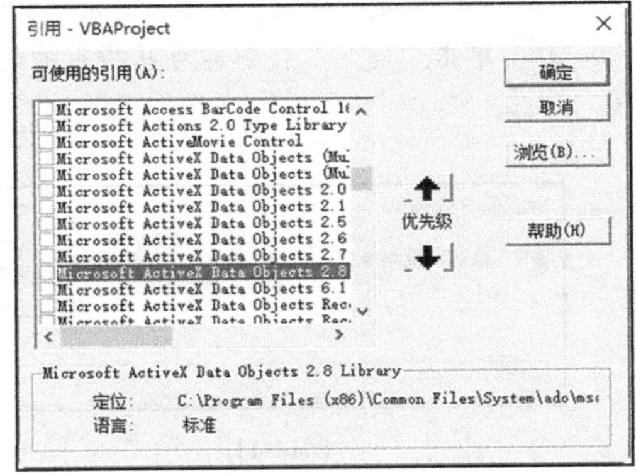

图14-10

03 启动VBE环境，选择“插入→模块”菜单命令，在插入的“模块1”代码编辑窗口中输入读取数据库信息的代码，代码如下：

```
Sub 读取数据库信息()
Dim str As String
str = InputBox("请输入您所负责的销售地区")
'对Sheet1工作中A1至C1指定相应的标题名字
    With Worksheets("Sheet1")
        .Cells(1, 1) = "公司名称"
        .Cells(1, 2) = "联系人姓名"
```

```
        .Cells(1, 3) = "电话"
    End With
'创建数据库链接，数据库文件位于当前工作簿所在文件夹中，名为Northwind.mdb
    Set mycon = New ADODB.Connection
    Dim constr As String
    constr = "Provider=Microsoft.Jet.OLEDB.4.0;Data Source=" _
        + "D:\VBA实例2021版本\数据源\14\效果文件\与Access进行数据交换.mdb"
    mycon.ConnectionString = constr
    Set mycmd = New ADODB.Command
    mycon.Open
    mycmd.ActiveConnection = mycon
    mycmd.CommandText = "Select * From 供应商  Where 地区='" & str & "'"
    '以用户指定地区名称进行数据查询
    Dim result As ADODB.Recordset
    Set result = mycmd.Execute()

    Dim index As Integer
    index = 2
    Do While Not result.EOF
        With Worksheets("Sheet1")
        .Cells(index, 1) = result.Fields("公司名称").Value
        .Cells(index, 2) = result.Fields("联系人姓名").Value
        .Cells(index, 3) = result.Fields("电话").Value
        End With
'将查询结果逐项写入工作表中
        index = index + 1
        result.MoveNext
    Loop
        mycon.Close     '关闭数据库链接
End Sub
```

04 按F5键运行代码，在弹出的消息框中输入销售地区名称（比如“华东”），如图14-11所示。

05 单击“确定”按钮即可从指定的数据库中读取华东地区的供应商信息，如图14-12所示。

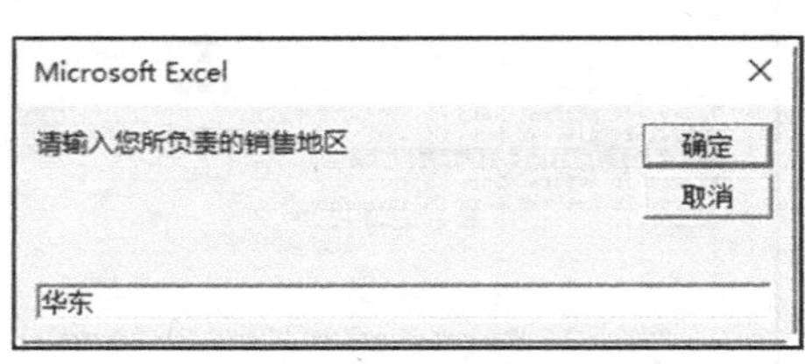

图14-11

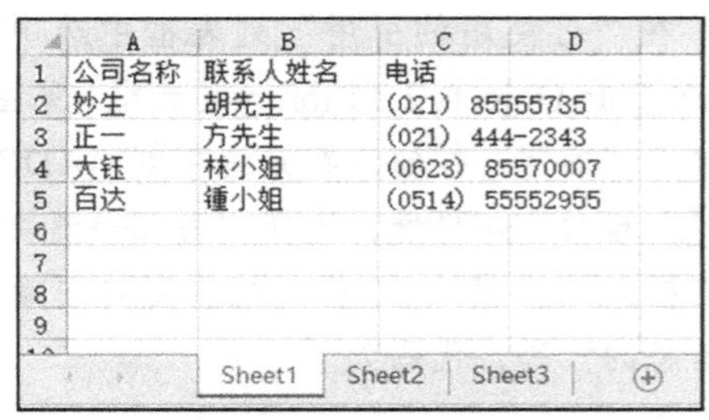

	A	B	C	D
1	公司名称	联系人姓名	电话	
2	妙生	胡先生	(021) 85555735	
3	正一	方先生	(021) 444-2343	
4	大钰	林小姐	(0623) 85570007	
5	百达	锺小姐	(0514) 55552955	

Sheet1 Sheet2 Sheet3

图14-12

14.2.2 写入客户信息

通过从数据库中读取特定信息，可以完成对客户资料的查询。在实际工作中，有时也需要添加新的客户信息。操作步骤如下：

01 在Sheet2工作表中输入各项列标题（与数据库中字段名尽可能保持一致），并输入需要写入数据库的客户信息，如图14-13所示。

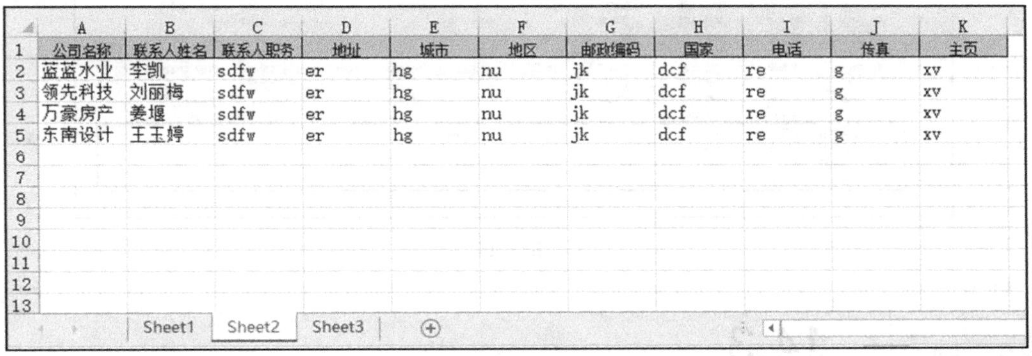

	A	B	C	D	E	F	G	H	I	J	K
1	公司名称	联系人姓名	联系人职务	地址	城市	地区	邮政编码	国家	电话	传真	主页
2	蓝蓝水业	李凯	sdfw	er	hg	nu	jk	dcf	re	g	xv
3	领先科技	刘丽梅	sdfw	er	hg	nu	jk	dcf	re	g	xv
4	万豪房产	姜堰	sdfw	er	hg	nu	jk	dcf	re	g	xv
5	东南设计	王玉婷	sdfw	er	hg	nu	jk	dcf	re	g	xv
6											
7											
8											
9											
10											
11											
12											
13											

Sheet1　Sheet2　Sheet3

图14-13

02 启动VBE环境，选择“插入→模块”菜单命令，在插入的“模块2”代码编辑窗口中输入用于写入客户信息的代码，代码如下：

```
Sub 写入客户信息()
Dim rs As Long
rs = Worksheets("Sheet2").Range("B1048576").End(xlUp).Row
   Dim result As ADODB.Recordset
    Set mycon = New ADODB.Connection
    Dim constr As String
    constr = "Provider=Microsoft.Jet.OLEDB.4.0;Data Source=" _
        + "D:\VBA实例2021版本\数据源\14\效果文件\与Access进行数据交换.mdb"
    mycon.ConnectionString = constr
    Set mycmd = New ADODB.Command
      mycon.Open
  For i = 2 To rs
    mycmd.ActiveConnection = mycon
    mycmd.CommandText = "Insert into 供应商(公司名称,联系人姓名,联系人职务,地址,城市,地区,邮政编码,国家,电话,传真,主页)" _
        & " Values ('" & Cells(i, 1) & "', '" & Cells(i, 2) & "',  '" & Cells(i, 3) & "',  '" & Cells(i, 4) _
        & "',  '" & Cells(i, 5) & " ' , '" & Cells(i, 6) & " ',  '" & Cells(i, 7) & "',  '" & Cells(i, 8) _
        & "', '" & Cells(i, 9) & "' , '" & Cells(i, 9) & "' ,  '" & Cells(i, 10) & " ')"
        Set result = mycmd.Execute()
            Next
      mycon.Close
End Sub
```

03 按F5键运行代码，即可将指定的客户信息写入数据库中。

04 打开数据库文件，即可看到写入的客户信息，如图14-14所示。

供应商

供应商I	公司名	联系人姓	联系人职务	地址	城	地	邮政编	国	电话	传真	主页
19	普三	李先生	批发结算代表	太平桥 489 号	北京	华北	102134	中国	(010) 65553267	(010) 65553389	
20	康美	刘先生	物主	阜外大街 402 号	北京	华北	100512	中国	(010) 65558787		
21	日通	方先生	销售经理	团结新村 235 号	重庆	西南	232800	中国	(0322)43844108	(0322) 43844115	
22	顺成	刘先生	结算经理	阜成路 387 号	北京	华北	109999	中国	(010) 61212258	(010) 61210945	
23	利利	谢小姐	产品经理	复兴路 287 号	北京	华北	105312	中国	(010) 81095687		
24	涵合	王先生	销售代表	前门大街 170 号	北京	华北	102042	中国	(010) 65555914	(010) 65554873	
25	佳佳	徐先生	市场经理	五一路 296 号	成都	西南	761322	中国	(0514) 75559022		
26	宏仁	李先生	订购主管	东直门大街 153 号	北京	华北	184100	中国	(010) 65476654	(010) 65476676	
27	大钰	林小姐	销售经理	正定路 178 号	济南	华东	671300	中国	(0623) 85570007		
28	玉成	林小姐	销售代表	北四环路 115 号	北京	华北	174000	中国	(010) 18769806	(010) 13879858	
29	百达	锺小姐	结算经理	金陵路 148 号	南京	华东	987834	中国	(0514) 55552955	(0514) 55552921	
142	蓝蓝水业	李飘	sdfw	er	hg	nu	jk	dcf	re	re	g
143	领先科技	刘丽梅	sdfw	er	hg	nu	jk	dcf	re	re	g
144	万嘉房产	美堰	sdfw	er	hg	nu	jk	dcf	re	re	g
145	东南设计	王玉婷	sdfw	er	hg	nu	jk	dcf	re	re	g
(新建)											

图14-14

14.3 在PPT中应用Excel图表

在工作中经常会遇到这样一种情况，即在一个Excel工作簿中通过对数据的不同分析，生成了多个图表，而且需要将这些图表转移到演讲使用的PowerPoint演示文稿中。最传统且常用的方法是利用大量的复制与粘贴操作来完成图表的转换。但是这种操作方式工作量很大，此时利用VBA对PowerPoint对象进行控制，即可非常轻松地将Excel中的图表转移到PowerPoint文稿中。

14.3.1 创建 PowerPoint 模板

本例中需要将表格中的图表导入PowerPoint中使用，并自动创建封面和具体内容的演示文稿。首先需要设计幻灯片页面并将其保存为模板。操作步骤如下：

01 创建PowerPoint演示文稿，进行相应的效果设计，如图14-15所示。

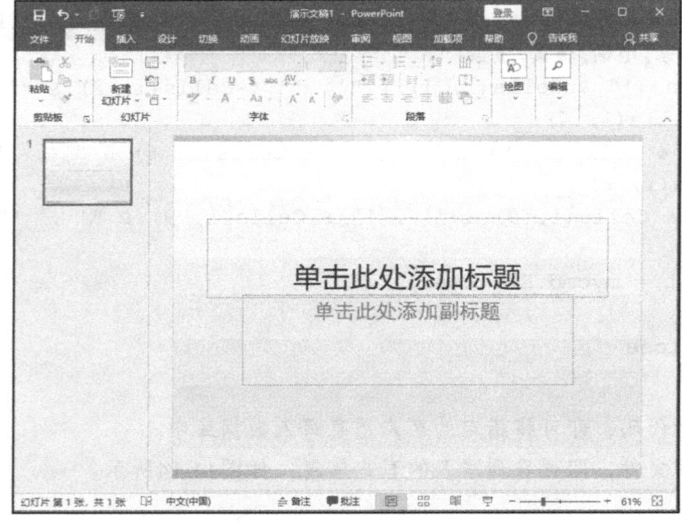

图14-15

02 单击“文件→另存为”菜单命令，在弹出的“另存为”对话框中把文件类型设置为“PowerPoint模板”，再设置文件的保存路径和名称，如图14-16所示。

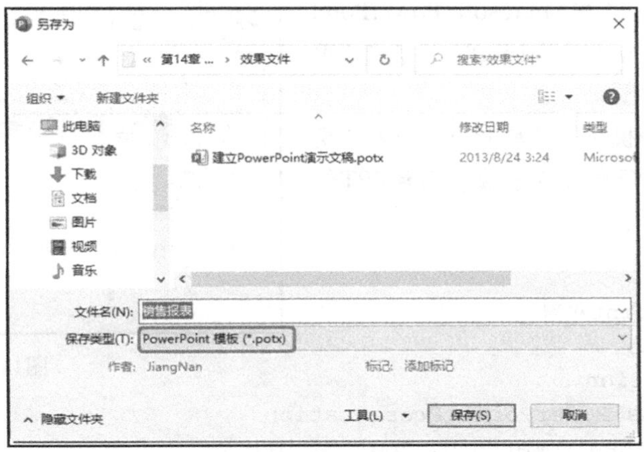

图14-16

14.3.2 在 PowerPoint 中应用图表

下面需要将Excel表格中的图表导入PowerPoint中使用。操作步骤如下：

01 打开含有图表的Excel工作簿，如图14-17所示。

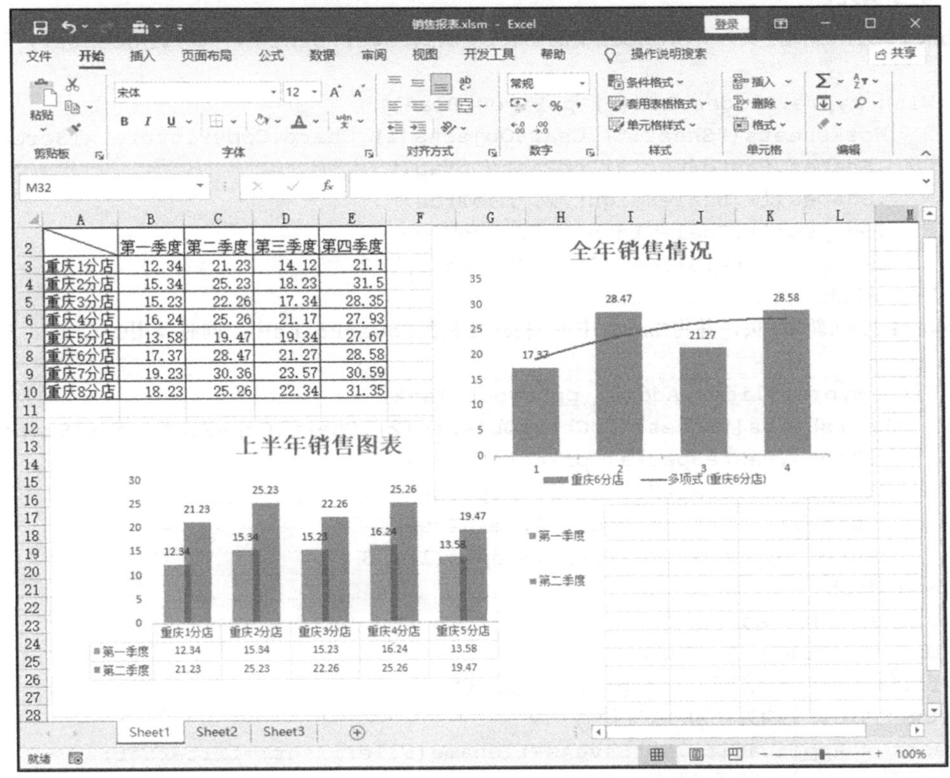

图14-17

02 启动VBE环境，选择“工具→引用”菜单命令，打开“引用－VBAProject”对话框，在“可使用的引用”列表框中选中Microsoft PowerPoint 16.0 Object Library复选框（见图14-18），单击“确定”按钮，即可完成设置。

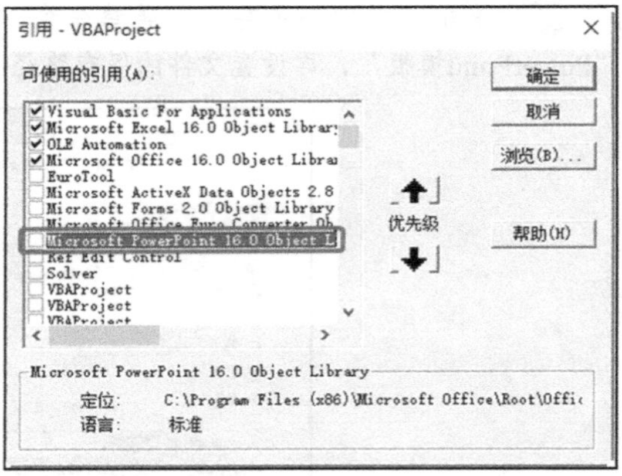

图14-18

03 选择“插入→模块”菜单命令，插入“模块1”，在打开的代码编辑窗口中输入创建PPT幻灯片的代码，代码如下：

```
Sub 创建幻灯片()
    '定义PowerPoint对象
    Dim myppt As PowerPoint.Application
    Dim mypre As PowerPoint.Presentation
    Set myppt = New PowerPoint.Application
    Set mypre = myppt.Presentations.Add (msoFalse)
'指定创建文稿的模板文件
mypre.ApplyTemplate Filename:= ThisWorkbook.Path & "\销售报表.potx"
'创建PowerPoint文稿第1页，版式为“标题版式”
    With mypre.Slides.Add(1, ppLayoutTitle)
        .Shapes(1).TextFrame.TextRange.Text = "销售报告"
        .Shapes(2).TextFrame.TextRange.Text = CStr(Date)
    End With
'PowerPoint新增1页，并将Excel中的图表1复制到PowerPoint中，同时调用Center，对齐图表位置
    With mypre.Slides.Add(2, ppLayoutBlank)
        Worksheets("Sheet1").ChartObjects(1).Chart.CopyPicture xlScreen
        .Shapes.PasteSpecial ppPasteDefault
        .Shapes(1).ScaleHeight 2, msoTrue
        .Shapes(1).ScaleWidth 1.8, msoTrue
        Center mypre.Slides(2), .Shapes(1), 3
    End With
'PowerPoint新增1页，并将Excel中的图表2复制到PowerPoint中，同时调用Center，对齐图表位置
    With mypre.Slides.Add(3, ppLayoutBlank)
        Worksheets("Sheet1").ChartObjects(2).Chart.CopyPicture xlScreen
        .Shapes.PasteSpecial ppPasteDefault
        .Shapes(1).ScaleHeight 2, msoTrue
        .Shapes(1).ScaleWidth 1.8, msoTrue
        Center mypre.Slides(3), .Shapes(1), 3
    End With
    Dim savestr As String
    Dim filterstr As String
    filterstr = "幻灯片（*.ppt）,*.pptx"
'将PowerPoint文档另存为PPT文件
savestr = Application.GetSaveAsFilename(FileFilter:=filterstr)
'若在保存过程出错，则直接跳转至ecs处
```

```
        If savestr = "False" Then
            GoTo esc
        End If
        mypre.SaveAs savestr
    MsgBox "生成ppt成功"
    esc:
        mypre.Close
        Application.CutCopyMode = False
        Set myppt = Nothing
    End Sub

    Sub Center(theslide As PowerPoint.Slide, theshape As PowerPoint.Shape,
direction As Integer)
    '定义对齐排列
        Dim height As Long
        Dim width As Long
    '获得页面的高度与宽度
        With theslide.Parent.PageSetup
            height = .SlideHeight
            width = .SlideWidth
        End With
        Select Case direction
        Case 1:
            theshape.Top = (height - theshape.height) / 2
        Case 2:
            theshape.Left = (width - theshape.width) / 2
        Case 3:
            theshape.Top = (height - theshape.height) / 2
            theshape.Left = (width - theshape.width) / 2
    End Select
    End Sub
```

04 打开“另存为”对话框，设置文件名和保存类型即可，如图14-19所示。

05 按F5键运行代码后，弹出的消息提示框中会提示生成PPT成功，如图14-20所示。

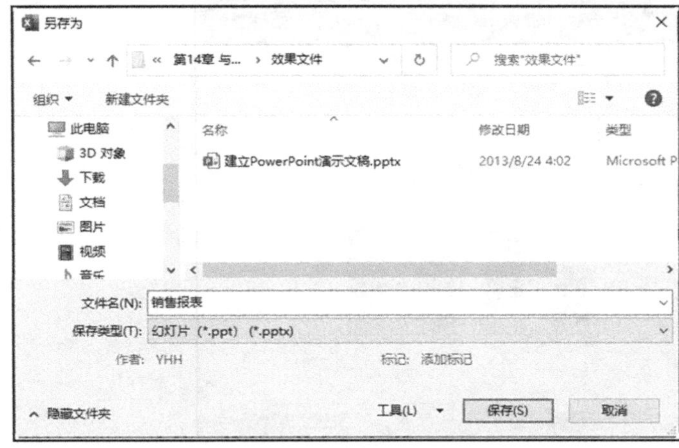

图14-19

图14-20

06 打开“销售报表”PPT文件后，即可看到封面，如图14-21所示，第二张以及第三张幻灯片中创建的图表效果如图14-22、图14-23所示。

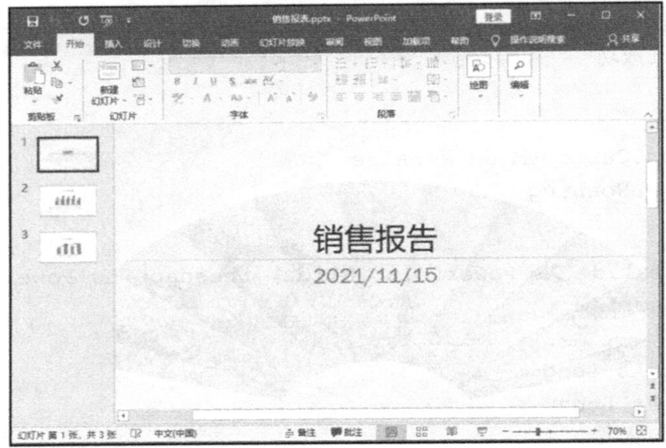

图14-21

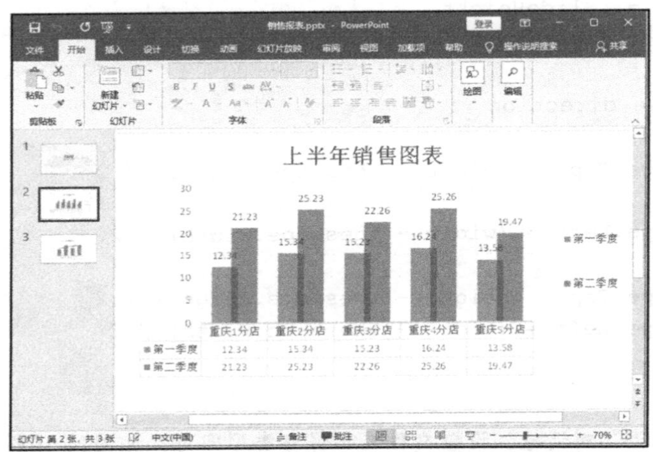

图14-22

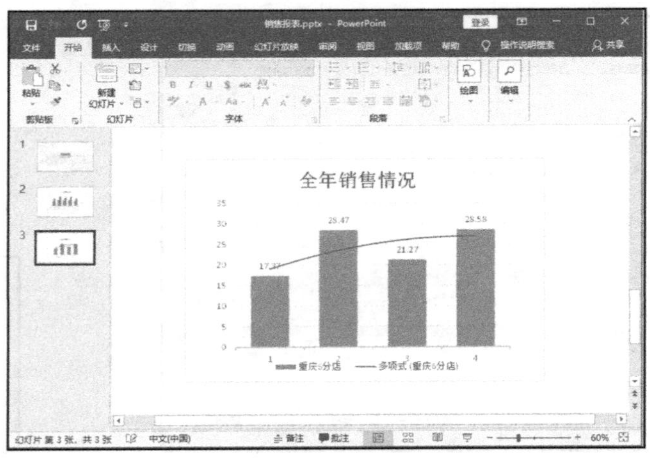

图14-23

14.4 发送Outlook邮件

在日常工作学习中经常需要发送和接收数据与文件，很多是通过邮件的方式逐一传递的，操作起来比较复杂和烦琐。这里将介绍一个比较方便的批量发送邮件的方法，即利用Outlook邮件发送工作表数据。

14.4.1 发送 Outlook 邮件（前期绑定法）

在本例中，将使用前期绑定法按工作表指定单元格区域中的地址和内容在Outlook中发送邮件。在这之前，需要先引用Microsoft Outlook 15.0 Object Library类型库。操作步骤如下：

01 如图14-24所示，在当前工作表中分别指定了邮件的发送信息。

02 启动VBE环境，选择“工具→引用”菜单命令，打开“引用－VBAProject”对话框，引用Microsoft Outlook 16.0 Object Library类型库（见图14-25），单击“确定”按钮完成设置。

	A	B
1	恭喜您已被录取！	wangling@163.com
2	抱歉您未被录取	ff89@126.com
3	恭喜您已被录取！	esds0715@souhu.com
4		
5		
6		

图14-24

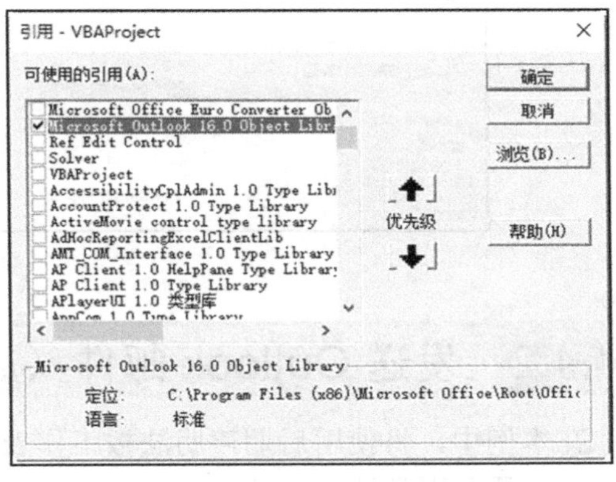

图14-25

03 选择“插入→模块”菜单命令，在插入的“模块1”代码编辑窗口中输入使用前期绑定法发送邮件的代码，代码如下：

```
Public Sub 前期绑定法发送Outlook邮件()
    Dim n As Integer, i As Integer
    Dim ws As Worksheet
    Dim OutlookApp As Outlook.Application
    Dim newMail As Outlook.MailItem
    Set OutlookApp = New Outlook.Application
    Set ws = Worksheets("sheet1")          '指定邮件地址和发送内容所在的工作表
    n = ws.Range("A1048576").End(xlUp).Row
    For i = 1 To n                         '指定邮件发送内容从工作表的第1行开始
      Set newMail = OutlookApp.CreateItem(olMailItem)    '新建邮件
      With newMail
          .Subject = "范例"                              '设置邮件的主题
```

```
            .Body = "邮件内容: " & ws.Range("A" & i)          '指定邮件的正文内容
            .To = ws.Range("B" & i)                            '指定收件人地址
            .Send                                              '开始发送邮件
        End With
    Next i
End Sub
```

04 按F5键运行代码后，在打开的Outlook中的“已发送”文件夹中即可看到邮件发送的记录，如图14-26所示。

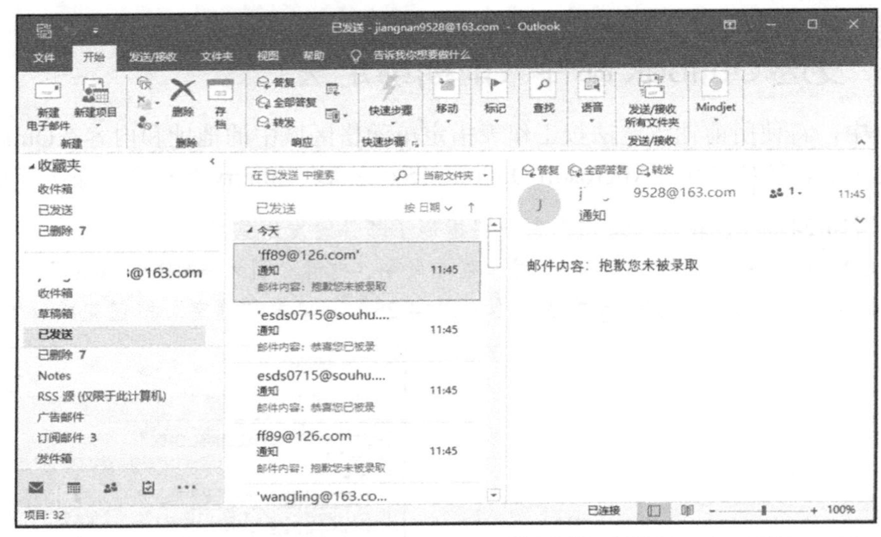

图14-26

14.4.2 发送 Outlook 邮件（后期声明法）

在本例中，将使用后期声明法按工作表中指定的地址和内容在Outlook中发送邮件。在这之前，无须引用类型库。

后期声明法是一种比较常用的方法，因为该方法在调用时不会声明具体的对象类型。因此VBA不会检查被请求的服务程序是否存在，若在运用过程中该服务程序不存在，则声明变量内容为空，而程序则继续执行下去。

例如：

```
Dim myword as object
Set myword =CreatObject("word.application")
```

在此段代码中，若本计算机中无Word程序，则myword值为空。

操作步骤如下：

01 打开工作簿，启动VBE环境，选择“插入→模块”菜单命令，在插入的“模块2”代码编辑窗口中输入如下代码：

```
Public Sub 后期声明法发送Outlook邮件()
    Dim n As Integer, i As Integer
```

```
    Dim ws As Worksheet
    Dim OutlookApp As Object
    Dim newMail As Object
    Set OutlookApp = CreateObject("Outlook.Application")
    Set ws = Worksheets("sheet1")                    '指定邮件地址和发送内容所在的工作表
    n = ws.Range("A1048576").End(xlUp).Row
    For i = 1 To n                                   '指定邮件发送内容从工作表的第1行开始
       Set newMail = OutlookApp.CreateItem(olMailItem)   '新建邮件
       With newMail
            .Subject = "范例"                             '设置邮件的主题
            .Body = "邮件内容: " & ws.Range("A" & i)      '指定邮件的正文内容
            .To = ws.Range("B" & i)                       '指定收件人地址
            .Send                                         '开始发送邮件
        End With
    Next i
End Sub
```

02 按F5键运行代码后，同样也会弹出消息提示框。待运行完毕时，单击“允许”按钮即可进行邮件的发送。

14.4.3 设置当前工作簿为 Outlook 邮件的附件

在本例中将使用前期绑定法启动Outlook，并将当前工作簿作为附件来发送邮件。在这之前，需要引用对应的类型库。操作步骤如下：

01 启动VBE环境，选择“工具→引用”菜单命令，打开“引用－VBAProject”对话框，引用Microsoft Outlook 16.0 Object Library类型库。

02 选择“插入→模块”菜单命令，在插入的“模块3”代码编辑窗口中输入如下代码：

```
Public Sub 设置当前工作簿为Outlook邮件的附件()
    Dim wbStr As String
    Dim OutlookApp As Outlook.Application
    Dim newMail As Outlook.MailItem
    Dim myAttachments As Outlook.Attachments
    Set OutlookApp = New Outlook.Application
    wbStr = ThisWorkbook.FullName                    '指定要发送发工作簿的完整名称
    Set newMail = OutlookApp.CreateItem(olMailItem)       '新建邮件
    With newMail
        .Subject = "范例"                                 '设置邮件的主题
        .Body = "邮件内容: "                              '设置邮件的正文内容
        Set myAttachments = newMail.Attachments
        '指定当前工作簿为邮件的附件
        myAttachments.Add wbStr, olByValue, 1, "工作簿"
        .To = "YHH1217@163.com"                           '设置收件人地址
        .Send                                             '开始发送邮件
     End With
End Sub
```

03 按F5键运行代码后，打开Outlook，在其中的“已发送”文件夹中即可看到邮件发送的记录，如图14-27所示。

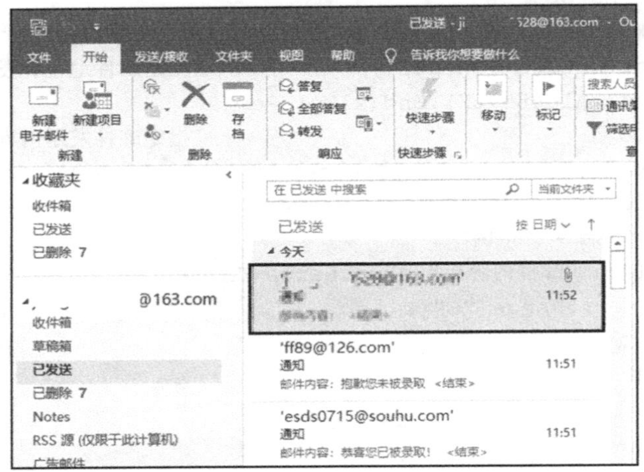

图14-27

04 双击发送的邮件，即可看到其收件人、主题及附件，如图14-28所示。

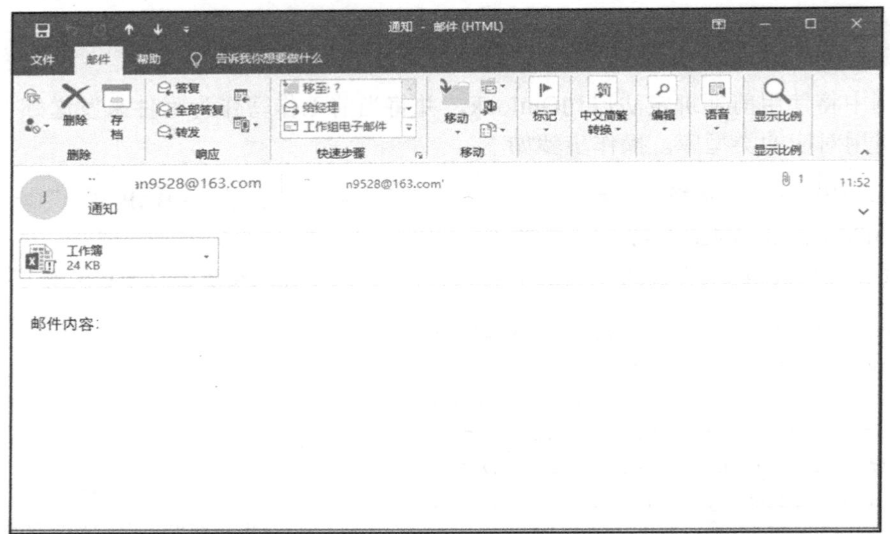

图14-28

14.5 操作XML文件

XML是一种新的数据交换格式的通用标记语言，用于传输和存储数据，以独立于系统或平台的格式进行数据的交换。

14.5.1 创建 XML 文件

在本例中将使用XML DOM对象来创建XML文件。在这之前，需要先引用Microsoft XML v3.0类型库。操作步骤如下：

01 启动VBE环境，选择“工具→引用”菜单命令，打开“引用－VBAProject”对话框，引用Microsoft XML v3.0类型库，然后单击“确定”按钮，如图14-29所示。

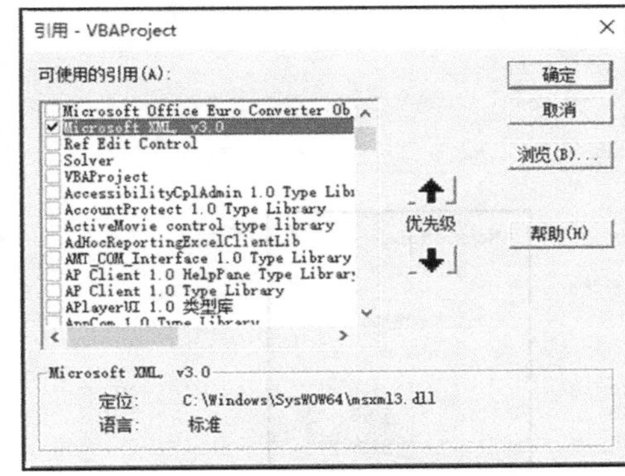

图14-29

02 选择“插入→模块”菜单命令，在插入的“模块1”代码编辑窗口中输入如下代码：

```
Public Sub 创建XML文件()
    Dim xmldoc As DOMDocument              '声明XML DOM对象
    Dim valnode As IXMLDOMNode             '声明节点对象
    Dim ver As Variant
    Set xmldoc = New DOMDocument           '创建一个XML DOM实例
    '建立一个指定了目标和数据的处理命令：xml表示目标，version=表示处理指令的数据
    Set ver = xmldoc.createProcessingInstruction("xml", "version=" & Chr(34)
& "1.0" & Chr(34))
    xmldoc.appendChild ver                 '将处理指令插入文件树中
    Set valnode = xmldoc.createElement("Test")  '创建一个名为“Test”的新元素
    '建立一个新的Text节点，并指定代表新的节点的字符串，然后将该节点插入文件树中
    valnode.appendChild xmldoc.createTextNode(vbCrLf)
    xmldoc.appendChild valnode             '将新创建的元素“Test”加入文件树中
    '创建“Test”元素下的节点
    CreateNode valnode, "Title", "Welcome"
    CreateNode valnode, "Country", "China"
    CreateNode valnode, "Content", "Welcome to China! "
    xmldoc.Save ThisWorkbook.Path & "\ABC.xml"  '保存XML DOM对象到指定的XML文件中
    MsgBox "XML文件创建完毕！"
End Sub
'使用同样的方法在“Test”元素下创建新的节点并赋值给这些节点
Private Sub CreateNode(ByVal pNode As IXMLDOMNode, _
    strName As String, strValue As String)
    Dim newNode As IXMLDOMNode
    With pNode
        .appendChild .OwnerDocument.createTextNode(Space$(4))
        Set newNode = .OwnerDocument.createElement(strName)
        newNode.Text = strValue
        .appendChild newNode
        .appendChild .OwnerDocument.createTextNode(vbCrLf)
    End With
End Sub
```

03 按F5键运行代码后，可弹出如图14-30所示的消息提示框。

04 单击“确定”按钮后，在指定路径中即可看到创建的XML文件，如图14-31所示。

图14-30

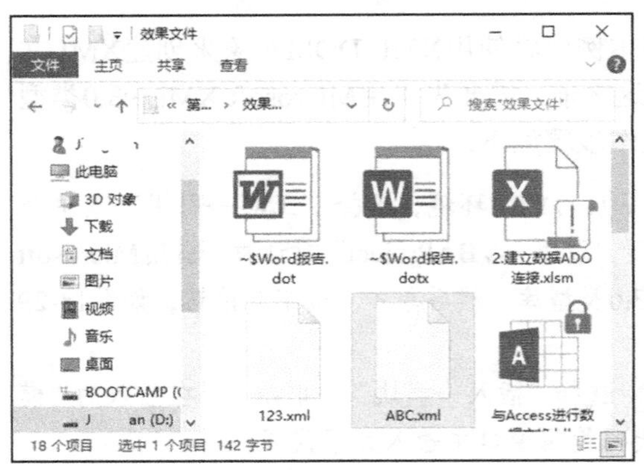

图14-31

05 双击该XML文件，即可在IE浏览器中显示其效果，如图14-32所示。

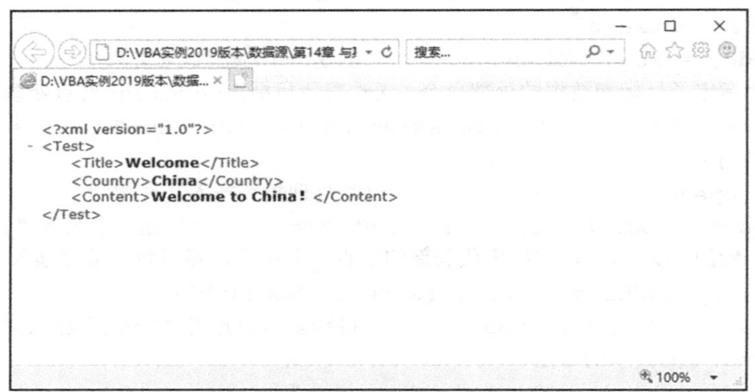

图14-32

14.5.2 将当前工作表保存为XML文件

在本例中将调用ActiveSheet对象的SaveAs方法来保存当前工作簿，并将其保存为XML文件。操作步骤如下：

01 打开工作簿，启动VBE环境，然后选择“插入→模块”菜单命令，插入“模块2”，在打开的代码编辑窗口中输入如下代码：

```
Public Sub 将当前工作表保存为XML文件()
    '指定XML文件的保存路径和名称
    ActiveSheet.SaveAs ThisWorkbook.Path & "\123.xml", xlXMLSpreadsheet
    ActiveWorkbook.Close
End Sub
```

02 按F5键运行代码后，关闭当前工作簿。打开当前工作簿所在的文件夹，在其中可以看到创建的XML文件，如图14-33所示。

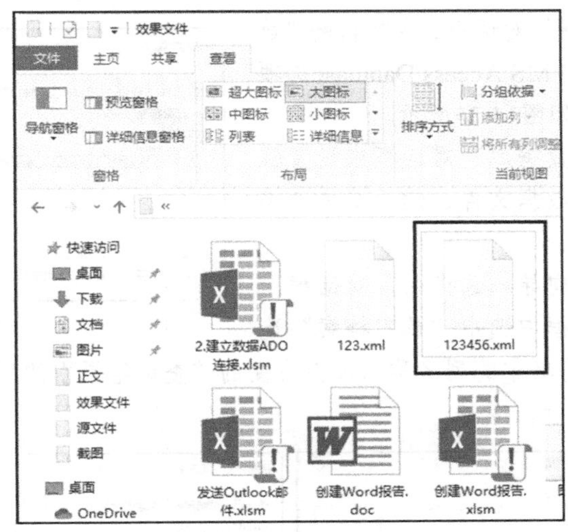

图14-33

14.6 获取关联数据

公司在经营过程中会产生大量的数据文档，如供应商资料信息、员工信息档案、产品信息、订单信息等，这些数据文档由不同的部门进行管理，某些工作需要将不同部门的数据关联到一起，才可以进行分析汇总，如佣金计算需要销售数据、工作职务、基本工资等相关信息。此时，可利用“获取外部数据”功能中的“来自Microsoft Query”命令从相关文档中获得所需要的数据。操作步骤如下：

01 新建Excel工作簿，在“数据”选项卡下的“获取和转换数据”选项组中单击“获取数据”下拉按钮，在打开的下拉列表依次选择“自其他源→来自Microsoft Query”命令，如图14-34所示。

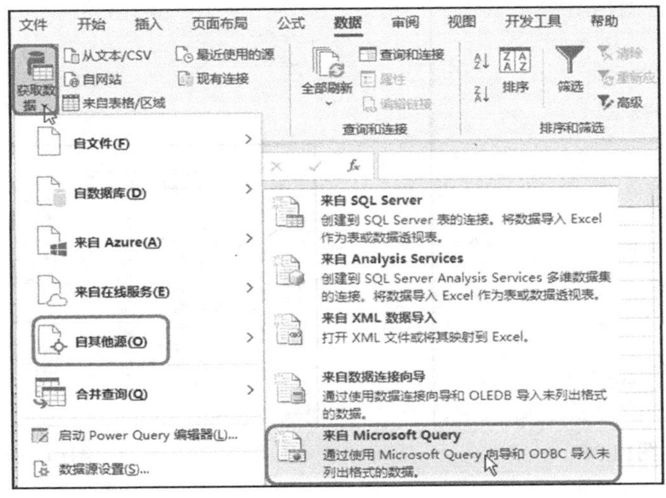

图14-34

02 弹出“选择数据源”对话框，在默认的“数据库”选项卡的列表中选中MS Access Database选项，然后单击“确定”按钮，如图14-35所示。

03 在弹出的“选择数据库”对话框中设置驱动器与目录，找到相应的数据文件，然后单击“确定”按钮，如图14-36所示。

04 继续弹出“查询向导－选择列”对话框，在“可用的表和列”列表框中选中“员工档案”选项，单击“转移”按钮，将其中的列名称添加至右侧的“查询结果中的列”列表框中，再单击“下一页”按钮，如图14-37所示。

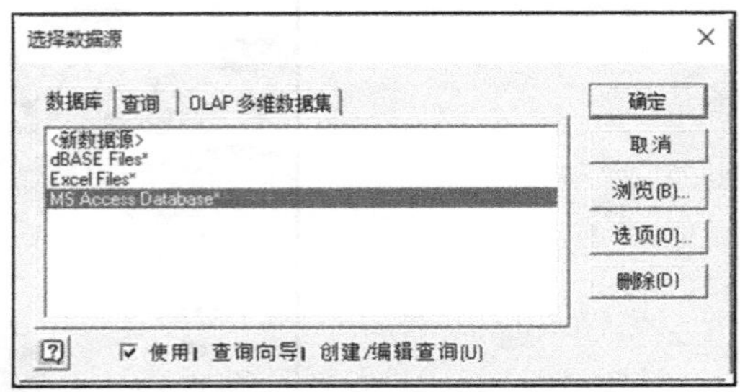

图14-35

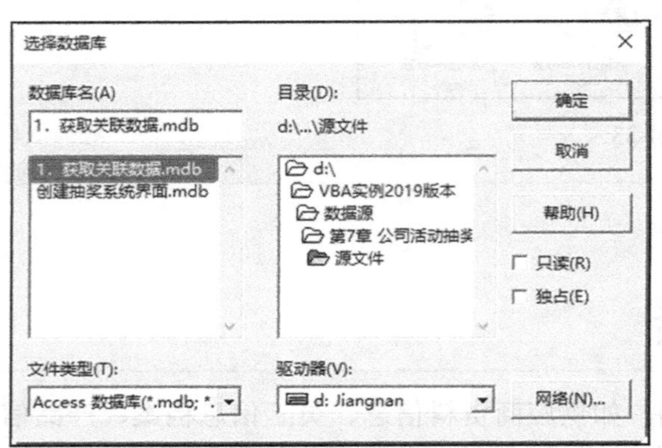

图14-36

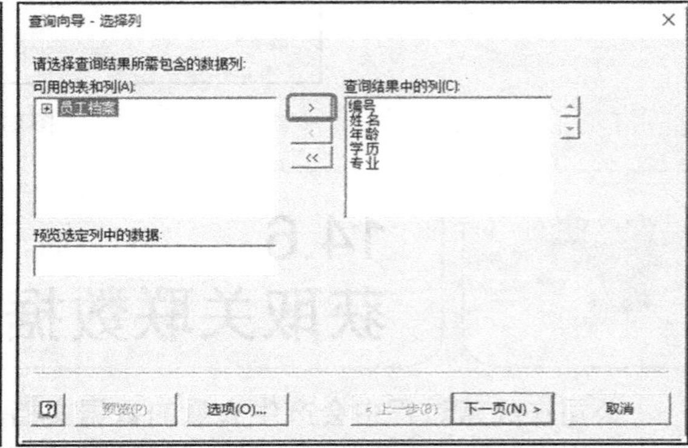

图14-37

05 在后续对话框中，依次单击“下一页”按钮，直到出现“查询向导－完成”对话框，单击“完成”按钮，在弹出的“导入数据”对话框中设置数据的放置位置，如图14-38所示。

06 单击“确定”按钮，即可将指定数据库文件中的数据载入工作表中，如图14-39所示。

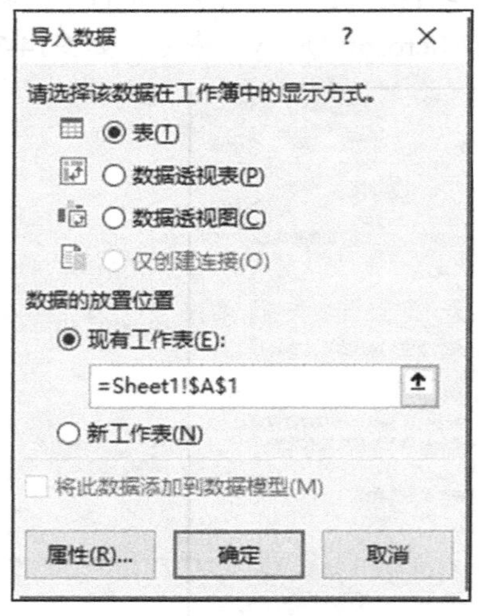

图14-38

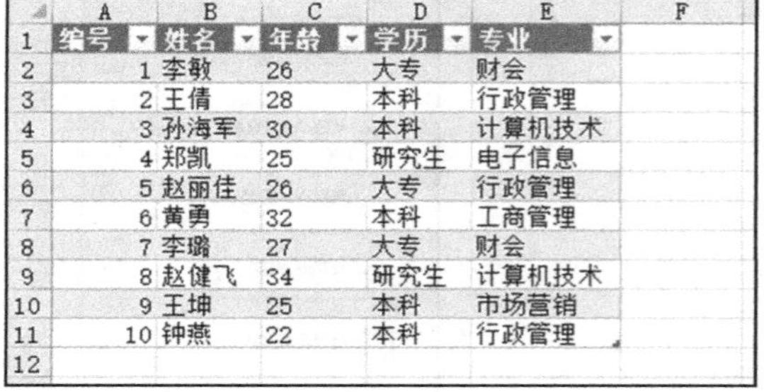

	A	B	C	D	E	F
1	编号	姓名	年龄	学历	专业	
2	1	李敏	26	大专	财会	
3	2	王倩	28	本科	行政管理	
4	3	孙海军	30	本科	计算机技术	
5	4	郑凯	25	研究生	电子信息	
6	5	赵丽佳	26	大专	行政管理	
7	6	黄勇	32	本科	工商管理	
8	7	李璐	27	大专	财会	
9	8	赵健飞	34	研究生	计算机技术	
10	9	王坤	25	本科	市场营销	
11	10	钟燕	22	本科	行政管理	
12						

图14-39